变化环境下三峡库区水循环演变规律与驱动机制研究

肖伟华　王贺佳　侯保灯　杨　恒等　著

科学出版社

北　京

内 容 简 介

本书以变化环境下三峡库区水循环系统为研究对象，基于长系列气象水文多源融合数据与台站观测资料、野外样地级小流域观测试验，分析三峡库区水循环要素时空变化特征规律，阐释库区流域坡面降雨-产流-氮磷流失复杂机理，提出陆气耦合视角下的库区水循环理论，构建三峡库区考虑人类活动影响的“大气-陆面-水文”全耦合模型，探讨人工取用水对水循环要素的影响，揭示三峡库区的区域气候效应，预测三峡库区未来水循环的变化趋势，为科学认知和保护三峡库区水安全提供科学支撑。

本书可供高等院校及科研院所水文学、气象学专业的科研工作者和研究生作为参考书使用，也可供气象水文领域科研工作者和教学人员参考。

审图号：GS 京(2024)2587 号

图书在版编目(CIP)数据

变化环境下三峡库区水循环演变规律与驱动机制研究/肖伟华等著．—北京：科学出版社，2025. 2

ISBN 978-7-03-068444-8

Ⅰ. ①变…　Ⅱ. ①肖…　Ⅲ. ①长江流域-陆面过程-水文模型　Ⅳ. ①P334

中国版本图书馆 CIP 数据核字（2021）第 050256 号

责任编辑：刘　超 / 责任校对：樊雅琼

责任印制：徐晓晨 / 封面设计：无极书装

科 学 出 版 社 出版

北京东黄城根北街 16 号

邮政编码：100717

http://www.sciencep.com

北京华宇信诺印刷有限公司印刷

科学出版社发行　各地新华书店经销

*

2025 年 2 月第　一　版　开本：720×1000　1/16

2025 年 2 月第一次印刷　印张：15

字数：300 000

定价：155.00 元

（如有印装质量问题，我社负责调换）

前　　言

气候变化是全人类面临的共同挑战，应对气候变化是人类的共同事业。党的十八大以来，在习近平生态文明思想的指引下，我国完整准确全面贯彻新发展理念，将应对气候变化摆在国家治理更加突出的位置，将碳达峰碳中和纳入生态文明建设整体布局和经济社会发展全局，以最大努力提高应对气候变化的力度，推动经济社会发展全面绿色转型，建设人与自然和谐共生的现代化。在党的二十大报告中，习近平总书记进一步深刻指出“积极参与应对气候变化全球治理”。

气候变化带给人类的挑战是现实、严峻和长远的，现有科学研究已进一步认识到气候危机的严峻性和紧迫性。2021 年发布的政府间气候变化专门委员会（IPCC）第六次评估报告第一工作组报告警示，目前全球气温较工业化之前已升高 1.1℃，未来 20 年内或升高超过 1.5℃。在考虑所有排放情景下，预计全球持续变暖将进一步加剧全球水循环，包括其变率、全球季风降水以及干湿事件的强度，极端天气气候事件发生的频率和强度将大幅上升。2022 年夏季，我国中东部地区出现了数量显著偏多的极端高温干旱事件，多地水库出现了“汛期反枯”现象。诸如此类的现象表明，极端气候对流域大型水利工程调控的影响日益加剧，给科学应对及精准调控带来极大挑战，气候变化对人类生存所依赖的自然与社会带来的巨大风险与安全效应进一步凸显。

三峡库区是“长江经济带”“一带一路”“两屏三带”等实施的重要区域，也是国家西电东送重要的能源基地，在促进长江沿江地区的经济社会发展、东西部地区经济交流和西部大开发中具有十分重要的战略地位。全球气候变化和三峡工程建设等人类活动对库区水循环产生了显著影响。然而，三峡工程规模宏大，受自然-人工作用、周期以及各种随机因素的叠加综合影响，三峡库区水循环演变规律与驱动机制十分复杂，当前部分理论成果阶段性的适用特征明显。以往研究聚焦于某个领域，缺乏气象、水文、水生态环境等多学科交叉融合思路，尤其缺乏与水循环过程的深度关联。对库区水循环、水资源、水安全之间相互作用的科学认知和关键技术还缺乏进一步验证。

因此，本书面向流域水循环演变与国家水资源配置战略的重大科技需求，着眼于变化环境下三峡库区二元水循环特征，通过开展三峡库区典型地貌降雨-径流-营养盐流失机理实验，揭示三峡库区水循环演变规律及其伴生过程驱动机制；

基于陆气耦合视角构建三峡库区“大气–陆面–水文”模型；在多尺度多要素模型验证的基础上，评估三峡库区的区域气候效应；预测三峡库区未来水循环的变化趋势；形成变化环境下大型水库工程建设运行的库区水循环理论与技术体系，既是认知和保护三峡库区水安全的迫切需要，又是实现库区水资源可持续利用的科学基础，对提升三峡库区乃至我国的水资源高效利用水平具有重要的理论和实践意义。

本书共分10章。第1章为绪论，由肖伟华、王贺佳、侯保灯、杨恒（中国长江三峡集团有限公司）编写；第2章为三峡库区概况，由杨恒、高斌编写；第3章为三峡库区水循环要素特征分析，由王贺佳、侯保灯、高斌编写；第4章为三峡库区典型地貌降水–径流–营养盐流失机理实验，由肖伟华、杨恒、崔豪编写；第5章为陆气耦合视角下的库区水循环理论，由肖伟华、王贺佳、侯保灯、杨恒编写；第6章为三峡库区分布式陆面水文模型研发，由肖伟华、王贺佳、崔豪、侯保灯编写；第7章为三峡库区陆面水文模型验证及应用，由王贺佳、肖伟华、杨恒编写；第8章为三峡水库区域气候效应及作用机制，由肖伟华、王贺佳、黄亚编写；第9章为三峡库区未来水循环演变趋势预测，由肖伟华、王贺佳、杨恒、黄亚编写；第10章为结论与展望，由肖伟华、王贺佳编写。全书由肖伟华、王贺佳统稿。

本书撰写过程中得到王浩院士、严登华正高级工程师的悉心指导与帮助，以及国家重点研发计划“水资源高效开发利用”重点专项“三峡库区水循环演变机制与水安全保障技术集成及应用”项目之课题1“变化环境下三峡库区水循环演变规律与驱动机制研究”的支持，在此表示衷心感谢！由于时间仓促、作者水平有限，书中缺点和疏漏在所难免，敬请广大读者批评指正，以便今后进一步充实完善。

作　者

2023年12月于北京

目　录

1 绪 论

1.1 研究背景与意义

三峡工程作为全世界最大的水利枢纽工程，其兴建给库区经济发展带来了千载难逢的机遇，但同时库区的水资源、水生态和水环境也面临着严峻的压力。受气候变化和人类活动的综合影响，三峡库区的产水特性及其伴生过程在不同时间尺度上表现出新的演变特征。尤其是 2003 年 6 月三峡水库蓄水以来，三峡库区及周边地区发生的暴雨洪涝、干旱等极端天气事件，很难从水文循环演变机制的角度给出一个科学合理的解释；同时，库区水体受到污染负荷的压力日益凸显，作为水循环过程的主要伴生过程之一，污染负荷的产生和输移机制也发生了很大变化。从长时间尺度上看，库区产水量和径流过程及其特性主要受自然因素影响，包括气候变化对降水、蒸发及径流结构的直接影响。从短时间看，人类活动对库区下垫面的影响显著，导致库区水文特性和污染负荷输移机制发生了明显变化。受自然-人工作用、周期以及各种随机因素的叠加综合影响，三峡库区水循环演变规律与驱动机制十分复杂。此外，三峡库区入库流量还受上游巨型水库群及低频气候因子的遥相关影响。在上述变化环境下，降水、蒸发和径流的均值和极值可能发生变化，导致基于水文系列“三性”（可靠性、一致性和代表性）检验的传统频率分析结果可信度降低，进而引起工程现状防洪能力发生系统性变化。

国际水文科学协会（IAHS）于 2013 启动了水文十年科学计划（2013～2022 年），强调变化环境下自然与社会交叉的社会水文学研究，探索人-水系统协同演化的规律。美国国家研究理事会 2012 年出版的战略报告《水文科学的机遇和挑战》中特别强调了大坝对天然河流过程的影响及适应性应对策略。国际地圈-生物圈计划（IGBP）、全球环境变化的人文因素计划（IHDP）、欧盟哥白尼气候变化服务中心（C3S）及美国科学基金会（NSF）地球科学咨询委员的研究也涉及相关内容。

因此，本研究围绕变化环境下三峡库区水循环演变规律与驱动机制这一主线，分析三峡库区水循环要素时空分布特征及变化趋势，在此基础上，有针对性地开发三峡库区分布式陆面水文模型，并耦合区域气候模式，形成“大气-陆面-水文”全耦合模型，预测三峡库区未来水循环的变化趋势。这既是认知和保护三峡库区水安全的迫切需要，又是实现库区水资源可持续利用的科学基础，对三峡库区防洪与供水安全和生态环境保护具有重要意义，也对促进陆面水文模型的发展有着重要意义。

1.2 国内外研究进展

1.2.1 库区流域水循环演变规律研究进展

随着三峡水库的建设蓄水运行，降水、蒸发、径流、泥沙等水循环要素的时空特征发生了相应的变化。自2003年三峡水库蓄水以来，水位从66m上升到175m，经历了3个蓄水阶段，水库蓄水前后，水循环要素发生了变化，其变化规律对库区水资源调控及水安全保障具有十分重要的现实意义；国内外对大坝建设及库区蓄水后水循环时空演变规律进行了大量的研究工作。

在库区蓄水前后降水时空演变研究方面，美国加利福尼亚州北部的沙斯塔坝于1945年完工，运行了近70年，Toride等（2018）采用WRF模式的模拟结果，结合动力降尺度，在3km×3km空间分辨率尺度上，进行了降水总量和极端降水量长时间序列的趋势分析，结果表明，1851～2010年降水总量及极端降水量呈现显著增加趋势，20世纪90年代中期以后，两者均没有明显的变化趋势。在空间上，其认为区域尺度上的变化趋势不一定适用于流域尺度，20世纪70年代以来，洪涝及极端干旱事件发生的频率呈显著增加趋势。Degu等（2011）利用30年的再分析资料，对北美92座大坝库岸附近与降水形成有关的大气变量的空间梯度进行了识别，研究表明，大型水坝对地中海和半干旱气候的局部气候影响最大，而对潮湿气候的影响最小。在水库岸线边缘和离大坝较远的地方，也观测到了对流有效位能、比湿和地表蒸发的明显空间梯度。由于观测到的对流有效位能与极端降水百分位数之间的相关性越来越强，在地中海的蓄水盆地和美国的干旱气候中，风暴可能会加剧。位于黄河流域的小浪底水利枢纽于1999年开始蓄水，是我国黄河流域的控制性骨干工程，为分析蓄水前后库区降水量的变化情况，胡玉梅等（2009）利用周边14个气象站点，分析了水库蓄水前后10年降水量的变化。结果表明，库区50km范围内，年降水量及暴雨日数明显增多。谢萍等（2019）采用交叉小波技术分析了三峡库区蓄水与泄水过程对降水量的影响，其结论显示：三峡水库蓄泄水对降水产生了影响，第一个蓄水期表现最为明显，周期性相对减弱，高频模式增强；第三期蓄水后，主周期未变，而多个长周期特征变化明显。高琦等（2018）计算了近 40 年（1980 ~ 2016 年）三峡库区的面雨量，结果显示，库区面雨量年际差异变化大，呈现缓慢的下降趋势；月面雨量峰值在宜昌-万州及万州-重庆两个区域具有一定差异，表现为万州-重庆面雨量峰值出现在 6 月，而宜昌-万州则出现在 7 月；从日面雨量极值分布来看，面雨量极值一般出现在 6 ~ 7 月，万州-宜昌 69.9mm 以下的各级强降水均是 7 月出现最多，70mm 以上的强降水则都是 6 月出现最多，这与万州-重庆恰好相反。三峡库区蓄水前后局地降水的特征发生了改变。李博和唐世浩（2014）利用 TRMM 3B42 卫星降水产品，研究了三峡库区蓄水前后局地降水量变化，库区西北部年累积降水量增加，东南部年累积降水量减少，三峡蓄水带来的降水量变化空间尺度只局限在近库区，对整个库区降水量变化的影响可忽略不计。

水库蓄水后，水面面积变大，水面作为一个潜在蒸发面，精确地估算其蒸发量的变化，对水库管理、水库气候效应的研究尤为重要，针对水库蓄水前后库区流域蒸发量变化趋势这个典型问题，国内外相关学者开展了相关研究。Helfer 等（2012）对澳大利亚水库的蒸发量进行估算，发现年蒸发量占总储水量的 40%，同时结合全球九套气候模式资料预测了位于澳大利亚昆士兰东南部的水库蒸发速率，结果表明，未来情景下该区域水库的蒸发速率将增加。Wurbs 等（2014）结合自然条件下及当前水资源管理条件下的水文过程，估算了美国得克萨斯州 3415 座水库多年平均蒸发量，其年平均蒸发量为 75.3 亿 m^3，蒸发量随着水库表面积和蒸发速率的水文条件而变化，在枯水年、平水年、丰水年期间，其总蒸发量分别为 7.07 亿 m^3、7.47 亿 m^3、7.95 亿 m^3，极端干旱条件对蒸发的影响比较严重。Zhao 和 Gao（2019）运用遥感融合和模型的方法，提取了 1984 ~ 2015 年美国 721 座水库的面积，水库面积提取采用基于融合全球地表水数据集的 Landsat 数据，蒸发速率采用考虑湖泊蓄热期的彭曼公式，估算了水库水面的蒸发损失，结合实际观测数据，这种方法相比传统 Penman 方程在模拟月蒸发量精度方面有明显的改进，模拟结果显示多年平均蒸发量为 3.373×10^{10} m^3，其蒸发速率以 0.0076mm/d 的速率增加，而水库面积呈现轻微的减少趋势，总蒸发量在时间上无明显变化趋势，空间异质性较强。目前水面蒸发的估算大多基于蒸发皿蒸发系数的方法，这种方法需要较少的观测数据，易进行计算，但是具有较大的不确定性，Lowe 等（2009）利用蒙特卡罗模拟将贝叶斯统计与主观判断结合起来，估算蒸发皿蒸发系数的不确定性，该方法应用于澳大利亚韦里比（Werribee）河流域的三个水库。结果表明，在 95% 置信区间内，水库蒸发量被高估了 40%，解决不确定性问题的主要方法是在蒸发皿附近安装气象站或者在水面上安装蒸发皿。Tanny 等（2011）利用涡度相关系统观测了水库水位波动水面蒸发的变动情况，并结合足迹模型校正了观测数据的局限性，在 104 天的观测中，Penman-Brutsaert 模型计算的水面蒸发与测量结果吻合很好。张祎等（2018）对三峡水库 7 个气象站近 20 年水面蒸发量的变化趋势进行了分析，在时间尺度上，月水面蒸发量变化规律一致，年水面蒸发量有显著的下降趋势；在空间尺度上，月水面蒸发量由上游至下游呈现多个峰值和谷值的变化，年水面蒸发量是库区上游站点偏小，沿程从上游沙坪坝到下游巫山逐渐增大，然后从巫山到下游巴东逐渐变小。Ma 等（2018）采用 MODIS 蒸发数据及 TRMM 降水数据分析了三峡库区蒸发的时空变化规律，2002～2012 年重庆的年平均蒸发量及潜在蒸发量呈现明显的减少趋势，2013～2016 年呈现增加趋势，与气候要素的变化一致，但是对湖北南部地区的长序列分析表明其没有明显的变化趋势。另外，靠近长江的区域有较高的蒸发量，而远离长江的区域蒸发量较低。就整个库区流域而言，自西南至东北，蒸散发量与潜在蒸发量呈增加趋势，其趋势与该区域的降水、太阳辐射、相对湿度、风速一致，但是蒸散发量对降水、太阳辐射、相对湿度、风速较为敏感，潜在蒸发量对空气温度较为敏感。Lv 等（2016）利用库区 41 个气象站点 1960～2013 年的气象资料，计算了库区参考蒸发速率，参考蒸发速率在 1982 年发生了突变，主要与库区气候变暖有关，水库蓄水对站点及大坝附近区域参考蒸发速率有一定影响，但总体而言参考蒸发速率主要受气候变化的影响，受水库蓄水影响较小。

大坝建成蓄水后，河流的水文节律及径流量发生了变化。密西西比河流域在 1950～1980 年，修建了大量的水库，Remo 等（2018）为了研究其变化规律，将研究时段分为水库大量修建前、修建中和修建后，采用水文变异指标法（IHA）、流量过程线法定量分析了水库大量修建前后流量的变化情况。同时，他们运用中断时间序列分析法评估了年最大径流量、年平均径流量、年最小径流量的变化趋势及给定年份日径流量的标准差。结果表明，年最小径流量和低流量水文变异参数有明显的变化。三峡水库蓄水以后，气候变率和水库运行对长江径流产生了影响，为了研究两者对径流的影响程度，Chai 等（2019）采用实测径流和 Mike11-HD 模型估算三峡水库运行和气候变率对极端干旱年份长江径流量变化的贡献，结果显示，气候变率是季节性径流变化的主导因素。同时，在 156m 和 175m 蓄水位时，气候变率也是影响径流变化的主要因子。建库前后，干旱期，水文干旱和气象干旱的关系发生了变化；三峡水库蓄水后，长江中下游的水文情势发生了变化，Wu 等（2018）运用 Mann-Kendall 及生态水文变动范围法（RVA）等手段，对宜昌水文站、汉口水文站、大通水文站进行分析，其结果表明，其水文改变属于中度改变且接近高度改变。

1.2.2 水循环及其伴生过程驱动机制研究进展

1.2.2.1 水循环-氮磷营养盐流失过程实验研究进展

库区蓄水后下垫面条件发生改变，区域内的农业种植结构也发生了改变，施肥品种与方式发生了变化，对应的产流特性、土壤侵蚀特性和氮磷营养盐流失规律等也发生了变化。国内外相关学者开展了大量的实验研究，分析了水循环-氮磷营养盐流失规律的关系。Appels 等（2016）在地处温带气候区的荷兰低平原渗透性砂质农业小流域进行了为期一年半的野外降水-径流观测实验，其目的是通过该实验揭示这种特殊下垫面的产流机制。地中海区域大量的葡萄园由于长期连续的耕作管理，其土壤质地发生变化，表现为低渗透率和强侵蚀性，土壤中的营养物质极易随径流进入下游水体造成水体富营养化，为了研究不同耕作方式下径流与营养物质之间的关系，在 2012～2013 年的冬季，选择了四块葡萄园、两种植被类型（一种是自然植被，另一种是撒二穗短柄草种子的植被类型），2014～2015 年开展了 72 组次的降水-径流-氮流失实验测定，结果显示在自然植被条件下同样降水条件，其产流量是第二种植被类型下的 1/3，同时氮流失量是第二种植被类型下的 1/6。

国内的工作集中在我国西北和西南地区土壤特性特殊的区域，尤其在三峡库区流域开展了大量实验。Ma 等（2016）在三峡库区流域选择了 3 种土壤类型、3 种坡度（5°、15°和 25°）、5 种植被覆盖的实验区域，在自然降水条件下，观测了 2012 年 5～10 月，氮磷营养物质随降水-径流的产量，研究结果表明，在坡度为 15°的农田区域，氮磷营养盐随径流进入水体的量最大。长江上游分布着大量的粗骨土，氮在这种土壤类型中大量富集是造成这些区域非点源污染的重要媒介，运用人工降水实验手段，研究降水及地形对土壤中的氮流失的影响，结果表明，降水与总氮负荷呈正相关而与总氮浓度呈负相关，负相关关系尤其在坡度为 5°和 25°的区域较为明显。随着雨强的增加，总氮负荷同时增加，在产流时段里，总氮浓度随着时间增加而减少，随着坡度的增加，总氮负荷及总氮浓度均增加，陡坡最为明显。另外，坡长在坡面产流、土壤侵蚀等方面发挥着重要作用，为了探究坡长与径流、土壤侵蚀量及氮营养盐的流失量之间的关系，Xing 等（2016）在内蒙古呼和浩特和林格尔试验场进行了实验研究，坡长设定为 1m、5m、10m、15m、20m，降水强度设定为 75mm/h、50mm/h、25mm/h，分析了径流、泥沙与氮流失量的关系，其产流机制基本符合霍顿产流方式，径流与氮流失量的规律主要受产流速率的影响，泥沙与氮流失量的规律主要受土壤侵蚀速率的影响，径流与土壤侵蚀速率呈显著的正相关。不同形态的氮在不同坡度不同雨强的作用下，其流失规律是不一样的，Deng 等（2019）设置了不同雨强（45mm/h、60mm/h、75mm/h、90mm/h、105mm/h、120mm/h）、不同坡度（0°～25°，每隔 5°一个间隔），实验测定了吸附态和溶解态的氮流失量，吸附态总氮流失量占 58.6%，溶解态总氮流失量占 41.1%，有机态总氮流失量占 0.3%。径流、土壤侵蚀性和农业耕作方式是影响氮流失的主要因素，在中国西南地区紫色土区域的研究结果表明，氮负荷与地表径流呈对数关系，亚硝酸氮是无机氮流失的主要形式，秸秆覆盖有机物质输入是减少氮素损失的有效方法。人工降水实验除了有效揭示水循环与水环境过程的机理，还能为污染物负荷估算提供基础支撑，准确的污染物输出系数能提高污染负荷的估算精度，相关研究依据野外人工降水实验结果，改进了输出系数模型，改进后的模型，模拟精度提高了 30%（陈成龙，2017）。

氮和磷的流失规律在不同覆被、不同雨强条件下是不同的，木本植物覆被条件下的磷流失量比草本植物覆被条件下少，而氮流失量恰好相反。在低雨强条件下，土壤微生物在减少氮流失量方面发挥着重要作用，在高雨强条件下，草本植物覆盖对减少氮流失更有利（Neilen et al.，2017）。紫色土广泛分布于我国的西南地区，其最主要的特性就是极易发生土壤侵蚀，在该区域总磷负荷和总磷浓度随着雨强的增加而增大；总磷负荷在坡度小于 20°时，随坡度的增大而增加；在坡度小于等于 15°时，总磷浓度与坡度呈显著的正相关，在坡度大于 15°时，总磷浓度随着坡度增加而减少（Ding et al.，2017）。径流与磷流失之间的关系研究，是农业管理的基础，相关学者在美国的艾奥瓦州的样地里开展了长达 11 年（2000～2010 年）的观测工作，作物类型及耕作方式为玉米与大豆轮作，其中一块样地在每年种植玉米时，施用猪粪（作为肥料），另一块未做施肥处理，结果显示，两个样地的降水-径流关系基本相似，当雨强超过 60mm/h 后，磷流失量占总负荷的 12%～16%，当雨强处于 30～60mm/h 时，磷流失量占总负荷的 65%～70%，在施肥处理的样地，磷年平均流失量为 1.8kg/hm^2，而未施肥处理的样地磷年平均流失量为 1.05kg/hm^2（Tomer et al.，2016）。厘清土壤侵蚀、施肥与氮磷流失之间的关系是提高农业生产和土地管理的关键，据前所述，三峡库区流域土壤类型大部分为紫色土，为了研究化肥使用对土壤侵蚀及氮磷流失的影响，研究人员在重庆冬小麦和夏玉米轮作的紫色土样地进行实验，实验共分为四组，第一组为对照组（CK），未施用任何化肥，第二组（T1）为当地农民常用的肥料，第三组（T2）为相关研究推荐的施肥肥料，第四组（T3）为增加肥料用量，后三组中肥料的主要成分为尿素、过磷酸钙、氯化钾，施肥主要分为基肥和追肥，样地坡度为 15°，其结果表明，施肥减少了地表径流及产沙量，与对照实验组相比，后三种施肥方式下径流分别减少 35.7%、29.6%、16.8%，产沙量分别减少40.5%、20.9%、49.6%；T1实验组相对于CK对照组，其总氮和总磷的流失量分别减少了41.2%和33.33%，其结果显示，在紫色土壤坡面，按T1实验组施肥的方式能有效降低地表径流量和产沙量，同时还能阻止土壤侵蚀的发生。在风化的花岗岩坡面，地表径流与壤中流与各种形态氮流失之间的关系在实验的基础上被揭示，坡度越大，地表径流随着的雨强增大而增大，壤中流在降水初期先增大，后保持平稳，最后减小。地表径流和壤中流中的总氮浓度随降水及坡度的增加而增加，壤中流中的硝态氮浓度高于地表径流中的硝态氮浓度，铵态氮的浓度低于硝态氮，与地表径流及壤中流无明显关系，研究结果表明，壤中流和地表径流中氮的形式主要是硝态氮（Bouraima et al.，2016）。

1.2.2.2　库区流域水环境演变规律的研究进展

石荧原（2017）运用分布式水文模型结合多种参数优化技术，对三峡区间流域的非点源污染进行了精细化模拟，同时，选取位于三峡库区北岸的彭溪河小流域，采用SWAT模型模拟了流域径流、总氮、总磷的演变趋势，并给出了径流、总氮、总磷相对应的敏感性参数（Shi et al.，2017）。吴磊（2012）构建了分布式溶解态非点源氮磷污染模型，主要考虑了地表径流与壤中流，将其应用于三峡库区小江流域非点源氮磷污染迁移转化研究。考虑到降水侵蚀及泥沙输移的影响，结合通用土壤流失方程，构建吸附态污染物灰色动态模型；同时，考虑污染物在植物冠层及土壤等不同介质中的迁移媒介不同，构建动态综合非点源氮磷污染迁移模型，模拟结果表明，对于小江流域总氮和总磷污染负荷的贡献从大到小依次是化肥使用、水土流失、畜禽养殖和生活污染。Xia等（2018）在长江及4条支流的14个采样点采集了8个水质参数的月数据，包括氢势、生化指标和营养盐指标，给出了各水质参数的时空分布，并揭示了其产生的原因。采用聚类分析（CA）和加拿大环境部长理事会水质指数（CCME-WQI）对水质现状和趋势进行了分析和评价。结果表明，由于水文/水力变量的季节性，大部分水质参数呈现出明显的季节性特征。由于地质、地貌和人类活动的空间异质性，干流及其支流的水质状况和污染类型各不相同。Wang等（2020）在三峡库区彭溪河支流从河口向上布置了7个监测断面，监测了消落带（145m、165m、175m）不同形态磷元素的空间分布，结果表明，支流消落带磷元素的释放与土壤粒径、水库反季节调节、土壤侵蚀及干流回水相关，长期淹没增加了土壤中磷的释放，降低了土壤磷的饱和度，建议继续监测165m水位时的土壤磷的释放。

1.2.2.3　暴雨驱动下的库区流域氮磷营养盐流失规律

库区内农业面源污染是造成水库水体富营养化的直接因素，前述全球气候变化下的极端降水事件呈现增加的态势，对于库区流域暴雨时空变化及强降水如何驱动氮磷营养盐的迁移，国内外学者开展了相关的研究工作。

在国外，Carpenter 等（2017）基于帕累托分布分析了美国威斯康星州门多塔湖两条支流农业小流域极端降水频率、强度、磷负荷及磷浓度间的关系，结果表明，极端降水频率和强度的增加将增加磷负荷，加剧湖泊富营养化。Mullane 等（2015）通过暴雨产流试验发现间歇性暴雨可以使生物堆肥系统渗滤液的氮、磷等物质发生脉冲效应。

在国内，Fei 等（2019）开展了暴雨条件下南方丘陵区水土流失径流过程及土壤总碳的横向迁移研究，人工降水实验结果显示，泥沙是沙质土坡总碳的主要载体，在每次人工降水实验中，总碳含量随泥沙的流失量变化均大于 50%；径流是红壤坡地和表土坡地总碳的主要载体，表土坡地总碳含量随径流的流失量变化在 60% 以上。同时，偏相关系数表明，雨强是影响总碳损失的最重要因素。

1.2.2.4 分布式水文模型在库区流域水量水质方面的研究进展

流域水文模型在水循环过程模拟方面经历近几十年的发展与应用，经历了集总式、半分布式、分布式的发展历程，随着计算机科学及地理信息技术等学科的快速发展，目前，水文相关领域的学者针对不同模型的适应性、模型参数的不确定性、水文模型与其他模型的耦合、应用水文模型预测水资源演变规律等方面进行了大量的研究工作，不断地提高了模型模拟的精度。国内外学者应用水文模型模拟了库区流域的水资源演变情况，耦合水质水动力学模型模拟了库区流域的水质演变过程。

大量学者在三峡库区流域运用 SWAT 模型进行了大量的模拟研究工作，关于 SWAT 模型的发展历程已经有大量文献叙述，这里主要归纳总结 SWAT 模型在库区流域的相关应用。Shen 等（2014）利用 SWAT 模型及小流域扩展法（SWEM）模拟了三峡库区流域非点源（NPS）污染负荷，将 4 个典型小流域的模拟结果推广到整个流域，从而估算出 2001 ~ 2009 年的非点源污染负荷。结果表明，西部地区非点源污染负荷最高，农业用地是主要污染源；径流和输沙量的年变化趋势相似，说明输沙量与径流密切相关；2001 ~ 2007 年，除 2006 年高负荷外，总氮、总磷负荷相对稳定，污染源强度的增加是 2008 ~ 2009 年总氮、总磷负荷呈明显上升趋势的重要原因；4 ~ 10 月的降水量是本年径流、泥沙和养分负荷的最大来源。各子流域的非点源污染负荷揭示了不同污染物空间分布的巨大变化；污染物负荷的时空分布与年降水量和人类活动呈正相关。此外，这一发现还说明，为了控制三峡库区的非点源污染，应在特殊时期特定地点实施保护措施和营养管理。李蔚等（2018）基于防洪、发电、调度等目标修改了 SWAT 模型的水库算法，使模拟结果更加精确。其他学者分别利用 SWAT 模型进行了库区产流产沙模拟，从而进行土壤侵蚀研究（刘伟等，2016）；构建三峡库区小流域 SWAT 模型基础数据库，在不同小流域进行非点源污染负荷模拟及分区调控（侯伟等，2015；陈祥义，2015；王晓青，2012；宋林旭等，2011；崔超，2016；陈兵，2014）。

1.2.2.5　气候变化对流域水循环与水质过程影响的预测

郭靖（2010）研究探讨了气候变化对流域水资源的影响，对比分析了不同统计降尺度对大气环流模式（GCM）尺度转化的影响，通过 Bay-LSSVM 统计降尺度方法对模式的输出进行了尺度降解，将两参数月水量平衡模型和分布式水文模型分别与模式进行耦合，预测未来丹江口水库及整个汉江流域的径流量情况，同时分析了 A2 和 B2 两种预测情景下未来长江流域的降水情况。徐宗学等（2016）从水文气象要素趋势分析、大气环流模式评估、降尺度技术及其选择、水文模型及其选择、不确定性分析五大内容回顾和总结了气候变化影响下的流域水循环，同时对长江流域、黄河流域、拉萨河流域进行了分析。

Yan 等（2019）基于 CMIP5 模式数据，设置了 RCP4.5 和 RCP8.5 排放情景，研究了未来气候变化对密云水库径流及总氮输出量的影响。Zhang 等（2020）探讨气候和种植结构变化对流域径流和氮磷流失的影响，阐明各影响因素与径流、氮磷流失的关系，对制定合理的水土保持措施，减少流域非点源污染具有重要意义；其采用全球气候模式分析了嘉陵江李子溪流域的降水和气温变化序列，采用分布式水文模型 SWAT 模拟不同气候变化情景和种植结构下流域径流和氮磷流失过程的变化结果表明，2020～2029 年气候变化引起的径流增加，伴随着总氮、总磷流失的增加。历史气象条件下种植甘薯对李子溪流域氮磷流失的控制效果最好，而小麦、玉米种植则产生较大的氮磷流失；同时，氮磷流失与施肥量呈正相关。施肥量每增加 10%，氮磷流失量分别增加 1% 和 4%。嘉陵江流域非点源污染造成的氮磷流失已成为三峡库区江水的主要污染源，而气候条件和人类活动直接影响着降雨径流的变化和土地利用类型的变化。Wu 等（2012）构建了由区域气候模式、半分布式径流过程（SLURPs）水文模型和改进的输出系数法组成的综合污染负荷模型，评估了气候和土地利用变化对非点源污染负荷的影响。他们将哈德利中心排放情景特别报告（SRESs）未来情景 B2 的气候数据作为嘉陵江流域径流和非点源污染负荷评估的输入数据，分别使用马尔可夫过程预测土地利用类型的变化。利用所建立的模型，对嘉陵江流域土地利用、畜禽养殖和农业人口造成的区域非点源污染现状和未来进行了模拟。结果表明：①由于径流和畜禽养殖的变化，年污染负荷会发生明显变化，总氮和总磷污染负荷一年中最大增长月均为 6 月，这与降水量的变化是一致的。②与未来畜禽养殖增加或农业人口减少的影响相比，全球气候变化对污染负荷的影响相对较大；径流增加的影响导致总氮和总磷污染负荷分别增加约 28.6% 和 22.5%。③由于采取了水土保持措施，土地利用变化的影响不明显，而农村居民点的影响较大，其中约 5% 的变化是畜禽养殖业增加所致；但最大的贡献率仍然来自不同土地利用类型的产出。丁相毅等（2011）利用 EasyDHM 分布式水循环模型结合未来气候模式情景对三峡库区水循环要素进行了现状评价及预测。

1.2.3 陆面水文耦合模型研究进展

“陆面-水文”过程是从物理机制的角度认知和刻画“大气-陆面-水文”间水分与能量交换和输送机制的关键环节，其过程与通量的演变也是陆地水循环与全球变化相互作用研究的关键科学问题。当前多数陆面模式侧重于模拟一维垂向水文过程，而缺乏对侧向汇流过程的描述，同时不能反映土壤湿度的侧向分布，进而导致陆面水热平衡的计算不准确（雍斌等，2006）。而多数水文模型是从水量平衡的角度出发，主要考虑陆面降水径流模拟和水分收支，较少考虑能量平衡。目前，两类模型在各自的领域均有着良好的发展，考虑的过程也都日臻完善，然而，科学家希望寻求一种兼具陆面模式与水文模型主要特色的耦合模型，既可以模拟二维水文过程，又可以模拟能量、物质循环过程，同时考虑人类活动的影响，揭示陆-气间水热耦合作用以及人类活动对水循环过程的影响（林朝晖等，2008）。纵观目前主流的陆面水文耦合模型，大致可以分为两类：一类是以陆面模式为主，耦合水文过程；另一类是以水文模型为主，耦合陆面过程。以下针对这两类陆面水文耦合模型展开论述。

1.2.3.1 陆面模式耦合水文过程

随着参数化方案的不断发展与完善，陆面模式对水文过程的描述也逐渐精细，然而，与分布式水文模型相比，其在产汇流机制上仍有较大缺陷，多数模式甚至缺少汇流过程。此外，多数陆面模式没有考虑人工取用水、水库调蓄等人类活动对水文过程的影响，因此，许多学者针对陆面模式进行两方面的改进：一是尝试将水文模型中代表自然水循环过程的产汇流模块直接移植到陆面模式中，以改进对自然水循环过程的模拟；二是将代表社会水循环过程的取用水等模块直接耦合到陆面模式中，以考虑人类活动的影响。

(1) 陆面模式耦合自然水循环过程

美国 NCAR 研发的 CLM 系列陆面模式采用“网格-陆地单元-土柱-植被功能类型”的多层级次网格方案，以反映网格单元内部的空间差异（Oleson et al.,

2013)，在土壤湿度、能量通量方面有着较好的模拟效果，同时，CLM 是地球系统模式 CESM 的陆面子模式，使得其能够较好地与大气模式、海洋模式、海冰模式等其他子模式耦合，故而成为目前应用最广泛的陆面模式。CLM 的地表产流在 TOPMODEL（Beven et al.，1997）的产流机制基础上，将地形指数的分布函数进行了简化，形成了 SIMTOP（Niu et al.，2005）产流机制，其地下径流采用侧向流与重力排水，汇流方案是采用一个基于线性水库的 RTM 模型，但只有在进行全球模拟时该模块才会启用，且模拟分辨率限定为 0.1°或 0.5°，具有较大的局限性，无法满足流域尺度的精细化水文模拟需求。

面向不同研究目的，许多学者对 CLM 展开了一系列的耦合工作。Li 等（2013）发展了一个全新的基于物理过程的汇流模型（MOSART 模型），并将其与 CLM 耦合，该模型采用圣维南方程与不同程度简化的曼宁方程，以“坡面-支流-干流”的汇流单元进行汇流计算。与 CLM 中的 RTM 汇流模型和 VIC 模型中的 Lohmann 汇流模型相比，MOSART 模型对不同分辨率下的水文过程均有着较好的模拟效果。随后，Li 等（2013）继续对 MOSART 模型进行了改进，在 CLM 现有结构框架下，引入了一个新的基于子流域的框架，该框架假设每个子流域都是伪网格矩阵上的网格单元，与网格单元表达相比，子流域表达的优势在于其遵循了自然地貌划分和河网结构，使得诸如产汇流等水文过程更加趋于真实。Zeng 等（2016）在 CLM4.5 的框架下发展了能反映土壤水与地下水相互作用的拟二维地下水侧向流模块，形成了考虑地下水侧向流的河岸生态水文模型。该模型假设当地下水埋深处于第 10 层土壤层以外时，视第 10 层土壤层下边界到地下水埋深的区域为第 11 层土壤层，参与土壤水分计算，而当地下水埋深处于第 10 层土壤层以内时，地下水埋深以下的土壤层会变为饱和状态，据此来体现地下水埋深变化对土壤湿度的影响，从而揭示河流输水的生态水文效应。焦阳等（2017）将 CLM4.0 与分布式水文模型 GBHM 进行耦合，开发了中尺度流域生态水文模型 CLM-GBHM，实现了对流域产汇流、陆面过程、植被动态的耦合模拟。其改进后的模型利用子流域和流量区间的拓扑关系来离散微分方程，并采用牛顿迭代法进行非线性方程求解，对生态水文变量有较好的模拟效果。Gao 等（2019）设计了新的冻土参数化方案来描述冻融锋面的动态变化，该方案采用双向 stefan 算法来模拟冻融锋面的动态变化过程，并将其与 CLM4.5 中的土壤水热过程进行耦合，开发了 CLM4.5_ FTF 耦合模型，解决了由插值方法造成的数值振荡问题，提高了模型对水热耦合过程的模拟精度。

对于其他陆面模式，许多学者也进行了大量的耦合工作，Benoit 等（2000）将加拿大陆面模式 CLASS 和分布式水文模型 WATFLOOD 进行了耦合，形成了陆面水文耦合模型 WATCLASS，实现了与中尺度气候模式的耦合。Yu 等（2006）

在具有物理机制的分布式水文模型 BSHM 的基础上，进一步研制了适用于区域尺度的水文模型，并实现了与 GENESIS GCM 中的陆面模块 LSX 的耦合，形成陆面水文耦合模式 LSX-HMS。为了实现土壤水与地下水的耦合，杨传国（2009）在 LSX-HMS 模型中考虑了陆面和地下水间的相互作用，最终形成了陆面水文耦合模式 CLHMS。随后，Yang 等（2010）开发了人类活动模块，并将其与 LSX-HMS 耦合，提升了模型在淮河流域水循环过程的模拟精度，并揭示了人类活动对水循环过程的影响。雍斌（2007）在 TOPMODEL 和新安江模型的基础上构建了水文模型 TOPX，并将其与区域气候模式 RIEMS 耦合，改进了气候模式对水文过程的描述。Wang 等（2009）将陆面模式 SiB 和分布式水文模型 GBHM 进行耦合，发展了分布式生物圈水文模型 WEB-DHM，该模型可同时计算水分与能量平衡。

(2) 陆面模式耦合社会水循环过程

由于陆面模式缺乏对侧向汇流过程的描述，因此，这一类耦合主要是由气象工作者完成的，通常还会再将陆面模式与区域气候模式进行耦合，以反映人类活动对垂向上的降水等气象要素的影响。Chen 和 Xie（2010）开发了外调水模块，将其耦合到陆面模式 BATS 中，并利用区域气候模式 RegCM3 模拟了华北平原的降水、气温等气象要素，揭示了南水北调中线调水对区域气候的影响。Zou 等（2014，2015）将人类地下水开采方案耦合到 CLM3.5 中，并将改进的 CLM3.5 耦合到区域气候模式 RegCM3 中，模拟了海河流域取用水对气候的影响。随后，Zeng 等（2016）将地下水开采方案和地下水侧向流方案耦合到 CLM4.5 中，并利用多组对照试验，揭示了黑河流域人类地下水开采及地下水侧向流动对水文过程的影响。

1.2.3.2 水文模型耦合陆面过程

近些年来，为满足全球气候变化对水循环过程影响研究的需要，水文模型不断发展，通过增加人类活动、土地利用变化、能量过程、生态过程等模块，提高网格的空间尺度，以适应大尺度的全球水循环模拟，其参数化方案也不断完善，逐渐形成了考虑陆面过程的水文模型。

1992 年，Wood 等（1992）根据一层土壤变化的入渗能力，提出了可变下渗能力模型，在其基础上，Liang 等（1994）利用了新安江模型中蓄水容量曲线的思想，将其发展为两层土壤的 VIC-2L 模型，随后，Liang 等（2001，2003）又在该模型中增加了一个 10cm 的薄土层，变成 3 层土壤的 VIC-3L 模型。VIC 模型以网格为计算单位，首先进行陆面模拟，将每个网格上的径流深和蒸散发等要素输出，其次根据地表能量平衡方程和土壤的热属性迭代计算地表温度，再次通过蒸发潜热和水量平衡方程相联结计算能量平衡过程，最后采用单位线法和圣维南方程分别计算坡面和河道汇流，以“先演后合”的方式计算出流域出口的径流过程（Xie et al.，2003）。Su 等（2003）构建了适用于中国的 VIC 模型土壤和植被参数库以及气象驱动数据，并评估了气候变化对淮河及渭河流域径流的影响。谢正辉等（2004）构建了易与区域气候模式耦合的 50km×50km 分辨率的 VIC 模型，并在多个流域（Xie et al.，2007；Yuan et al.，2004）开展了模拟研究，取得了较好的模拟效果。

Jia（1997）于 1997 年开发了基于网格的分布式流域水文模型 WEP，该模型整合了分布式水文模型和 SVATS 方案的优点，可用于水循环过程和能量平衡过程的耦合模拟。该模型以网格为计算单元，采用“马赛克法”表达次网格的不均匀性，在水文过程模拟中，截留层蒸发、土壤层蒸发、水面蒸发以及植被蒸腾等各项蒸发采用 SVATS 方案中的 ISBA 模型，利用彭曼公式进行计算；地表产流可考虑蓄满产流与超渗产流两种机制，利用 Green-Ampt 模型或理查兹（Richards）方程进行计算；坡面与河道汇流采用运动波模型进行计算。能量循环过程包括日以内与日平均两种尺度的模拟，短波与长波辐射均按照土地利用类型进行计算。针对内陆河流域的特点，贾仰文等（2004）增加了积雪融雪模块与干旱区灌溉系统模块，形成 IWHR-WEP 模型。其中，积雪融雪过程的变化过程采用度日因子法来进行模拟。为了研究大尺度流域水资源演变规律，以子流域套等高带的方式，考虑社会水循环过程，开发形成大尺度流域分布式水文模型 WEP-L，在黄河流域进行了模拟应用。该模型对 Pfafstetter 规则进行了改进，并基于 ArcGIS 的水文分析模块构建了一个界面可视化的系统对子流域及等高带单元进行编码与排序，解决了网格单元计算效率低与计算失真等问题（罗翔宇等，2003）。

除 VIC 模型和 WEP 模型外，随着人们对水循环与生态系统相互作用的认识不断加深，以生态水文模型为基础，考虑气候变化、能量平衡过程的综合集成模型得到了发展。莫兴国等（2009）发展了植被界面过程 VIP 模型来描述生态系统中的水分、能量及碳氮循环过程，该模型利用达西定律来计算土壤水过程，基于双源模型计算土壤与植被冠层的能量平衡过程，通过耦合作物干物质形成与分配方案描述植被的动态变化，目前 VIP 模型在区域/流域生态水文研究、农业节水及气候变化响应方面得到了广泛的应用（Mo et al.，2009；Mo et al.，2018）。

1.3 研究内容与技术路线

1.3.1 研究内容

本研究在对三峡库区水循环要素时空分布特征与变化趋势认知的基础上，有针对性地开发三峡库区分布式陆面水文过程模型，揭示人类活动对三峡库区水循环过程的影响。在此基础上，耦合区域气候模式，揭示三峡库区的区域气候效应，并基于CMIP6未来气候变化情景数据预测三峡库区未来水循环的变化趋势。主要开展以下四方面研究。

(1) 三峡库区水循环要素特征分析

基于气象水文观测数据，分析三峡库区降水、蒸发、径流的时空分布特征和历史演变趋势；重点对比水库建设前后水循环要素的特征差异，揭示三峡库区水循环演变规律。

(2) 三峡库区分布式陆面水文耦合模型研发

综合考虑气候变化、下垫面要素和人工取用水对库区水循环演变的影响，研发陆面-水文耦合的三峡库区分布式陆面水文耦合模型；利用库区及长江上游水文资料检验该模型的稳健性和适应性。

(3) 三峡水库区域气候效应分析

通过设置无水库和有水库两种下垫面情景，利用RegCM4区域气候模式模拟三峡库区建库前后水面面积变化所形成的库区气候，通过两组情景对比分析水库对库区及周边区域气温、降水、蒸发以及大气环流等的影响，从水汽通量及能量通量的角度揭示三峡水库区域气候效应的作用机制。

(4) 三峡库区未来水循环演变趋势预测

在对多种全球气候模式模拟性能评估的基础上，分析多组未来气候变化情景下降水、气温等气象要素的变化趋势，并利用多模式集合平均结果驱动耦合模型，预测三峡库区水循环要素的未来变化特征与趋势。

1.3.2 技术路线

本研究按照“规律分析—模型构建—影响分析—趋势预测”的总体思路开展工作，研究内容涉及的科学领域包括气象与气候学、水文及水资源学等，技术路线图如图1-1所示。

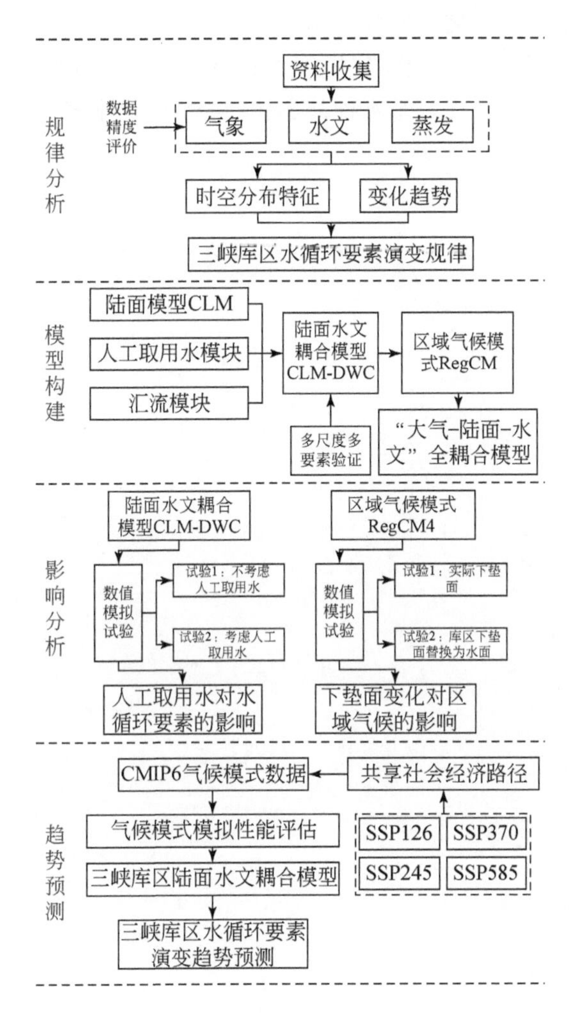

图 1-1　技术路线图

规律分析是首先收集降水、气温、蒸散发、径流等各类资料，在此基础上开展气象要素的精度评价，据此进一步分析三峡库区水循环要素的时空分布特征与变化趋势，揭示水循环要素的演变规律。

模型构建是在当前广泛使用的陆面模型 CLM 基础上，研发人工取用水模块与汇流模块，并与原 CLM 模型耦合，形成陆面水文耦合模型 CLM-DWC，并利用水文站点资料及陆面同化资料进行多尺度多要素验证，在此基础上，将 CLM-DWC 嵌入区域气候模式 RegCM4，形成“大气–陆面–水文”全耦合模型。

影响分析是基于陆面水文耦合模型 CLM-DWC 和区域气候模式 RegCM4 分别开展数值模拟试验，通过对比分析，揭示人工取用水对三峡库区水循环过程的影响，以及下垫面变化对区域气候的影响。

趋势预测是采用多种 CMIP6 气候模式数据，在进行气候模式模拟性能评估的基础上，预测三峡库区在未来 4 种共享社会经济路径下降水、径流、蒸散发等水循环要素的演变趋势。

2 三峡库区概况

2.1 自然地理

2.1.1 地理位置

三峡大坝位于我国湖北省宜昌市的三斗坪境内，全长3335m，坝顶高程185m，三峡水电站装机容量2250万kW，大坝工程于1994年12月14日开工建设，2003年6月1日开始下闸蓄水，2009年全部完工，2010年10月26日三峡水库首次试验性蓄水到175m。本研究的三峡库区是指以大坝和朱沱水文站的两个长江主河道控制点所包围的集水区域（图2-1），主河道全长660km，宽

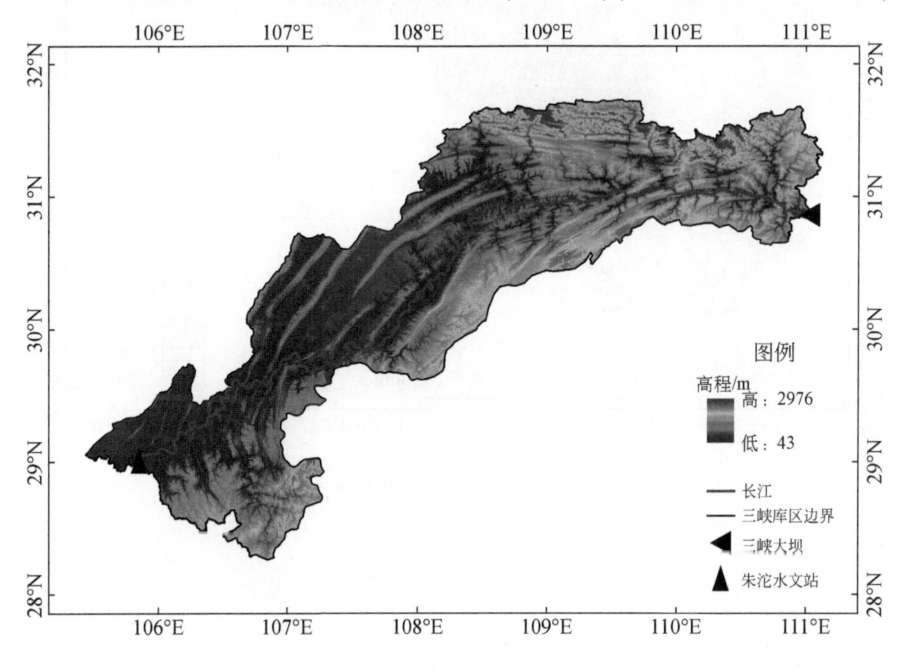

图2-1 三峡库区位置示意图

1.1km，形成的水面面积约为1084km²，流域内最高海拔2976m，最低海拔43m。三峡水利枢纽的功能主要包括防洪、航运、发电、水资源利用等；自下闸蓄水以来，已经成功运行20年。

2.1.2 地形地貌

三峡库区地形以山地、丘陵和平原为主。其中，山地（海拔大于500m）主要分布在库区东北部及长江南岸区域，丘陵（海拔在200～500m）主要分布在库区中西部区域；三种地形类型占库区面积的比例分别为74.0%、21.7%和4.3%。据湖北省农业生态环境保护站统计，三峡库区70%的农田属于坡耕地，其中17.6%坡度大于25°（图2-2）。

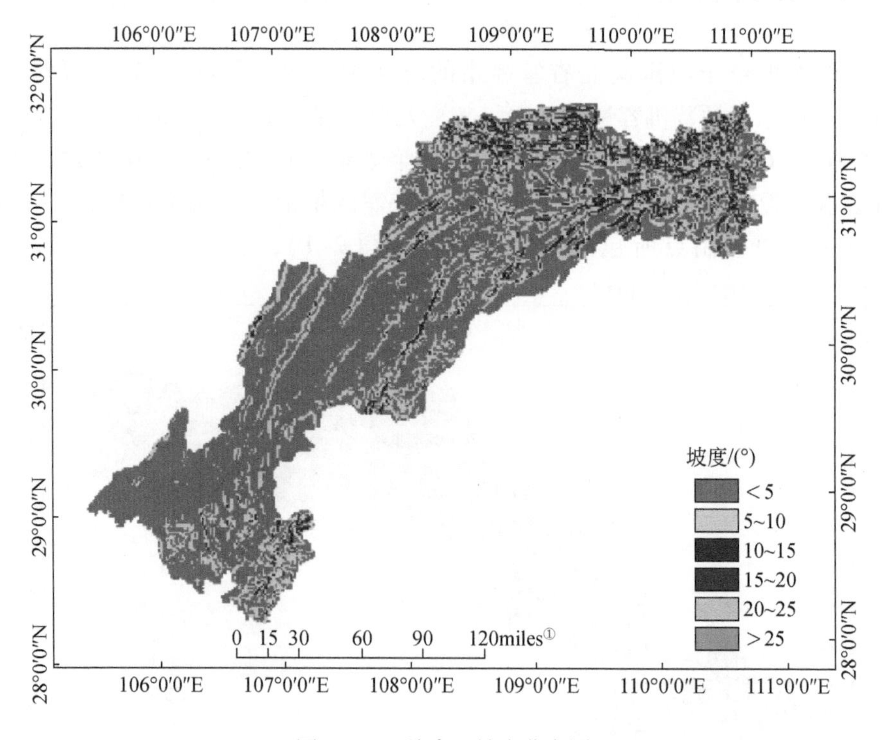

图2-2 三峡库区坡度分布图

① 1mile=1.609 344km。

2.1.3 河流水系

三峡库区流域水系由长江干流及 21 条一级支流组成，如图 2-3 所示。其中，库区段长江干流总长度 660km，主要一级支流从大坝到库尾包括香溪河、沿渡河、大宁河、梅溪河、汤溪河、大溪河、长滩河、小江、汝溪河、磨刀溪、黄金河、龙河、渠溪河、龙溪河、东河、綦江等。

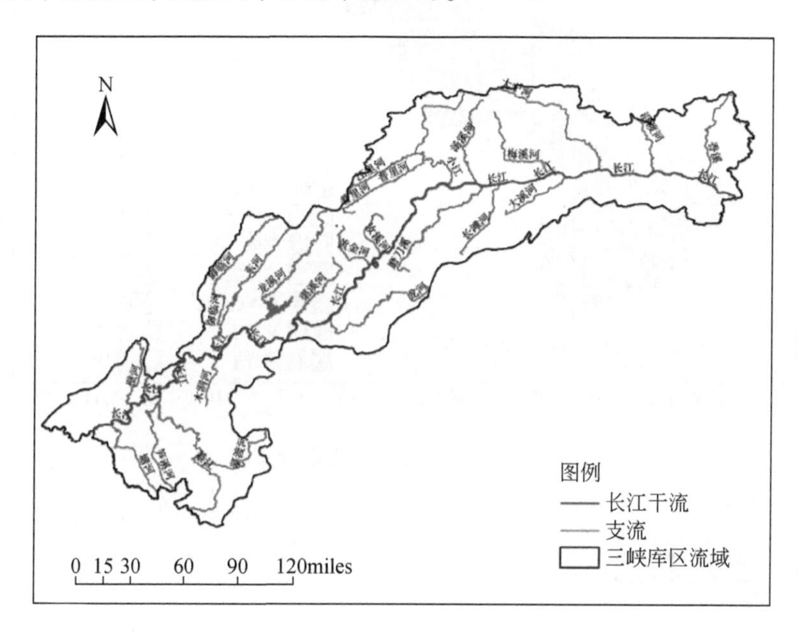

图 2-3 三峡库区流域水系图

2.1.4 土壤特征

根据中国科学院资源环境科学数据平台（http：//www. resdc. cn）提供的中国土壤类型空间分布数据，三峡库区土壤类型主要包括 10 类：黄棕壤、黄褐土、棕壤、暗棕壤、石灰（岩）土、紫色土、粗骨土、水稻土、山地草甸土、黄壤（图 2-4），其中紫色土和黄壤占比最多，紫色土一般是指在亚热带和热带气候条件下，由紫红色质泥质砂碌岩、粉砂岩、紫红色凝灰质砂碌岩、砂质岩、安山岩等的风化物形成的一种岩性土壤，是该区域最主要的土壤类型。紫色土物理风化强烈，矿物化学风化能力弱，紫色土 $CaCO_3$不断淋溶。

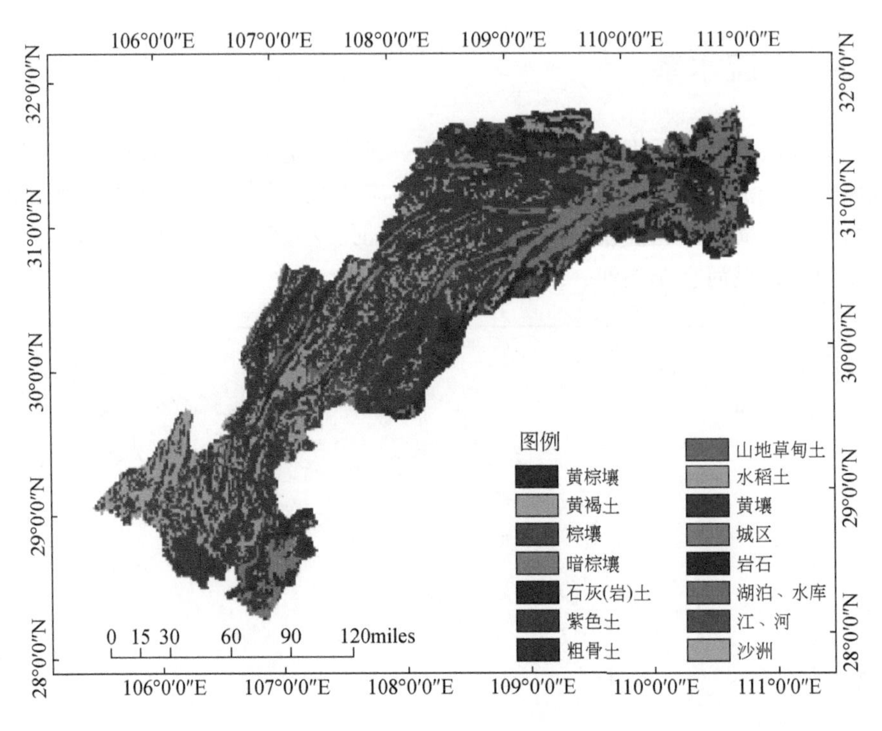

图 2-4　三峡库区土壤类型分布图

2.1.5　土地利用

图 2-5 为三峡库区流域 1km 分辨率土地利用分布图，三峡库区内土地利用类型以林地和耕地为主，库区内林地面积所占比例为 43%，耕地（含水田、旱地）面积所占比例为 43%，草地面积所占比例为 12%，城乡、工矿、居民用地面积所占比例为 2%，流域内整体植被覆盖比例较大（图 2-6）。

2.1.6　气象水文

受东亚季风、南亚季风及青藏高原地形的影响，三峡库区表现出明显的季节性特征，库区流域属于亚热带季风气候，气候受峡谷地貌影响显著，流域多年降水量约为 1125.3mm，80% 的降水集中在 5 ~9 月的汛期，造成多场暴雨洪涝灾害，多年平均气温约为 16.8℃，坝址多年平均径流量约 4510 亿 m^3，旱季降水量和径流量所占比例相对较小。库区主要气象要素情况如表 2-1 所示。

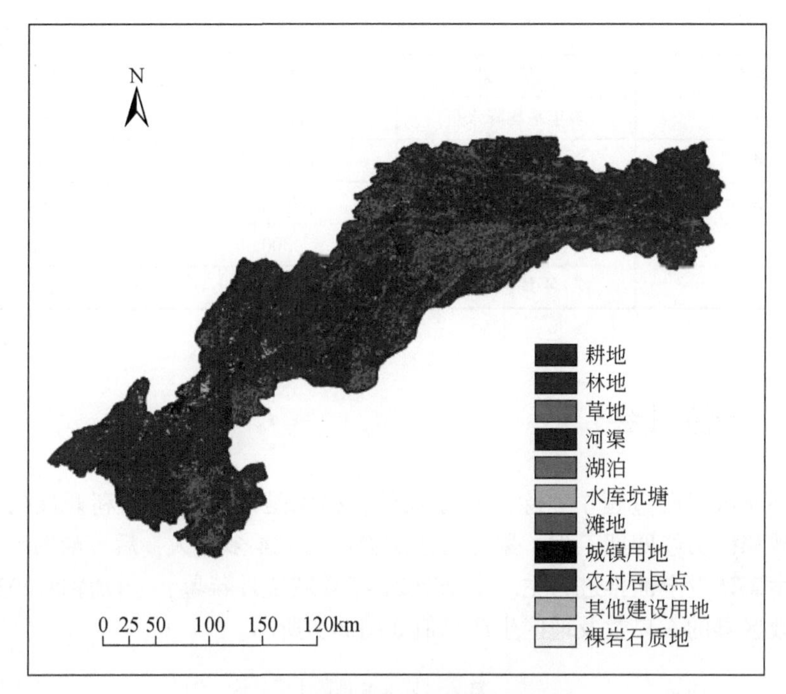

图 2-5　三峡库区土地利用分布图

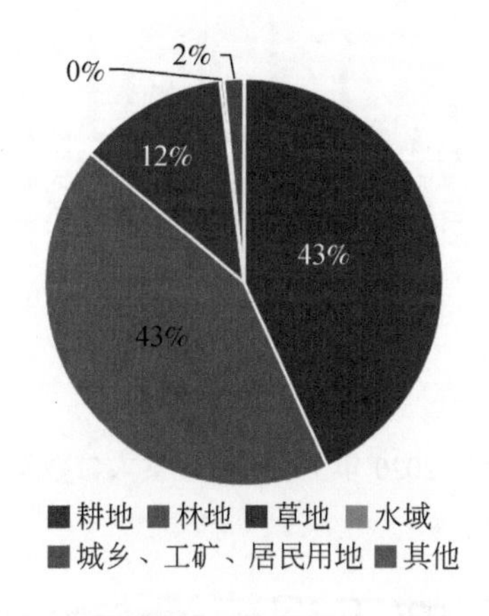

图 2-6　三峡库区土地利用类型面积占比

表 2-1　库区主要气象要素情况

序号	气象要素	数值	单位
1	年平均日照时数	1437	h
2	多年平均气温	16. 8	℃

续表

序号	气象要素	数值	单位
3	多年平均降水量	1125.3	mm
4	降水日数	130～170	d
5	多年平均相对湿度	70～80	%
6	全年无霜期	300	d
7	平均风速	1.3	m/s

2.1.7 经济社会

三峡库区建设过程中，除工程建设外，移民是工程得以顺利开展的关键环节。三峡移民历经四期工程，累计搬迁安置移民 124 多万人，后三峡时代以移民就业、生态建设全面推进为主。根据 2021 年县域统计年鉴，三峡库区 2020 年内主要行政区县的人口数及地区生产总值如图 2-7 所示。

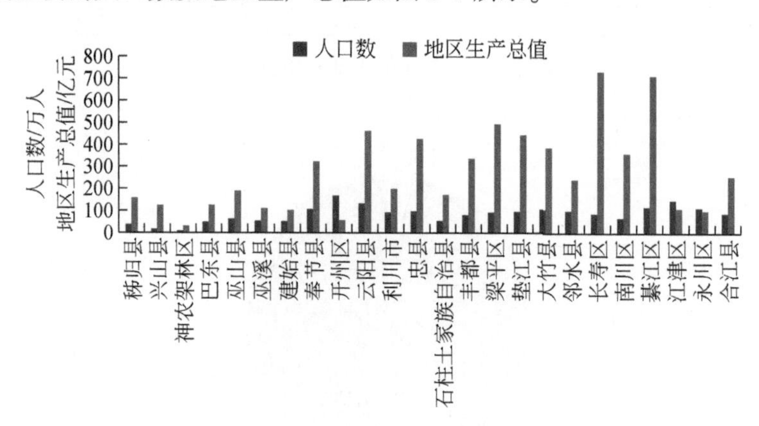

图 2-7 三峡库区 2020 年主要行政区县人口数及地区生产总值

2.2 三峡工程建设与运行调度

2.2.1 工程建设概况

三峡工程采用“一级开发，一次建成，分期蓄水，连续移民”的开发方案，分 3 个阶段施工建设，2003 年开始蓄水发电，2009 年全部完工，总工期为 17 年。第一阶段工程的主要任务是修建右岸导流明渠和左岸的施工期通航船闸，以实现大江截流为结束标志；第二阶段工程以修建中央泄洪坝段、左岸大坝、左岸发电厂房和双线连续五级船闸为核心，以实现初期蓄水航运发电为标志；第三阶段工程以修建右岸大坝及右岸发电厂房为核心，至工程最后完建。

一期工程从 1993 年初开始，利用江中的中堡岛，围护住其右侧后河，筑起土石围堰深挖基坑，并修建导流明渠。在此期间，大江继续过流，同时在左侧岸边修建施工期通航船闸。1997 年导流明渠正式通航，同年 11 月 8 日实现大江截流，标志着第一阶段工程达到预定目标。

第二阶段工程从大江截流后的 1998 年开始，在大江河段浇筑土石围堰，开工建设泄洪坝段、左岸大坝、左岸发电厂房和双线连续五级船闸。在这一阶段，水流通过导流明渠下泄，船舶可从导流明渠或者左岸的施工期通航船闸通过。到 2002 年中，左岸大坝上下游的围堰先后被打破，三峡大坝开始正式挡水。2002 年 11 月 6 日实现导流明渠截流，标志着三峡全线截流，江水只能通过泄洪坝段下泄。2003 年 6 月 1 日起，三峡大坝开始下闸蓄水；到 6 月 10 日蓄水至 135m，双线连续五级船闸开始通航；7 月 10 日，第一台机组并网发电；到 11 月，首批 4 台机组全部并网发电，标志着三峡第二阶段工程结束。

第三阶段工程始于第二阶段工程的导流明渠截流后，首先是抢修加高第一阶段在右岸修建的土石围堰，并在其保护下修建右岸大坝、右岸发电厂房和地下电站、电源电站，同时继续安装左岸发电厂房，将左岸的施工期通航船闸改建为泄沙通道。第三阶段蓄水至正常蓄水位 175m。2008 年 10 月开始试验性蓄水工作，2010 年实现 175m 的蓄水目标。

2020 年 11 月 1 日，水利部、国家发展和改革委员会公布，三峡工程日前完成整体竣工验收全部程序。根据验收结论，三峡工程建设任务全面完成，工程质量满足规程规范和设计要求、总体优良，运行持续保持良好状态，防洪、发电、航运、水资源利用等综合效益全面发挥。

2.2.2 工程调度运行

三峡工程作为长江上游重点控制性骨干工程，有着严格的运行规程。在一个水文年中，三峡工程的运行一般可分为四个阶段：防洪、蓄水、正常蓄水位和供水阶段。6 月 10 日 ~9 月 10 日，水库水位维持在汛限水位 145m，当入库流量小于 35000m^3/s 时，则完全放水。否则，考虑到发电和泄洪能力，进行防洪调度。一旦洪水退去，水位必须降到 145m，蓄水期在汛期结束时开始，9 月底，水位逐渐上升到不超过162m，10月底，水位不超过175m。11～12月，水库蓄水位已达175m，此时，应尽量保持在较高的水位，否则水位应继续上升至175m，考虑到下游通航和供水的需要，9月，当入库流量小于10000m³/s时，最小下泄流量不小于8000m³/s，当入库流量大于10000m³/s时，最小下泄流量不小于10000m³/s。10月，当入库流量大于8000m³/s时，最小下泄流量不小于8000m³/s；11～12月，最小下泄流量范围在5300～6460m³/s；对于蓄水期来水量大于35000m³/s的特殊年份，应暂停蓄水，转入防洪运行。1月至6月上旬为供水期，4月底，水位稳定下降至不低于155m，5月25日后不高于155m，汛前水位进一步下降至145m。为满足下游航运需求、生态保护和水资源利用，在供水阶段的最小下泄流量不应小于6000m³/s。

3 三峡库区水循环要素特征分析

3.1 研究数据

3.1.1 数据来源

水循环要素特征分析所需的数据包括气象数据、水文数据和蒸散发数据。气象数据来源于中国区域高时空分辨率地面气象要素驱动数据集（以下简称CMFD），CMFD融合了包括美国普林斯顿大学再分析资料、全球陆面数据同化系统资料、热带降雨测量任务资料以及全球能量与水循环试验地表辐射资料在内的多种数据。CMFD的研究时段是1979～2018年，时间分辨率为3h，空间分辨率为0.1°，包括降水、气温、风速、比湿、气压、长波辐射和短波辐射7个要素。该数据以nc格式存放，便于读取。

水文数据来源于水文年鉴，包括三峡库区及长江上游共10个主要控制性水文站点的月径流数据，由于各站建站时间不同，因此数据系列长度也不尽相同，主要控制性水文站点信息详见表3-1，主要控制性水文站点分布见图3-1。

表3-1　三峡库区及长江上游主要控制性水文站点信息

主要控制性水文站点	经度/（°）	纬度/（°）	所在水系	时间序列
小得石	101.87	26.72	雅砻江	1961～2010年
屏山	104.17	28.65	金沙江	1956～2011年
高场	104.42	28.81	岷江	1956～2012年
李家湾	104.97	29.13	沱江	1961～2000年
北碚	106.46	29.81	嘉陵江	1956～2015年
朱沱	105.85	29.01	上游干流	1954～2018年
寸滩	106.6	29.62	上游干流	1956～2018年
武隆	107.75	29.32	乌江	1956～2015年
万县	108.39	30.79	上游干流	1975～2018年
宜昌	111.28	30.69	上游干流	1961～2018年

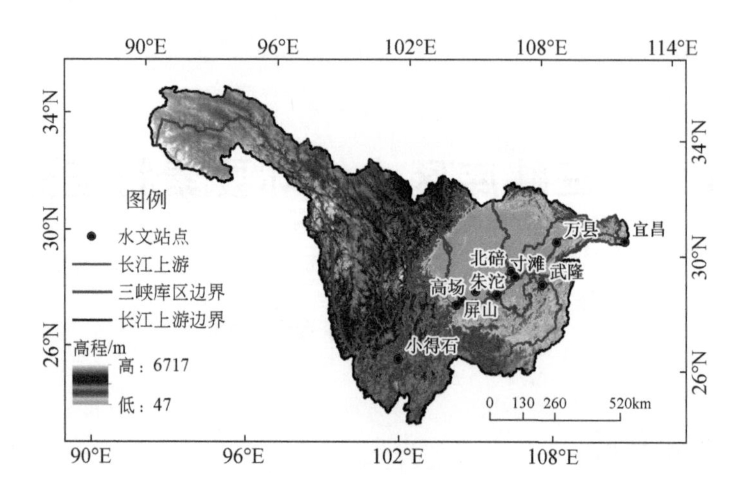

图 3-1　长江上游主要控制性水文站点分布图

蒸散发数据来源于中国陆地实际蒸散发数据集（1982～2017 年），该数据集为基于蒸散发互补方法建立的中国地表蒸散发产品，输入数据包括 CMFD 的向下短波辐射、向下长波辐射、气温、气压，以及 GLASS 地表发射率和反照率、ERA5-land 地表温度和空气湿度、NCEP 散射辐射率等，时间分辨率为月，空间分辨率为 0.1°，该数据以 nc 格式存放，便于读取。

3.1.2　数据精度评价

气象数据是进行陆面水文耦合模拟的基本资料，其质量的好坏对模拟结果有着较大的影响。将长江上游范围内的 101 个气象站点的降水、气温、相对湿度 3 个要素的月尺度数据与 CMFD 中的站点所在网格的对应要素进行对比，以检验其精度。需要注意的是，对于相对湿度这一要素，在 CMFD 中对应的要素为比湿。为了便于二者比较，故将比湿换算为相对湿度。换算公式如下：

$$\mathrm{RH}=\frac{q}{q_s}\times 100\% \tag{3-1}$$

$$e_s=6.1078\times \exp\left[\frac{a(T-273.16)}{T-b}\right] \tag{3-2}$$

$$q_s=\frac{0.662e_s}{P-0.378e_s} \tag{3-3}$$

式中，RH 为相对湿度，%；q 为比湿，g/g；q_s为饱和比湿，g/g；e_s为饱和水汽压，hPa；P 为气压，hPa；T 为空气温度，K；a、b 为常数，在水面上，a 取 17.269 388 2、b 取 35.86；在冰面上，a 取 21.874 558 4、b 取 7.66。在实际计算

中，当 $T \geqslant -15$℃时作为水面处理，当 $T \leqslant -40$℃时，作为冰面处理，其余条件下作为冰水面共存处理，通过线性内插得到 a、b 值。

图 3-2 显示了 CMFD 的 3 个要素与流域内气象站点相对应观测值的相对误差与相关系数。绝大多数站点的降水和相对湿度两个要素的相对误差在±20% 以内，而在长江源区，部分站点气温相对误差较大，原因是长江源区气温较低，较小的绝对误差会导致较大的相对误差。绝大多数站点的降水、气温和相对湿度 3 个要素的相关系数较高，可达 90% 以上。

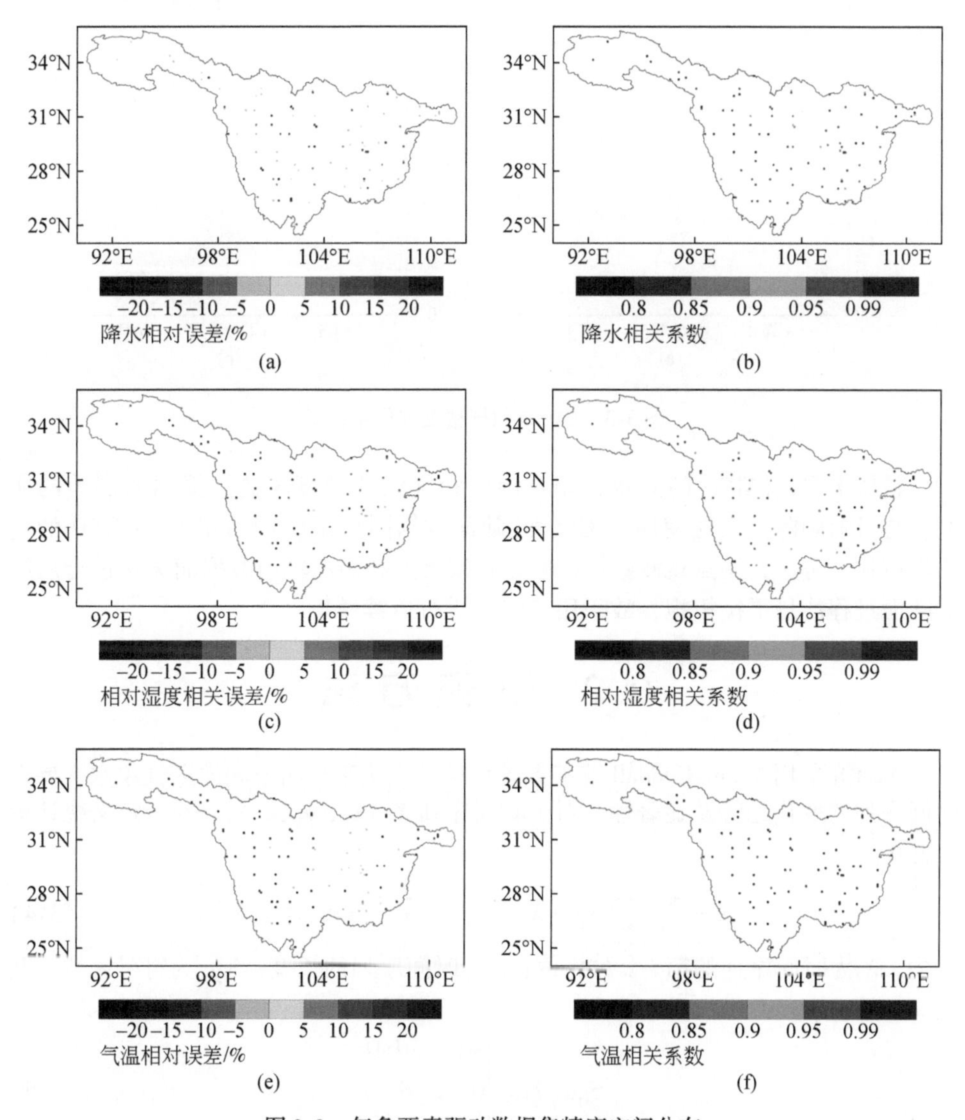

图 3-2 气象要素驱动数据集精度空间分布

图3-3为101个站点相对误差与相关系数的箱线图。从相对误差角度来看，长江上游多数站点的3个气象要素的中位数均在0左右，表明整体平均误差较小，但气温的波动较大。从相关系数角度来看，长江上游多数站点的降水、相对湿度和气温的中位数在0.9以上，气温的中位数甚至位于0.99，整体相关性很高。

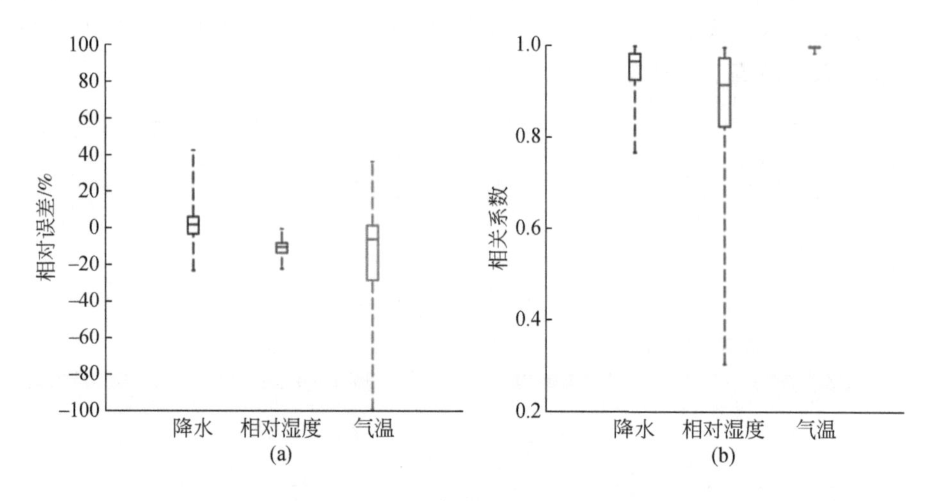

图3-3 CMFD数据精度评价箱线图

整体来看，CMFD的降水、相对湿度和气温的精度较高。根据何杰等的研究，与目前国际上广泛使用的GLDAS陆面数据同化系统产品相比，CMFD的适用性更强。考虑到站点观测数据因缺乏长波辐射和短波辐射数据而无法进行后续的陆面过程能量平衡模拟，故采用CMFD进行后续模拟。

3.2 研究方法

本研究采用Mann-Kendall非参数统计检验方法来分析三峡库区气象水文要素时间序列的变化趋势及显著性。对于时间序列 $X\ \{x_1,\ x_2,\ \cdots,\ x_n\}$，定义统计量 S 如下：

$$S=\sum_{i=1}^{n-1}\sum_{j=i+1}^{n}\mathrm{Sgn}(X_j-X_i)\qquad 1\leqslant i\leqslant j\leqslant n \tag{3-4}$$

式中，X_i为时间序列的第 i 个数据值；n 为时间序列的长度；Sgn为符号函数，其定义如下：

$$\mathrm{Sgn}(\theta)=\begin{cases}+1, & \theta>0\\ 0, & \theta=0\\ -1, & \theta<0\end{cases} \tag{3-5}$$

Mann 和 Kendall 方法证明，当 $n\geqslant 10$ 时，可近似认为统计量 S 服从正态分布，其均值为0，方差可表示如下：

$$\mathrm{Var}(S)=\frac{n(n-1)(2n+5)}{18} \tag{3-6}$$

可用式（3-7）计算正态分布的检验统计量 Z_c：

$$Z_c=\begin{cases}\dfrac{S-1}{\sqrt{\mathrm{Var}(S)}}, & S>0\\ 0, & S=0\\ \dfrac{S+1}{\sqrt{\mathrm{Var}(S)}}, & S<0\end{cases} \tag{3-7}$$

衡量趋势大小的指标 β 定义如下：

$$\beta=\mathrm{Median}\left(\frac{x_j-x_i}{j-i}\right) \tag{3-8}$$

式中，$1\leqslant i<j\leqslant n$，当 $\beta>0$ 时，表示时间序列 X 呈上升趋势，当 $\beta<0$ 时，表示时间序列 X 呈下降趋势。

对于零假设 H_0，$\beta=0$。如果 $|Z_c|>Z_{1-\alpha/2}$，则拒绝零假设，即在显著性水平 α 下，时间序列 X 具有显著的变化趋势。

3.3 水循环要素特征分析

3.3.1 水循环要素空间分布特征

3.3.1.1 降水

图3-4给出了三峡库区范围内高程与多年平均年及四季降水的空间分布，由图3-4可知，三峡库区高程在204～2332m范围，库腹、库尾以及河道处高程普遍低于600m，主要地形为丘陵和平原，库首长江南北两岸以山地为主，高程在1000m以上。三峡库区多年平均年降水呈现较为明显的空间差异，总体呈库腹多，库尾、库首少的分布特征，其中，库首长江南岸山地降水最多，可达1400mm，而长江北岸山地降水最少，不足900mm。春季、夏季、秋季和冬季多年平均降水同样呈库腹多，库尾、库首少的分布特征，其中，夏季多年平均降水最多，为398～627mm；春季多年平均降水次之，为223～370mm；秋季多年平均降水第三，为208～358mm；冬季多年平均降水最少，为38～117mm。

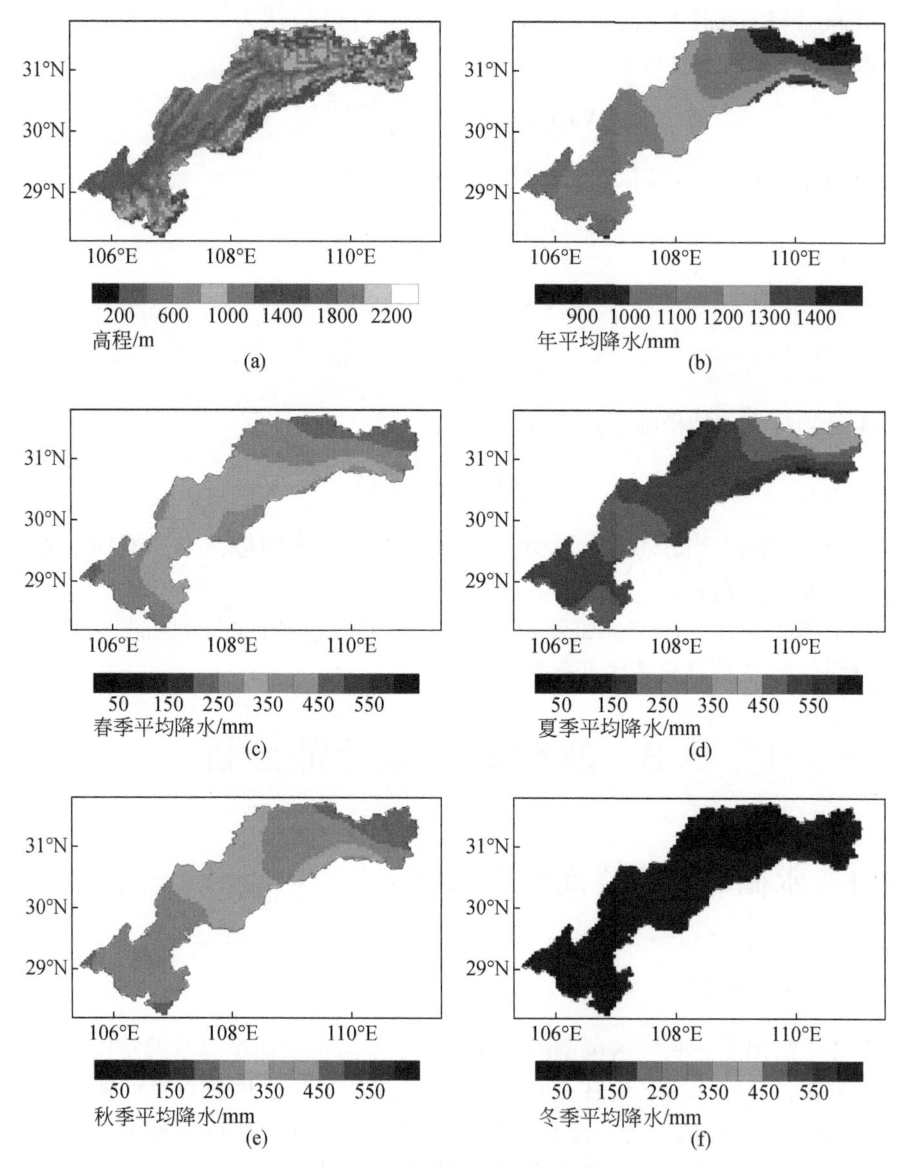

图 3-4　三峡库区高程、多年平均年及四季降水的空间分布

三峡库区于 2003 年开始下闸蓄水，故以 2003 年为时间分割点，分析建库前后三峡库区降水、蒸散发等水循环要素的变化特征。图 3-5 展示了三峡库区建库前后降水变化的空间分布特征。由图 3-5 可知，三峡库区 2003 ~ 2018 年多年平均降水相比 1979 ~ 2002 年减少 4mm，建库前后降水的空间分布特征并未发生显著变化，但库首长江北岸和库尾忠州、丰都、梁平、垫江、大竹、邻水、长寿等

地降水明显增多，其中库首长江北岸降水增加 100mm 以上。从四季尺度来看，建库后降水在春季有明显增加趋势，除库首长江南岸及库尾泸县、永川等地降水减少外，其余大部地区降水均有不同程度的增加，其中库首长江北岸降水增加 50mm 以上。夏季除库首长江北岸的部分区域降水略有增加外，整个库区降水均有减少，其中库腹和库首长江南岸降水减少超过 90mm。秋季除库首长江南岸部分区域降水减少外，库区其余区域降水均有增加，其中库腹区域降水增加超过 40mm。冬季除库腹及库首长江北岸降水增加外，其余区域降水均有所减少。

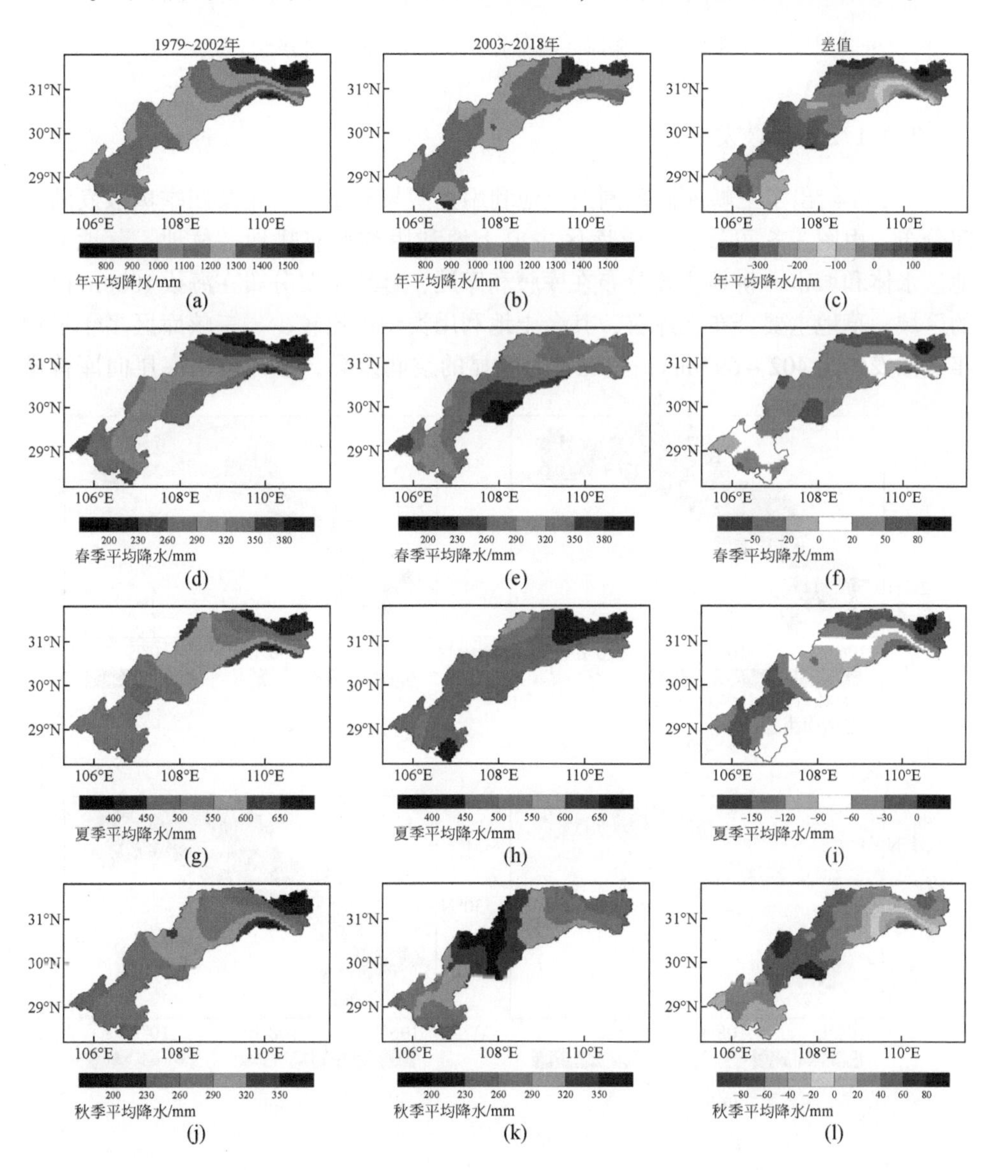

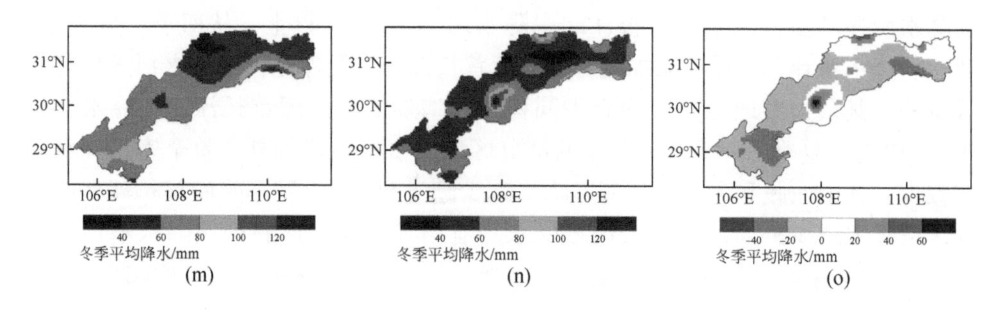

图 3-5　三峡库区建库前后降水变化的空间分布

3.3.1.2　蒸散发

图 3-6 给出了三峡库区范围内土地利用类型与多年平均年及四季蒸散发的空间分布，由图 3-6 可知，三峡库区主要土地利用类型有耕地、林地、草地、裸地、水体和城市，耕地主要分布在库腹和库尾，林地主要分布在海拔 1000m 以上的区域，草地主要分布在库首，其余土地利用类型占比较少。三峡库区多年平均年蒸散发约为 402 ~ 697mm，呈现较为明显的空间差异，总体呈由库尾向库首递

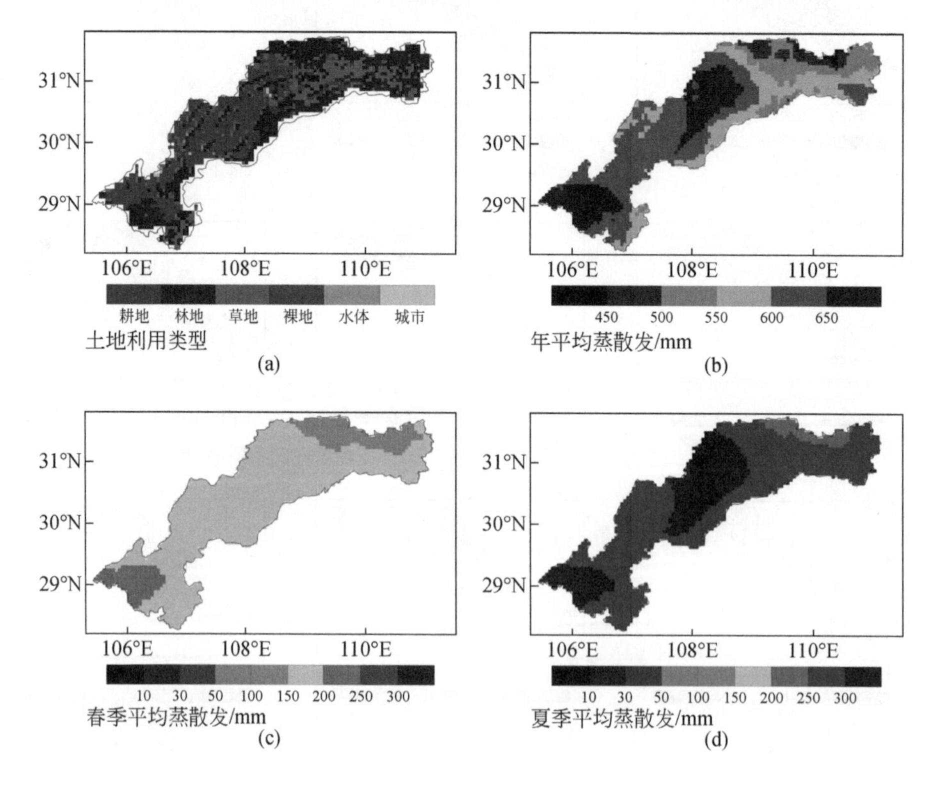

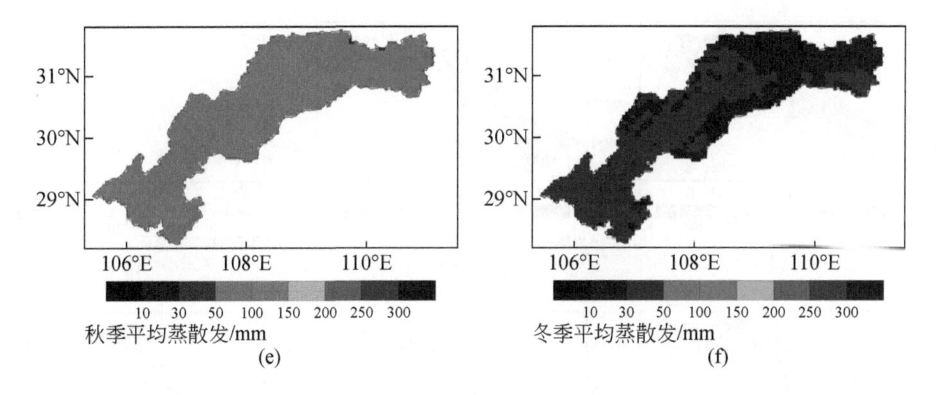

图 3-6　三峡库区土地利用类型、多年平均年及四季蒸散发的空间分布

减的分布特征。春季、夏季、秋季和冬季多年平均蒸散发同样呈由库尾向库首递减的分布特征，其中，夏季多年平均蒸散发最多，为 228 ~ 327mm；春季多年平均蒸散发次之，为 124 ~ 211mm；秋季多年平均蒸散发第三，为 42 ~ 127mm；冬季多年平均蒸散发最少，为 6 ~ 49mm。从土地利用类型来看，耕地蒸散发最大，草地次之，林地最少。

图 3-7 展示了三峡库区建库前后蒸散发变化的空间分布特征。由图 3-7 可知，三峡库区 2003 ~ 2017 年多年平均蒸散发相比 1982 ~ 2002 年增加 24mm，建库前后蒸散发的空间分布特征并未发生显著变化，但库首蒸散发减少 20 ~ 50mm。从四季尺度来看，春季除库首近大坝区域蒸散发减少外，其余大部地区蒸散发均有不同程度的增加，其中库尾增加最多。夏季除库腹和库首近大坝区域蒸散发减少外，其余区域蒸散发均有所增加，其中库尾东南部蒸散发增加超过 30mm。秋季除库首近大坝区域和库腹蒸散发减少外，库区其余区域蒸散发均有所增加，其中库尾和库首西部蒸散发较多。冬季除库首近大坝区域蒸散发减少约 3mm 外，其余区域蒸散发均有所增加，但增幅较小。

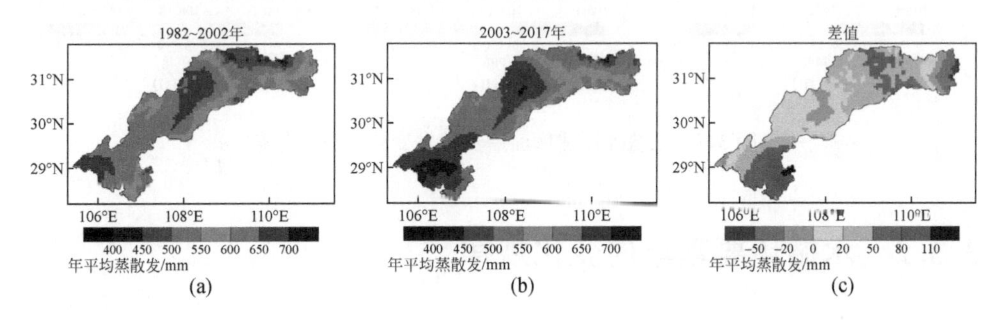

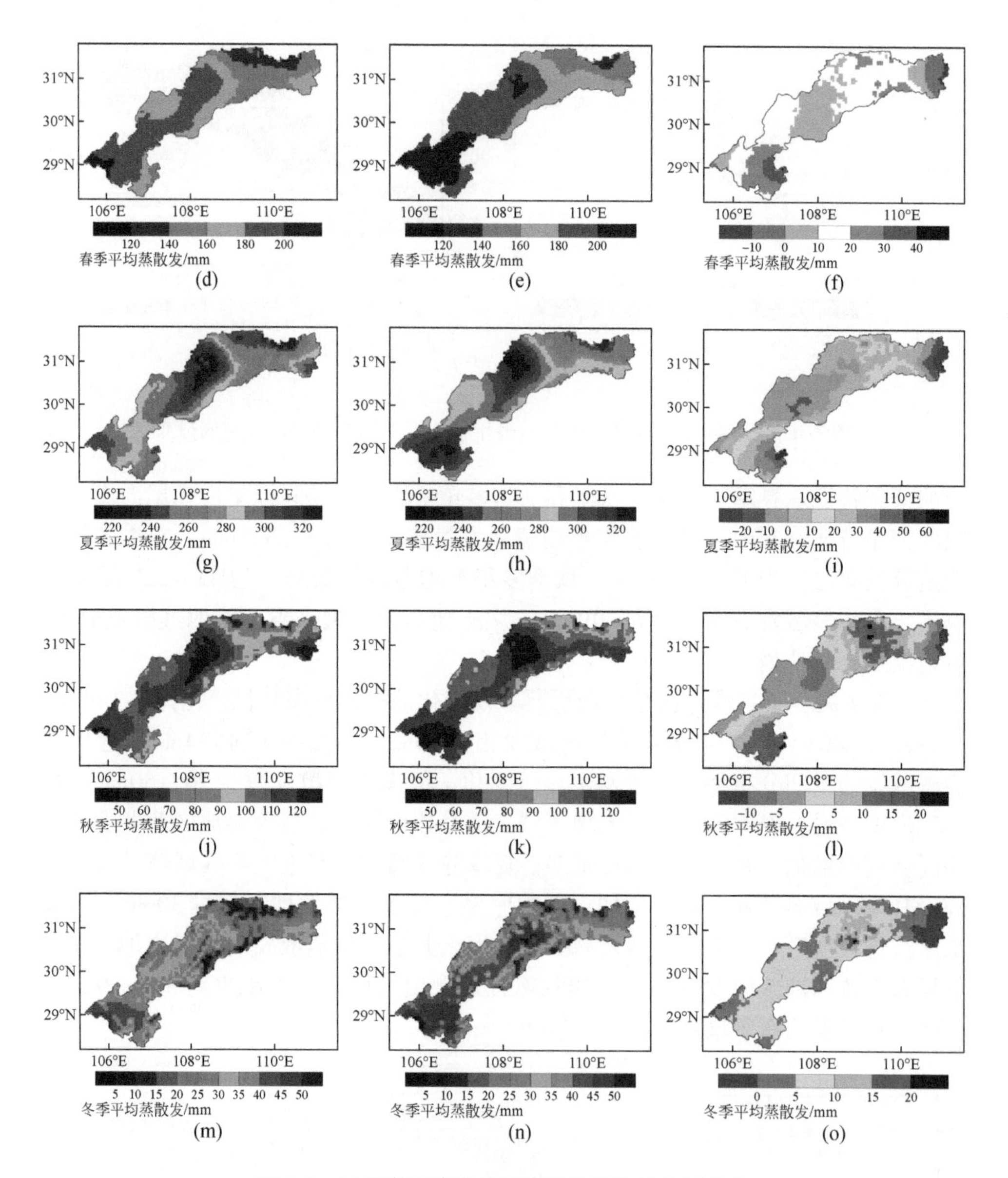

图 3-7　三峡库区建库前后蒸散发变化的空间分布

3.3.2　水循环要素年内变化规律

图 3-8 为三峡库区多年平均降水的年内变化过程，由图 3-8 可知，三峡库区

1979～2018年多年平均降水为1120mm，其年内分配过程呈现明显的非均匀性，4～10月降水约占全年的85.9%。降水峰值主要出现在6～7月，超过175mm；降水最小值出现在1月，不足20mm。与建库前相比，建库后多年平均降水仅减少4mm，但降水变化的年内分配则呈现明显的季节性特征，其中，夏季降水减少最多，为51mm，冬季降水减少5mm，春季和秋季降水分别增加29mm和23mm。

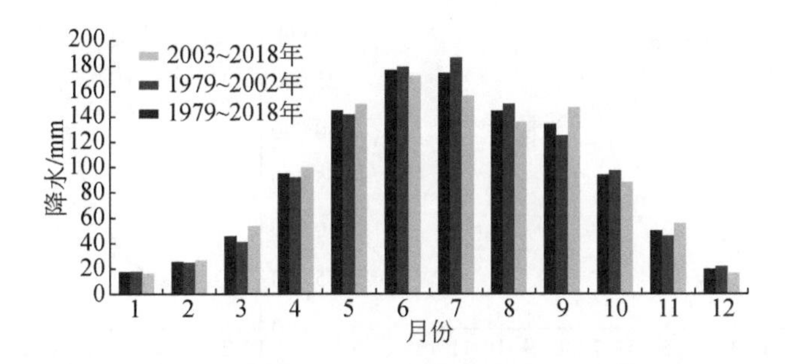

图3-8　三峡库区多年平均降水的年内变化过程

图3-9为三峡库区多年平均蒸散发的年内变化过程，由图3-9可知，三峡库区1982～2017年多年平均蒸散发为601mm，其年内分配过程与降水有明显的一致性，4～10月蒸散发约占全年的86.3%。蒸散发峰值主要出现在夏季，夏季月平均蒸散发超过90mm；蒸散发最小值出现在12月，不足10mm。与建库前相比，建库后多年平均蒸散发增加24mm，且蒸散发在四季均有所增加，春季、夏季、秋季和冬季蒸散发分别增加11mm、5mm、3mm和5mm。

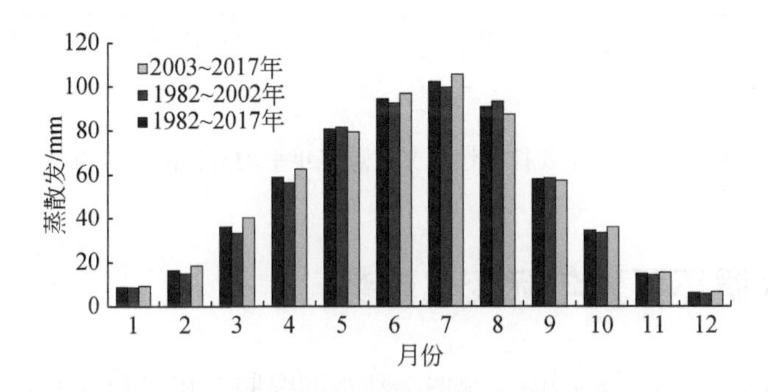

图3-9　三峡库区多年平均蒸散发的年内变化过程

图3-10为三峡库区内朱沱、寸滩、万县和宜昌站多年平均月径流过程的年内变化，由图3-10可知，4个水文站的径流年内分配过程较为一致，多年平均径流量分别为8304m^3/s、10 628m^3/s、12 601m^3/s和13 358m^3/s。三峡库区径流的年内分配呈现明显的差异，径流集中在7～9月，约占年径流的50%。水库的

“削峰补枯”作用使得建库后宜昌站丰水期径流相比建库前有所减少，而枯水期径流则有所增加；其余3个水文站同样受长江上游溪洛渡、向家坝等大型水库建设运行的影响，其径流同样存在相似的特征，由于溪洛渡、向家坝等水库建设时间晚于三峡水库，因此上述3个水文站在2003年前后径流的年内变化不如宜昌站明显。

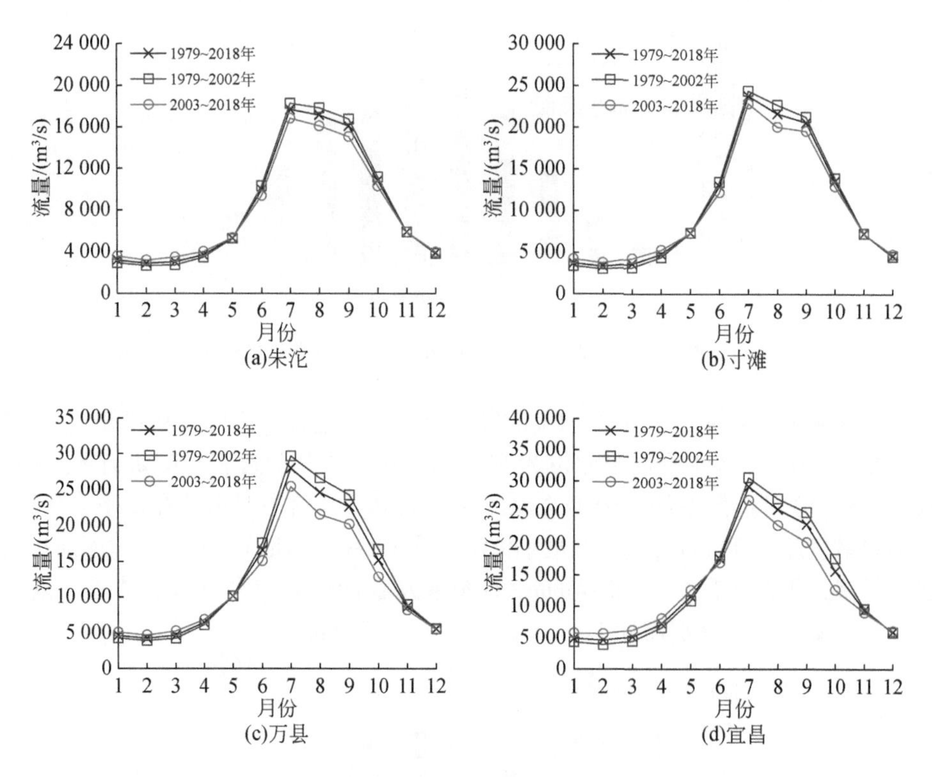

图3-10　三峡库区主要控制性水文站点多年平均月径流过程的年内变化

3.3.3　水循环要素年际变化趋势

图3-11为三峡库区范围内年及四季降水的空间变化趋势及显著性检验结果，由图3-11可知，三峡库区降水在库首长江北岸及库尾的忠州、丰都、梁平、垫江、大竹、邻水、长寿等地呈增加趋势，且库首长江北岸降水的增加趋势通过了显著性水平为0.05的显著性检验。其余区域降水呈减少趋势，其中库首长江南岸降水的减少趋势通过了显著性水平为0.01的显著性检验。在春季，除库首长江南岸及库尾的部分区域外，其余区域降水呈增加趋势；在夏季，降水呈减少趋

势，其中库首长江南岸和库腹以超过40mm/10a的趋势显著减少；在秋季，库首长江南岸区域降水呈显著减少趋势，而库首长江北岸及库尾的忠州、丰都、梁平、垫江、大竹、邻水、长寿等地降水呈显著增加趋势，其余区域降水变化不显著；在冬季，库首长江南岸、库中及库尾降水呈减少趋势，其中库首长江南岸及库尾显著减少，库首长江北岸降水则显著增加。

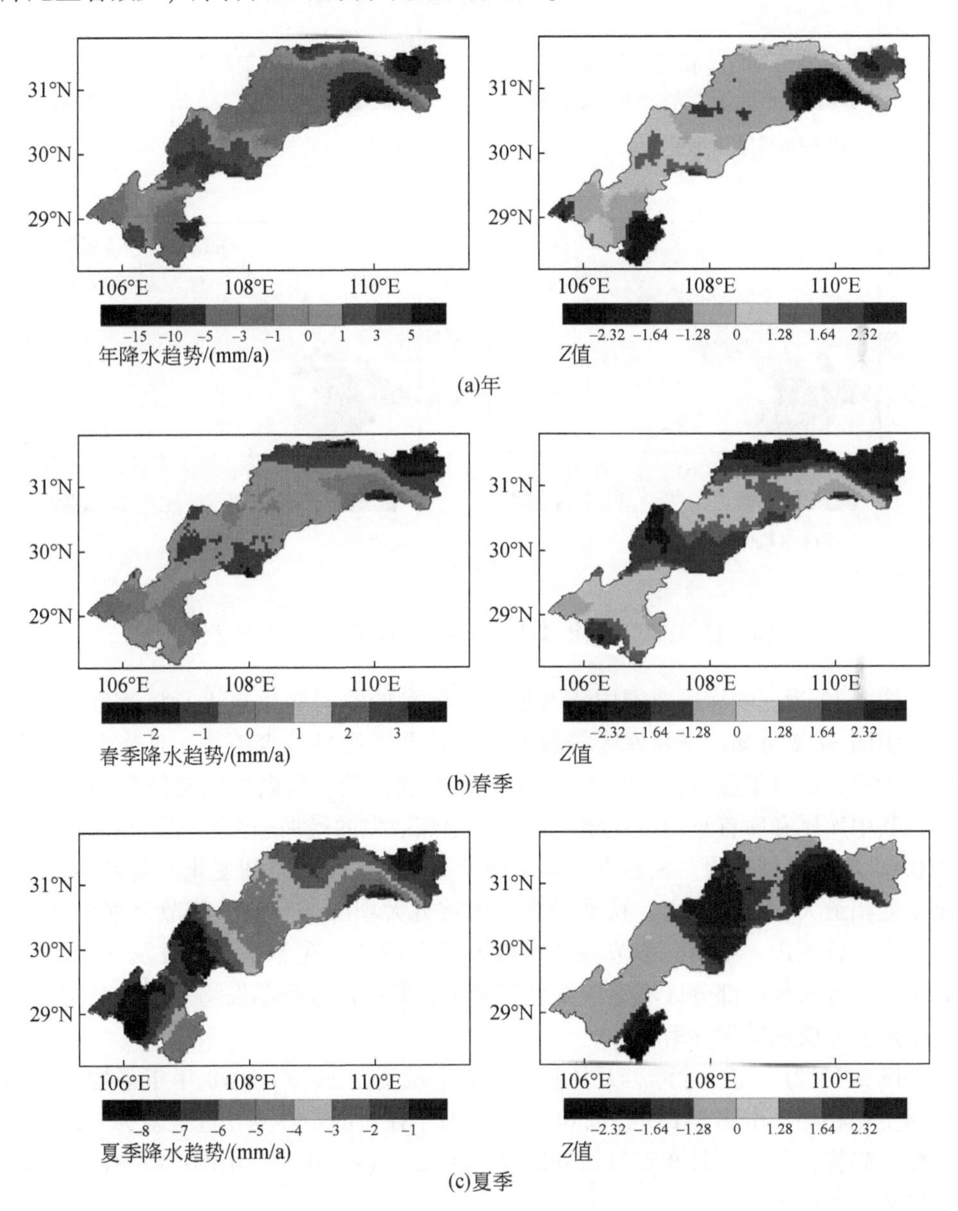

(a)年

(b)春季

(c)夏季

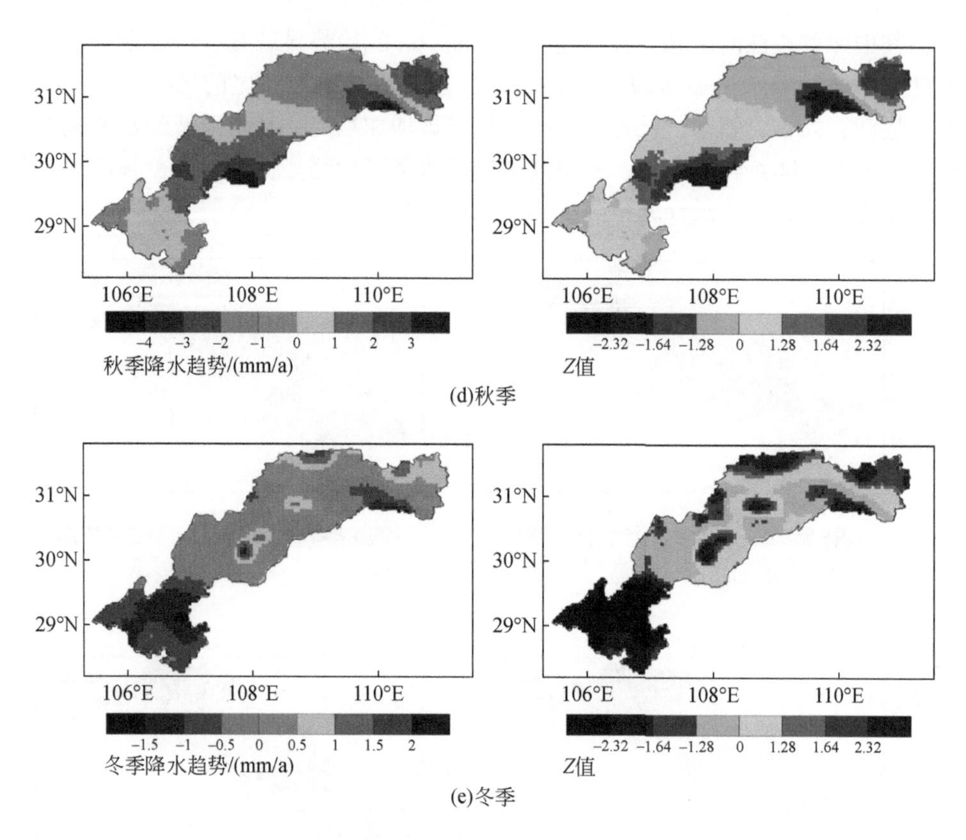

(d)秋季

(e)冬季

图 3-11　三峡库区年及四季降水的空间变化趋势及显著性

图 3-12 为三峡库区范围内年及四季蒸散发的空间变化趋势及显著性检验结果，由图 3-12 可知，三峡库区蒸散发在库首及库腹呈减少趋势，且库首蒸散发的减少趋势通过了显著性水平为 0.01 的显著性检验，其余区域蒸散发呈增加趋势，其中库尾和库首巫山、巫溪、奉节等地蒸散发的增加趋势通过了显著性水平为 0.01 的显著性检验。在春季、夏季和秋季，蒸散发的空间变化趋势基本一致，夏季变幅最大，春季次之，秋季最小。库首近大坝的部分区域蒸散发显著减少，库尾和库首巫山、巫溪、奉节等地蒸散发显著增加。在冬季，蒸散发变幅较小，其中库首近大坝的部分区域蒸散发显著减少，其余区域蒸散发均呈增加趋势，其中库尾和库腹蒸散发显著增加。

图 3-13 为朱沱、寸滩、万县和宜昌 4 个水文站 1979～2018 年年平均径流的年际变化趋势，由图 3-13 可知，4 个水文站年径流的年际变化过程较为一致，均呈减少趋势，其中万县和宜昌站分别以 583.3m^3/(s·10a) 和 350.4m^3/(s·10a) 的趋势显著减少。

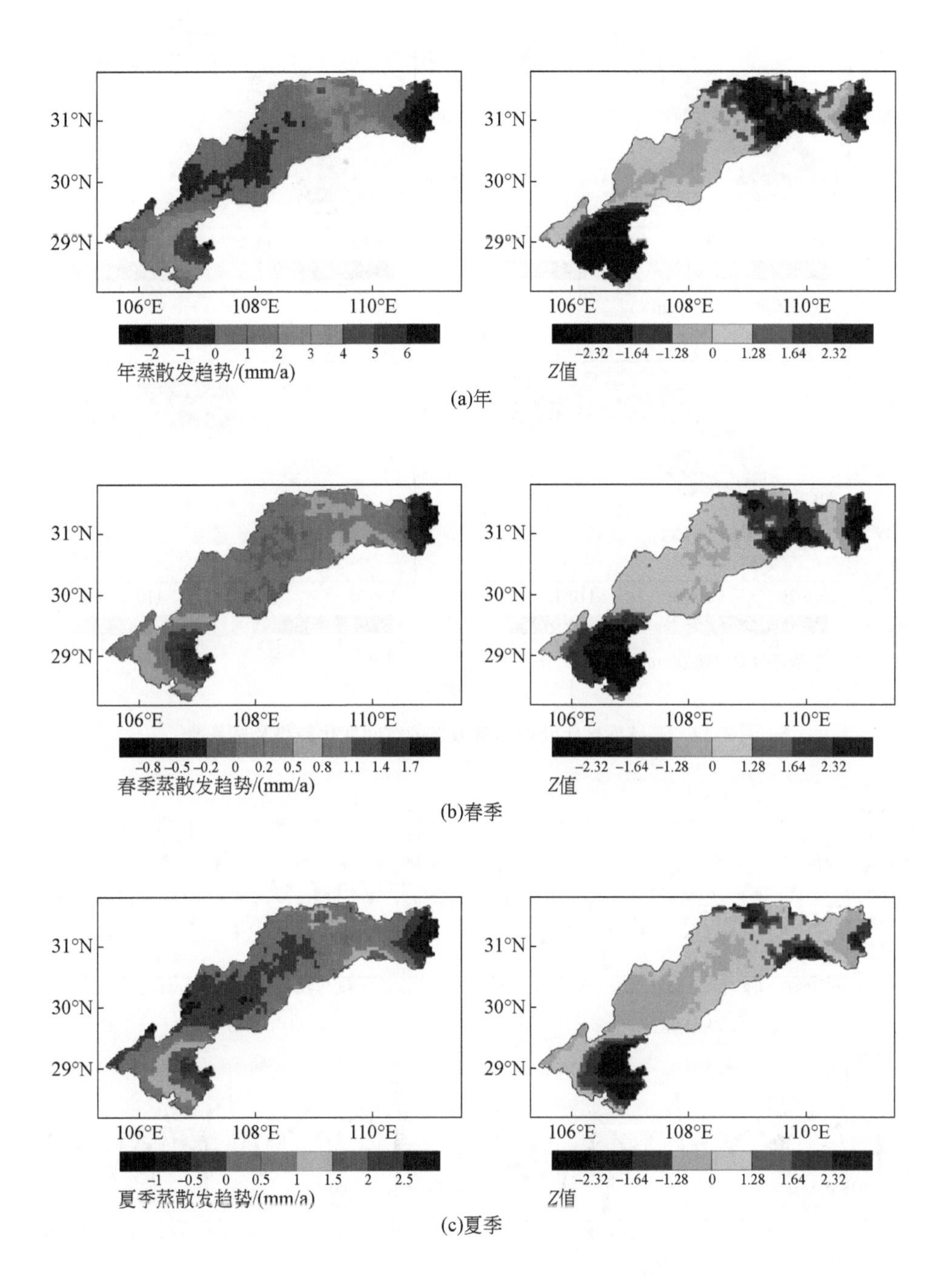
31°N
30°N
29°N
106°E
108°E
110°E
−2 −1 0 1 2 3 4 5 6
年蒸散发趋势/(mm/a)
−2.32 −1.64 −1.28 0 1.28 1.64 2.32
Z值
(a)年
−0.8 −0.5 −0.2 0 0.2 0.5 0.8 1.1 1.4 1.7
春季蒸散发趋势/(mm/a)
(b)春季
−1 −0.5 0 0.5 1 1.5 2 2.5
夏季蒸散发趋势/(mm/a)
(c)夏季

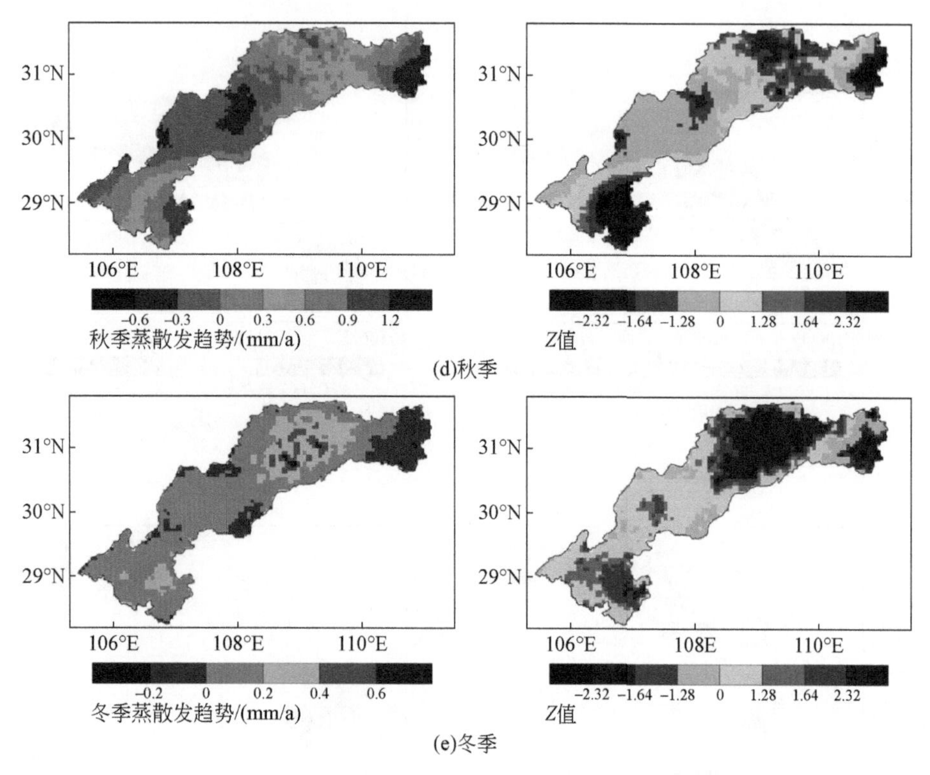

(d)秋季

(e)冬季

图 3-12　三峡库区年及四季蒸散发的空间变化趋势及显著性

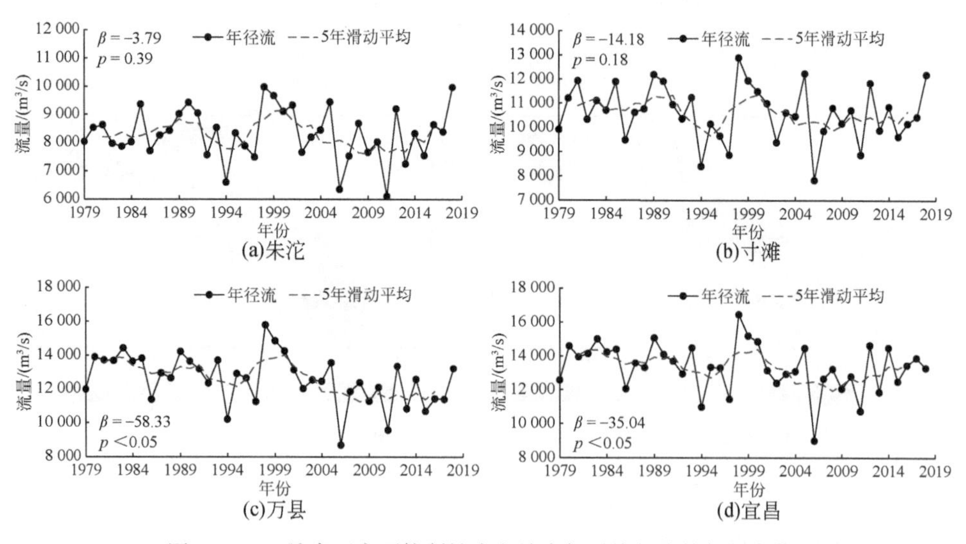

(a)朱沱　(b)寸滩　(c)万县　(d)宜昌

图 3-13　三峡库区主要控制性水文站多年平均径流的年际变化

4 三峡库区典型地貌降水–径流–营养盐流失机理实验

4.1 野外样地及小流域试验设计

为了研究三峡库区不同坡度不同雨强下，降水–径流–氮磷营养盐输移之间的关系，厘清三峡库区蓄水运行后短历时强降水条件下的氮磷营养盐输移过程的水循环驱动机制，本研究在中国科学院三峡库区水土保持与环境研究站开展了样地试验及小流域原型观测试验。该研究站主要开展不同坡度紫色土土壤侵蚀与水土保持相关试验，在其试验平台上，主要观测自然降水条件下不同坡度试验样地的降水–径流–营养盐含量；同时，安装了人工降水平台，结合三峡库区目前面临的暴雨频次增加及雨强增大的问题，补充了极端降水条件下的人工降水试验，以期为应对未来极端降水条件下的污染物防控提供理论支撑。同时，为了模拟三峡库区典型流域水循环及氮磷营养盐的时空分布规律，本研究在忠县试验站所在的石盘溪小流域开展了小流域观测试验，试验结果不仅可为后续模型模拟提供相应参数，还能反映库区蓄水后小流域水循环演变与水环境过程机理。

4.1.1 试验样地与小流域基本概况

中国科学院三峡库区水土保持与环境研究站位于重庆市忠县石宝镇新政村，处于三峡库区的中游区域，紧邻长江干流。如图 4-1 所示，忠县主要土地利用类型为耕地（占 2.1%）、林地（占 87.6%）、水域（占 4.3%）及建设用地（6.0%）；土壤类型有酸性紫色土、水稻土、石灰性紫色土、漂洗黄壤、渗育水稻土及红色石灰土等，其中，酸性紫色土占所有土壤类型的 58.8%。试验样地的坡度分别为 5°、10°、15°和 20° 4 种类型，坡长为 5m，集水槽宽度为 3m，每种坡度的土壤类型均为当地占比最大的原状酸性紫色土，底部为混凝土不透水面，植被类型为玉米与油菜套作，施肥方式按照当地耕作施肥时间与肥料类型（每年施肥两次，分为基肥和追肥，主要肥料类型为复合肥及尿素混合），具体样地类型如图 4-2 所示。每个不同坡度样地底端均安装了径流收集桶，可以收集地表径流和壤中流的水量与含沙量，进而可在实验室分析不同形态氮磷营养盐的含量。

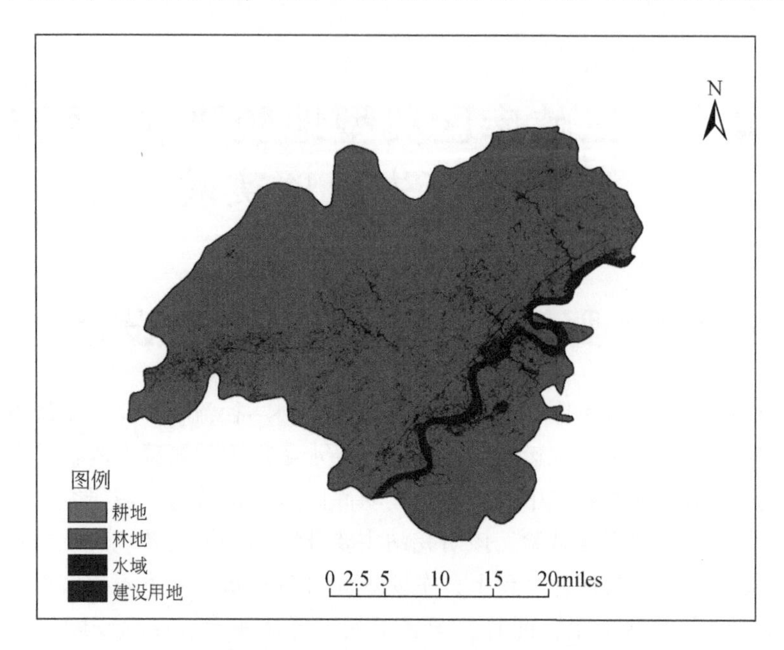

图 4-1　重庆市忠县土地利用类型图

图 4-2　试验样地概貌图

试验小流域——石盘溪流域位于重庆市忠县石宝镇新政村，新政村的土地利用类型如图 4-3 所示，其中旱地面积约 167 972.63m^2，水田面积约154 517.03m^2，草地面积约 99 923.55m^2，经济林面积约 41 303.43m^2，池塘面积约 8592.88m^2，居民点面积约46 422.23m^2。在石盘溪小流域出口位置，建立了自动流量监测站，每隔10min测定一个流量值，每日收集3个水样，在实验室测定其TN、TP、NH_4^+-N、NO_2^--N、NO_3^--N及PO_4^--P的浓度。

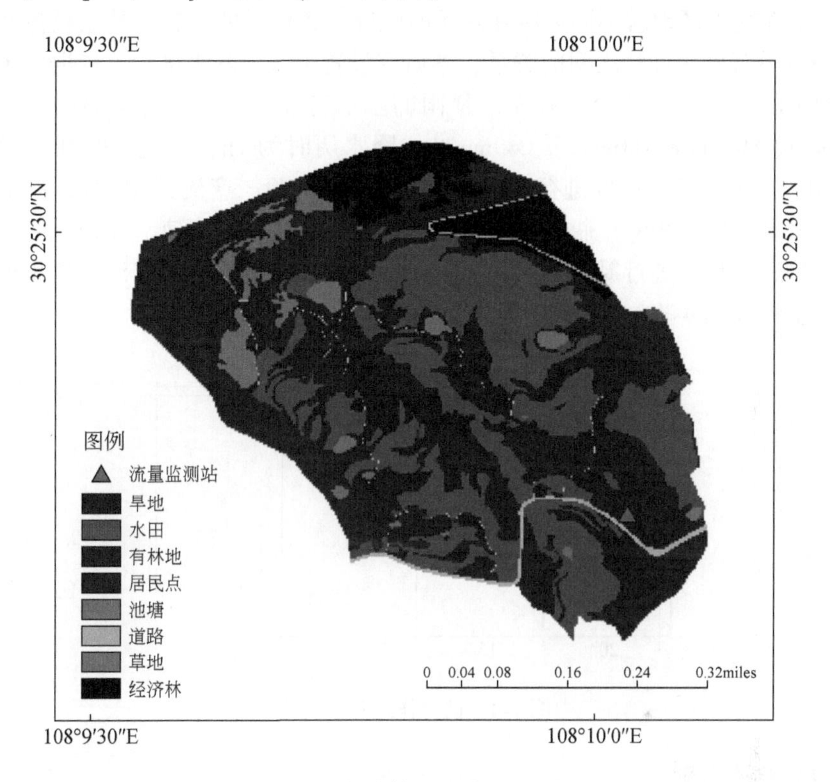

图4-3 新政村土地利用类型图

4.1.2 样地试验设计方案

4.1.2.1 常规观测试验方案

2019年1~12月，在试验小区2#（15°）、3#（10°）、4#（5°），常规种植（油菜和玉米轮作）及施肥条件下（基肥与追肥），监测了每场自然降水的地表径流量及壤中流量，同时测定了对应的氮磷营养盐的含量，主要指标包括TN、TP、NH_4^+-N、NO_3^--N、NO_2^--N及PO_4^--P。

4.1.2.2 人工降水试验方案

(1) 试验内容

为了探究山区地貌不同坡度在短历时强降水条件下的产流（地表径流和壤中流）与氮磷营养盐迁移之间的关系，本研究设置了人工降水试验，依据气象部门关于暴雨的定义，并结合三峡库区暴雨的基本特征，设置了4组雨强，分别为100mm/h、80mm/h、60mm/h、40mm/h，降水历时为1h，每组雨强在4种坡度（5°、10°、15°及20°）各进行一次，共计16组试验，产流开始后每隔5min用250mL聚氯乙烯（PVC）瓶收集与测定地表径流和壤中流流速，样地试验结束后将样品移送实验室进行氮磷营养盐相关指标及地表径流与壤中流泥沙含量的测试与分析工作（图4-4）。

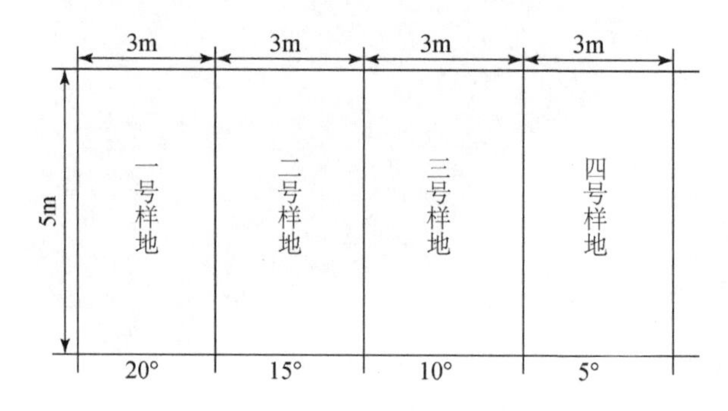

图4-4 试验样地基本尺寸

(2) 降水装置

降水装置采用BX-1型便携式野外降水器，该降水器的主要工作原理是在一定水压条件下，更换专用侧喷式喷头内不同孔径的挡水板，形成各种均匀的雨强，再将各喷头组合排布即可形成设定区域内不同雨强的均匀降水。BX-1型便携式野外降水器装置示意图如图4-5所示。

为了率定降水的均匀程度，采用雨量筒均匀放置在试验样地，其雨强的具体计算方法如下：在某一固定截雨时间 T_1 内得到的雨水体积为 V_1，雨量筒的截面面积为 S_1，$V_1/S_1=H_1$，H_1 为 T_1 时间内降水厚度，将 H_1 折算成mm，再将此厚度值以雨量筒截雨时间与60min、30min、1min的比例折算为标准时间相应的降水厚度即为雨强，一般固定截雨时间为10min，并进行2~3次重复性试验比较。

利用上述方法测得均匀分布的代表性雨量筒代表的雨强，求其标准方差即可得到降水均匀系数。

(3) 试验步骤

1）将BX-1型便携式野外降水器根据试验设定雨强，安装与调试完毕；

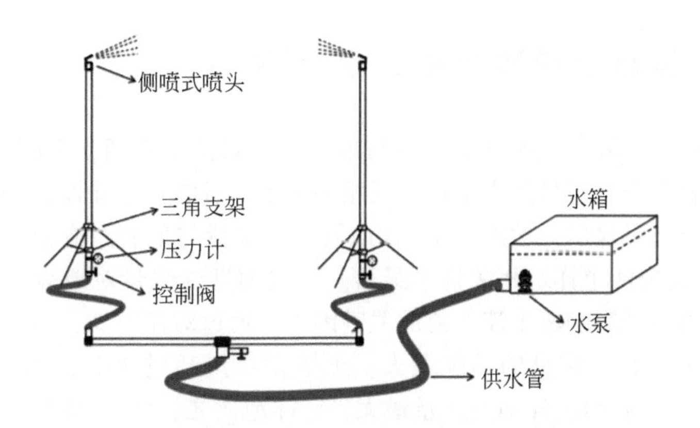

图 4-5　BX-1 型便携式野外降水器装置示意图

2）试验开始前测定试验样地的土壤湿度，得到其初始平均土壤含水量；

3）打开水泵，开机计时；

4）密切观测地表径流和壤中流的开始产流时间，产流开始后，每隔 5min 测定一次流速并收集样品；

5）降水 1h 后，关闭水泵，观测产流结束的时间，待产流结束，测量地表径流与壤中流收集桶的产流量；

6）将收集好的样品编号，送往实验室，进行相关指标的测试；

7）待指标测定完毕，将样品静置，然后采用烤箱，温度设定在 105℃恒定温度，进行烘干，最后测定泥沙含量。

4.1.3　小流域试验方案设计

本研究在石盘溪小流域出口位置布设了流量观测装置，于 2018 年 1 月 ~ 2019 年 12 月进行了监测，观测时间间隔为 10min，每 5 天取一个水样，测定其水质指标。

4.2　自然场次降水观测结果分析

根据 2019 年全年样地尺度，自然降水的产流–氮磷流失的观测实验，3 种坡度样地的观测结果分析如下。

4.2.1 不同坡度样地的降水–产流关系

图4-6是不同坡度样地日降水量与地表产流量的散点图，由图4-6可知，3种样地的地表产流量与日降水量均呈正相关关系。日降水量和地表产流量的皮尔逊相关性分析结果显示，坡度为15°样地其日降水量与地表产流量呈显著相关性（$P<0.01$），其余两个样地相关性不显著。土壤前期含水量对地表产流量影响显著，坡度和雨强是影响壤中流产流的关键因子。通过对比可知，对于3种坡度样地，壤中流对地表产流量的贡献最大，土壤含水量超过30%，地表才有产流；对于壤中流产流量，10°样地产流量最大，5°样地次之，15°样地最少；对于地表产流量，坡度越大地表产流量越大。

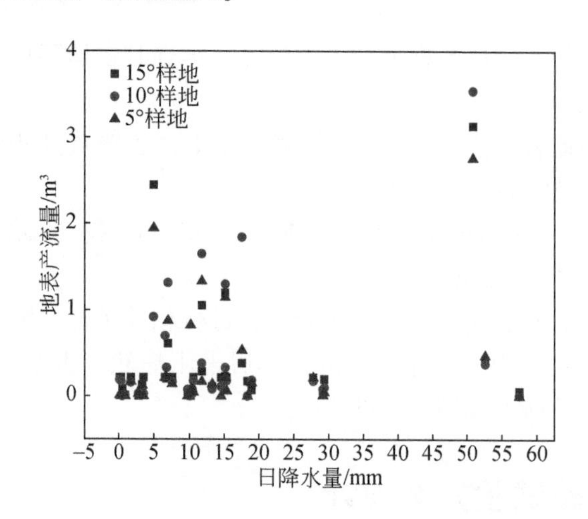

图4-6 不同坡度样地日降水量与地表产流量的散点图

4.2.2 不同坡度样地地表径流–氮磷流失关系

通过收集2019年3种样地的地表产流量，在实验室测定了氮磷营养盐的浓度。图4-7描述了3种坡度样地的地表产流量及与其对应氮磷营养盐的浓度，由图4-7可知，5°样地的场次地表产流量最少，通过皮尔逊相关性分析可知，对于15°样地，地表产流量与PO_4^--P浓度呈显著正相关，$y=0.0648x+0.0188$（$R^2=0.484$，$P<0.01$）；与TP浓度呈显著正相关，$y=0.24x+0.0303$（$R^2=0.484$，$P<0.01$）；与NO_3^--N浓度呈显著正相关，$y=2.1848x+1.418$（$R^2=0.176$，$P<0.05$）；与TN浓度呈显著正相关，$y=2.118x+1.1226$（$R^2=0.263$，$P<0.01$）。

对于10°样地，地表产流量与PO_4^--P浓度呈显著正相关，$y=0.0742x+0.0255$（$R^2=0.352$，$P<0.01$）。对于5°样地，地表产流量与NH_4^+-N浓度呈显著正相关，$y=0.0901x+0.0321$（$R^2=0.132$，$P<0.05$）；与NO_2^--N浓度呈显著正相关，$y=0.022x+0.0043$（$R^2=0.334$，$P<0.01$）；与PO_4^--P浓度呈显著正相关，$y=0.135x+0.0026$（$R^2=0.932$，$P<0.01$）；与TP浓度呈显著正相关，$y=0.7742x+0.0338$（$R^2=0.438$，$P<0.01$）。由此可知，对于10°样地，氮磷营养盐除PO_4^--P外，其他均与地表产流量相关性不显著，坡度大于15°及小于5°时显著相关。

如图4-7所示，在15°样地的地表产流量中，NH_4^+-N浓度占TN浓度的平均比例为3.1%，NO_2^--N浓度占TN浓度的平均比例为0.9%，NO_3^--N浓度占TN浓度的平均比例为42.4%，PO_4^--P浓度占TP浓度的平均比例为24.1%。在10°样地的地表产流量中，NH_4^+-N浓度占TN浓度的平均比例为4.04%，NO_2^--N浓度占TN浓度的平均比例为1.1%，NO_3^--N浓度占TN浓度的平均比例为42.3%，PO_4^--P浓度占TP浓度的平均比例为18.4%。在5°样地的地表产流量中，NH_4^+-N浓度占TN浓度的平均比例为1.9%，NO_2^--N浓度占TN浓度的平均比例为0.4%，NO_3^--N浓度占TN浓度的平均比例为12.06%，PO_4^--P浓度占TP浓度的平均比例为11.88%。

综上，NO_3^--N是坡面无机氮流失的主要成分，当坡度大于10°时，NH_4^+-N及NO_2^--N浓度占TN浓度的平均比例随坡度的增加而降低，NO_3^--N浓度占TN浓度的平均比例基本保持不变；PO_4^--P浓度占TN浓度的平均比例随坡度的增加而增大。

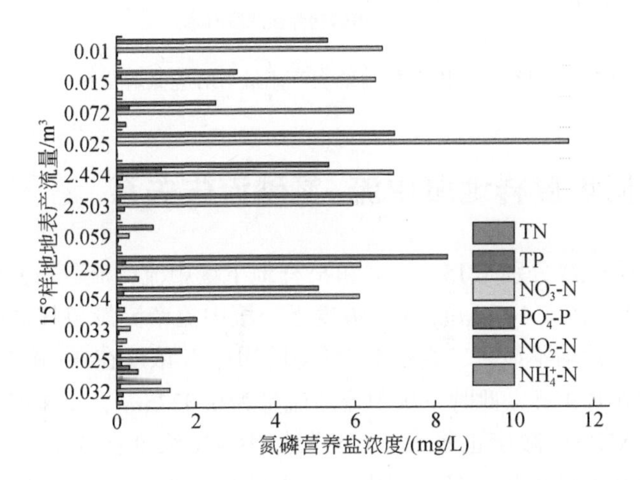

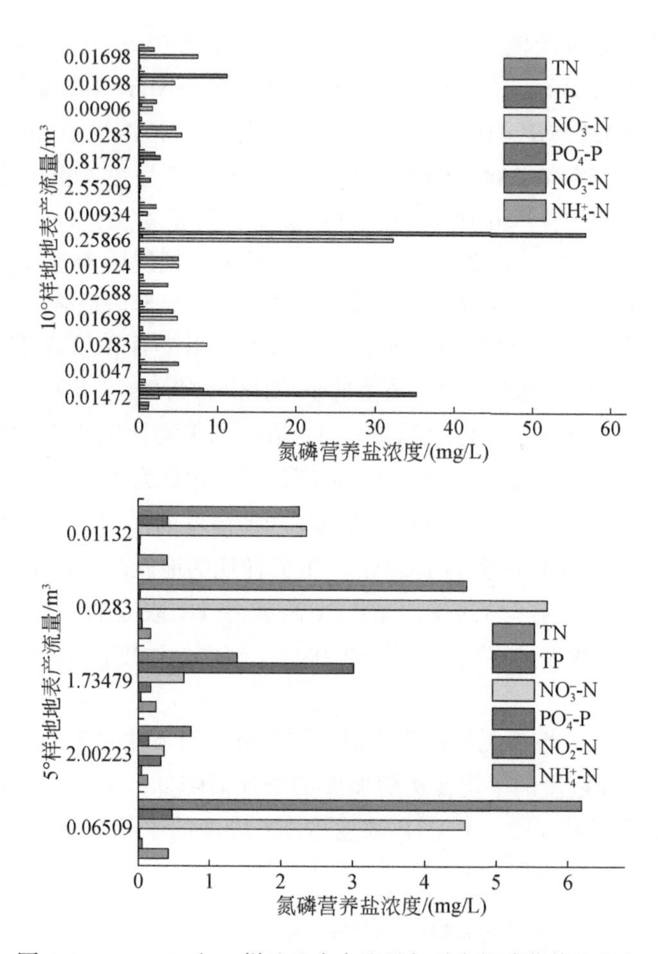

图 4-7 15°、10°和 5°样地地表产流量与对应氮磷营养盐分布

4.2.3 不同坡度样地壤中流–氮磷流失关系

图 4-8 ~ 图 4-10 分别是 15°、10°和 5°样地下壤中流产流量与氮磷营养盐的散点图。由图 4-8 ~ 图 4-10 可知，3 种坡度下，壤中流产流量与其对应的氮磷营养盐间的关系相关性均不显著，其中 15°样地的NH_4^+-N 浓度在 0 ~ 0.429mg/L 波动，最大值出现在 6 月 9 日，此时，壤中流产流量为 0.0275m^3，土壤湿度较大，对应地表产流中的NH_4^+-N 浓度也较大；10°样地NH_4^+-N 浓度在 0 ~ 0.578mg/L 波动，最大值也出现在 6 月 9 日，对应壤中流产流量为 0.0586m^3；5°样地NH_4^+-N 浓度在 0 ~ 0.684mg/L 波动，最大值出现在 7 月 15 日，对应壤中流产流量为

0.1398m^3，但此时地表产流量为 0m^3，说明此时入渗进入土壤中的NH_4^+-N 较多，所以此时壤中流对应的NH_4^+-N 浓度最大；当坡度大于 10°时，NH_4^+-N 最大浓度与壤中流产流量成正比，当坡度小于 5°时，地表产流量为 0m^3，壤中流产流量较大，其对应 NH_4^+-N 浓度较大。

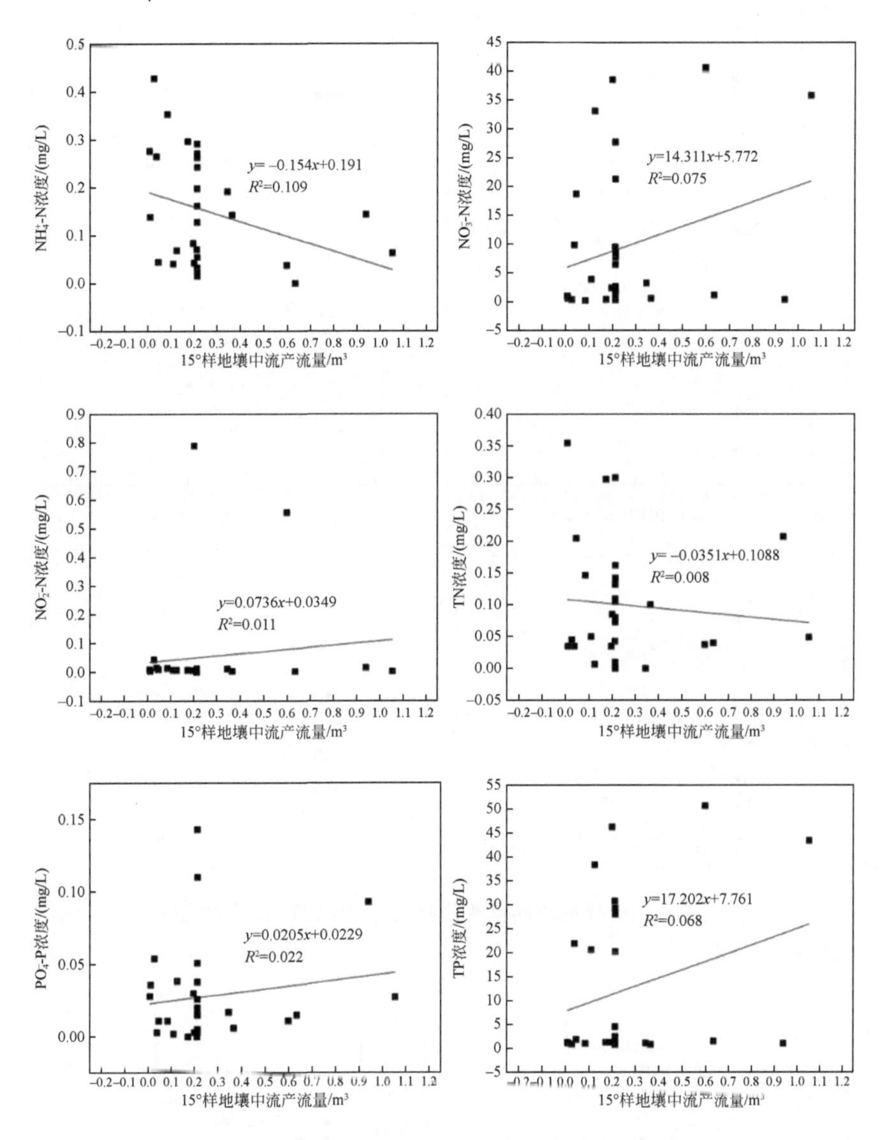

图 4-8　15°样地不同氮磷营养盐与壤中流产流量的关系

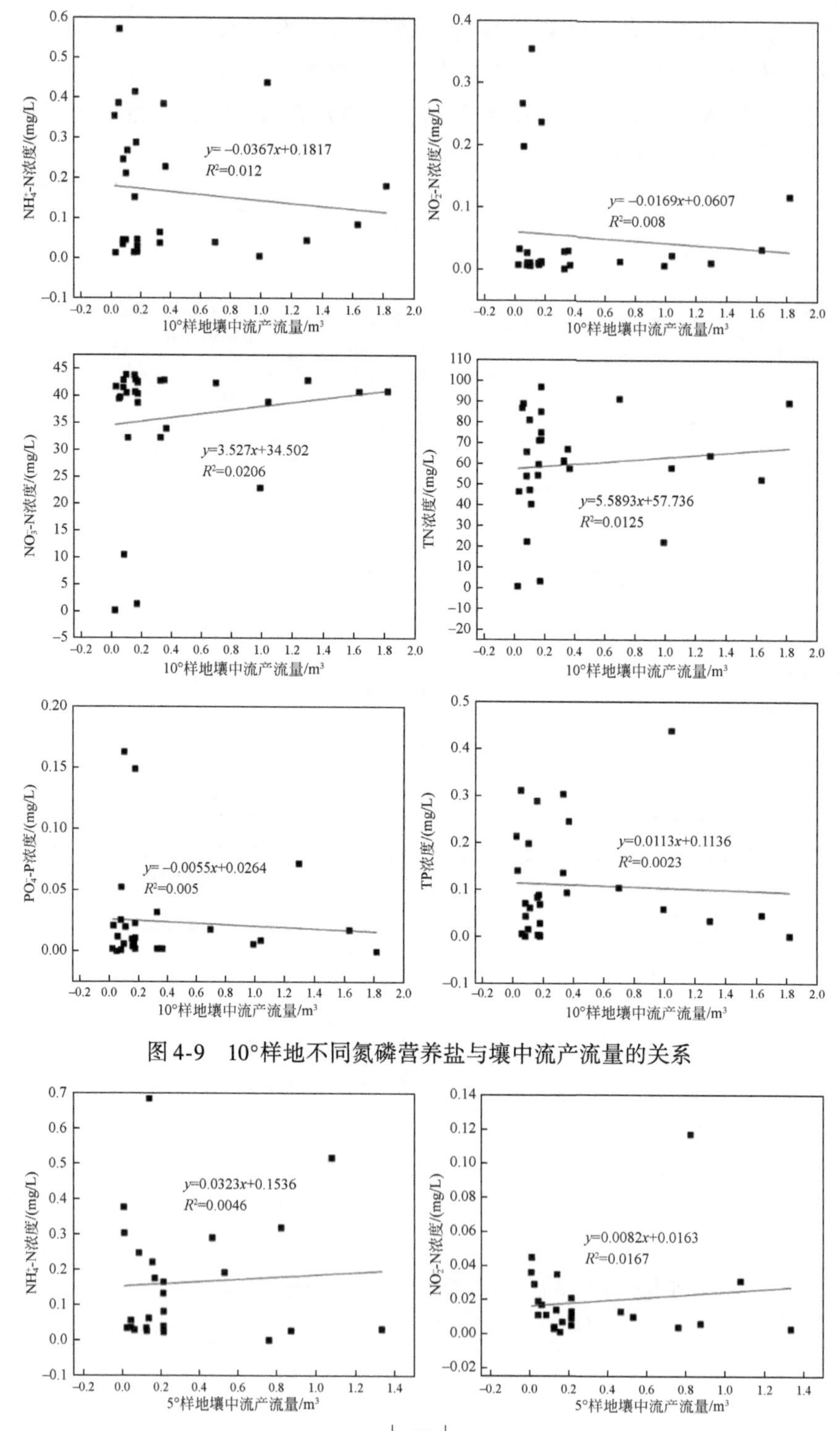

图 4-9　10°样地不同氮磷营养盐与壤中流产流量的关系

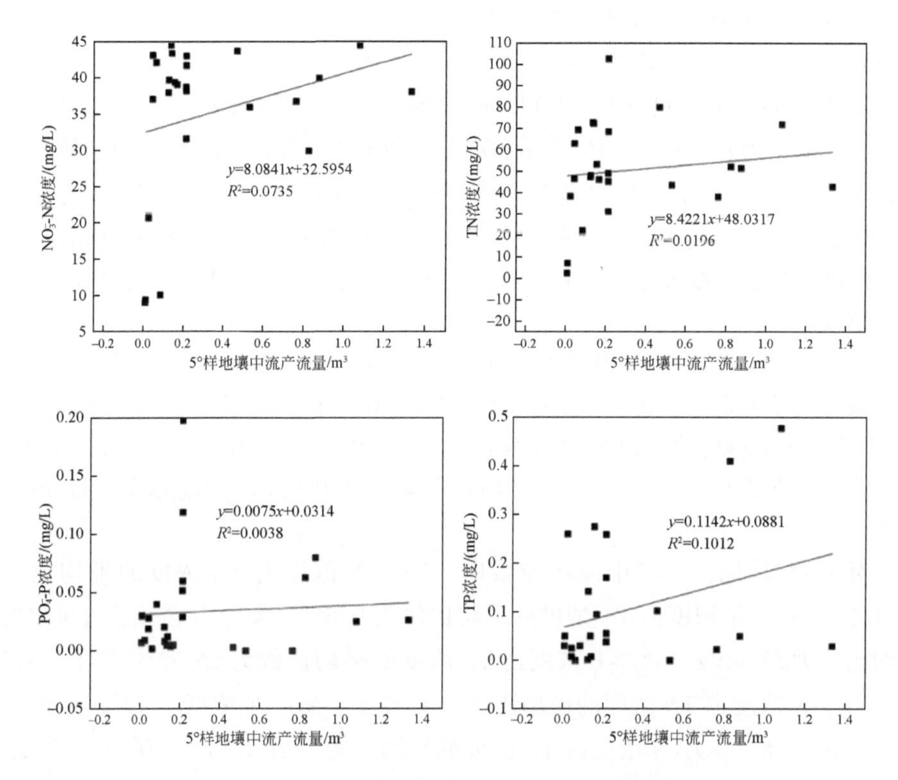

图4-10　5°样地不同氮磷营养盐与壤中流产流量的关系

15°样地NO_2^--N浓度在0～0.789mg/L波动，最大值出现在10月23日，对应的壤中流产流量为0.201m³；10°样地NO_2^--N浓度在0～0.355mg/L波动，最大值出现在5月13日，对应壤中流产流量为0.111m³；5°样地NO_2^--N浓度在0～0.117mg/L波动，最大值出现在10月16日，对应壤中流产流量为0.8256m³；当坡度大于10°时，NO_2^--N最大浓度与壤中流产流量成正比，当坡度小于5°时，地表产流为0m³，壤中流产流较大，其对应NO_2^--N浓度较大。

15°样地NO_3^--N浓度在0～40.516mg/L波动，最大值出现在10月28日，对应壤中流产流量为0.599m³；10°样地NO_3^--N浓度在0～43.839mg/L波动，最大值出现在9月9日，对应壤中流产流量为0.156m³；5°样地NO_3^--N浓度在0～44.629mg/L波动，最大值出现在7月26日，对应壤中流产流量为0.136m³；坡度越大壤中流NO_3^--N最大浓度越小，壤中流产流量越高。

15°样地TN浓度在0～50.615mg/L波动，最大值出现在10月28日，对应壤中流产流量为0.599m³；10°样地TN浓度在0～96.965mg/L波动，最大值出现在7月24日，对应壤中流产流量为0.177m³；5°样地TN浓度在0～102.783mg/L波动，最大值出现在7月24日，对应壤中流产流量为0.214m^3；TN最大浓度随坡度的减小而增大，与对应的壤中流产流量无比例关系。

15°样地PO_4^--P浓度在0～0.143mg/L波动，最大值出现在5月13日，对应壤中流产流量为0.214m^3；10°样地PO_4^--P浓度在0～0.163mg/L波动，最大值出现在8月30日，对应壤中流产流量为0.102m^3；5°样地PO_4^--P浓度在0～0.198mg/L波动，最大值出现在5月13日，对应壤中流产流量为0.214m^3；坡度越小，PO_4^--P最大浓度越大，相同壤中流产流量条件下，坡度越小，PO_4^--P最大浓度越大。

15°样地TP浓度在0～0.355mg/L波动，最大值出现在3月25日，对应壤中流产流量为0.008m^3；10°样地TP浓度在0～0.438mg/L波动，最大值出现在7月23日，对应壤中流产流量为1.043m^3；5°样地TP浓度在0～0.478mg/L波动，最大值出现在7月23日，对应壤中流产流量为1.079m^3；坡度越小，TP最大浓度越大。

对于15°样地，在壤中流产流量中，NH_4^+-N浓度占TN浓度的平均比例为10.44%，NO_2^--N浓度占TN浓度的平均比例为0.6%，NO_3^--N浓度占TN浓度的平均比例为51.40%，PO_4^--P浓度占TP浓度的平均比例为66.72%；对于10°样地，NH_4^+-N浓度占TN浓度的平均比例为1.52%，NO_2^--N浓度占TN浓度的平均比例为0.19%，NO_3^--N浓度占TN浓度的平均比例为51.87%，PO_4^--P浓度占TP浓度的平均比例为57.33%；对于5°样地，NH_4^+-N浓度占TN浓度的平均比例为0.8%，NO_2^--N浓度占TN浓度的平均比例为0.09%，NO_3^--N浓度占TN浓度的平均比例为51.21%，PO_4^--P浓度占TP浓度的平均比例为89.36%。

4.3 强降水对坡地径流影响试验的结果分析

根据三峡库区流域暴雨时空分布规律分析，开展了不同雨强（100mm/h、80mm/h、60mm/h及40mm/h）在不同坡度样地（1#、2#、3#、4#）的降水-产流-氮磷流失规律的探究试验，其结果分析如下。

4.3.1 雨强和坡度组合下地表径流分布规律

4.3.1.1 平均土壤湿度

不同雨强试验开始前，测定的土壤湿度如表4-1所示，1#样地平均前期土壤湿度最高，4#样地最低，整体而言，各样地土壤前期湿度变化不大。

表 4-1　不同雨强试验开始前土壤湿度　　　　（单位:%）

雨强	样地编号			
	1#	2#	3#	4#
40mm/h	24.59	21.16	23.44	17.96
60mm/h	24.12	22.10	23.98	21.55
80mm/h	24.63	22.31	24.79	21.65
100mm/h	24.40	19.86	22.11	19.51

4.3.1.2　各组试验降水均匀系数

降水均匀程度是人工降水试验控制的关键过程，关系到产流过程的准确性，因此本试验采用雨量筒来检测其均匀系数，各试验组的降水均匀系数如表 4-2 所示。

表 4-2　各试验组降水均匀系数

雨强	样地编号			
	1#	2#	3#	4#
40mm/h	81.5	81.6	81.9	82.3
60mm/h	83.3	83.7	84.1	84.2
80mm/h	86.9	87.5	87.6	87.8
100mm/h	92.5	93.5	93.2	94.1

4.3.1.3　各组试验地表径流开始产流时间

不同降水强度下，不同样地地表径流开始产流时间如表 4-3 所示，当坡度为 20°与 15°时，地表产流较快；当坡度为 10°时，地表产流明显变慢；当坡度为 5°、雨强为 40mm/h 时，地表没有产流。产流初期，由于地表粗糙度及雨强的影响，各样地开始产流时间不一致，但是由于前期土壤含水量较高，各坡面对降水产流响应都十分迅速，雨水到达坡面，通过局部填洼，基本直接转化为地表径流，参与坡面侵蚀。

表 4-3 不同雨强-不同坡度地表开始产流时间

雨强	样地编号			
	1#	2#	3#	4#
40mm/h	2′30″	2′42″	39′14″	未产流
60mm/h	2′00″	2′23″	6′01″	58′00″
80mm/h	1′12″	0′53″	2′16″	13′47″
100mm/h	0′57″	2′25″	2′30″	1′50″

4.3.1.4 地表径流量的分布规律

各组试验产流开始后，每间隔 5min 测量其流速，不同雨强下不同坡度地表径流量的分布如图 4-11 与图 4-12 所示，当雨强为 40mm/h 与 60mm/h 时，在坡度为 15°时其地表径流量的均值最大，当雨强为 80mm/h 及 100mm/h 时，地表径

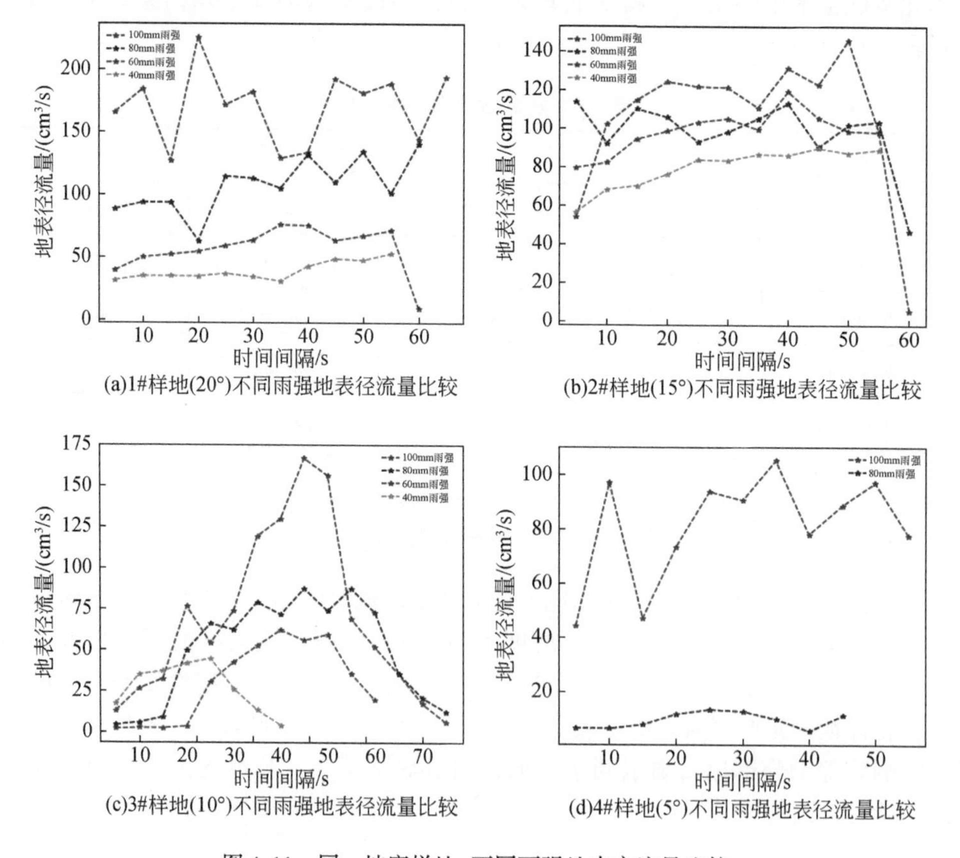

(a)1#样地(20°)不同雨强地表径流量比较
(b)2#样地(15°)不同雨强地表径流量比较
(c)3#样地(10°)不同雨强地表径流量比较
(d)4#样地(5°)不同雨强地表径流量比较

图 4-11 同一坡度样地-不同雨强地表产流量比较

流量随着坡度的增大而增加，坡度越大，地表径流的平均流速越大；其中当坡度为5°、雨强为40mm/h时，地表没有产流。从地表产流的地形特征分析，对于紫色土坡耕地，15°的坡度是其地表产流变化的临界坡度；从暴雨强度角度分析，60mm/h是地表产流发生变化的临界雨强。

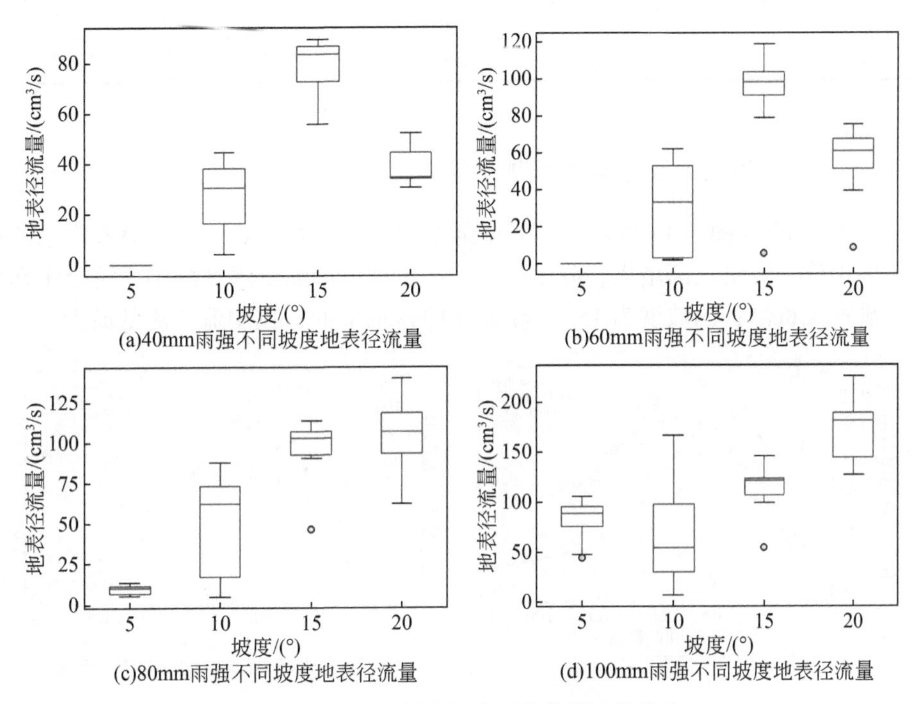

图 4-12　雨强和坡度组合下地表径流量分布

4.3.2　雨强和坡度组合下壤中流分布规律

4.3.2.1　各组试验壤中流开始产流时间

表4-4描述了壤中流开始产流时间，雨强为80mm/h、坡度为15°时，壤中流产流最快；雨强为40mm/h、坡度为5°和10°样地，壤中流产流最慢。

表 4-4　不同雨强壤中流开始产流时间

雨强/(mm/h)	样地编号			
	1#	2#	3#	4#
40	11′13″	10′10″	14′24″	14′24″

续表

雨强/(mm/h)	样地编号			
	1#	2#	3#	4#
60	3′52″	7′27″	9′00″	13′03″
80	5′20″	1′32″	3′52″	9′19″
100	3′10″	5′35″	3′50″	3′22″

4.3.2.2 不同雨强不同坡度壤中流产流量分布规律

如图4-13与图4-14所示，不同雨强壤中流的分布大致一致，随着降水的进行，壤中流产流量逐渐增大，降水停止后，壤中流产流量逐渐减小，符合湿润地区蓄满产流机制；当坡度为15°、雨强为100mm/h时，壤中流产流量最大。

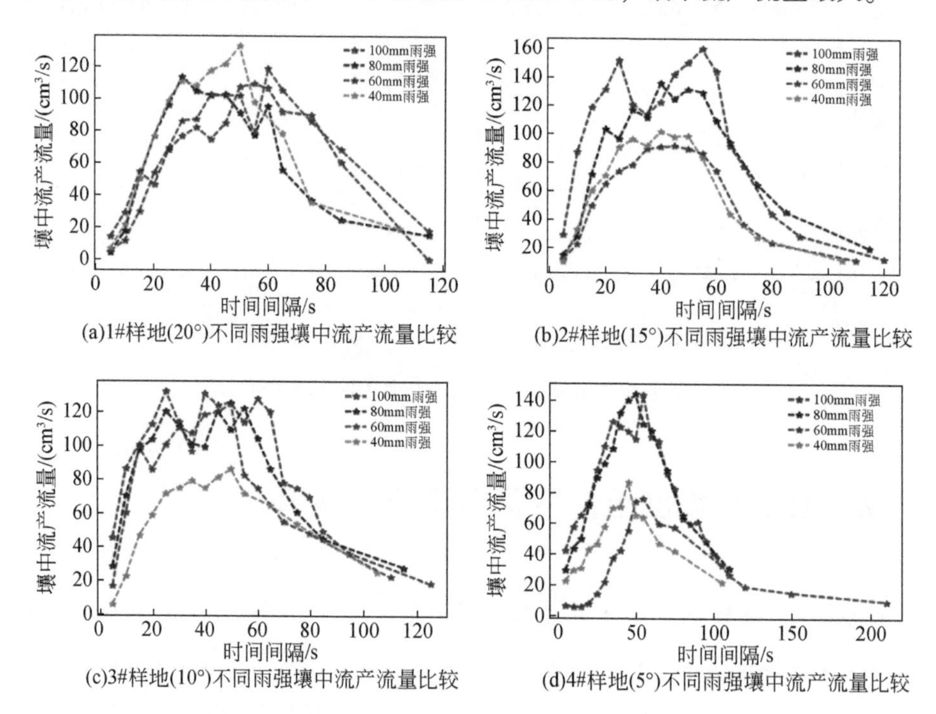

(a)1#样地(20°)不同雨强壤中流产流量比较

(b)2#样地(15°)不同雨强壤中流产流量比较

(c)3#样地(10°)不同雨强壤中流产流量比较

(d)4#样地(5°)不同雨强壤中流产流量比较

图4-13　同一坡度-不同雨强壤中流产流量比较

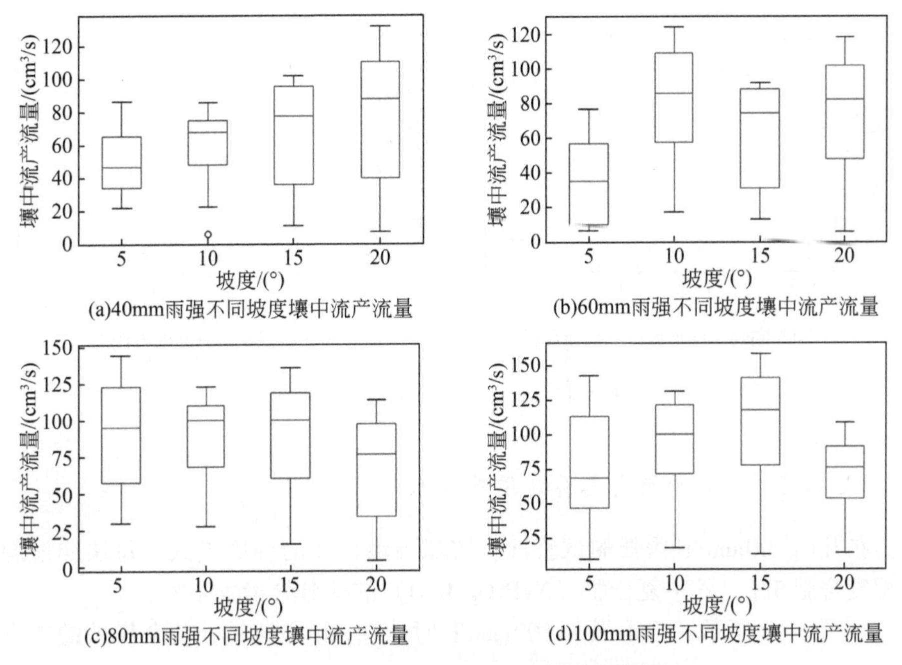

图 4-14　同一雨强-不同坡度样地壤中流产流量分布

4.3.3　氮磷分布规律及其与径流的关系

4.3.3.1　地表径流总氮浓度的分布规律

如图 4-15 所示，在不同雨强条件下，坡度为 10°时的地表径流平均 TN 浓度最大；坡度为 5°时，各雨强条件下地表径流平均 TN 浓度最小，地表径流平均 TN 浓度最大值发生在坡度为 10°、雨强为 100mm/h 时。这一现象说明雨强 100mm/h、坡度 10°时，地表侵蚀量最大，进入水体的 TN 浓度最大。

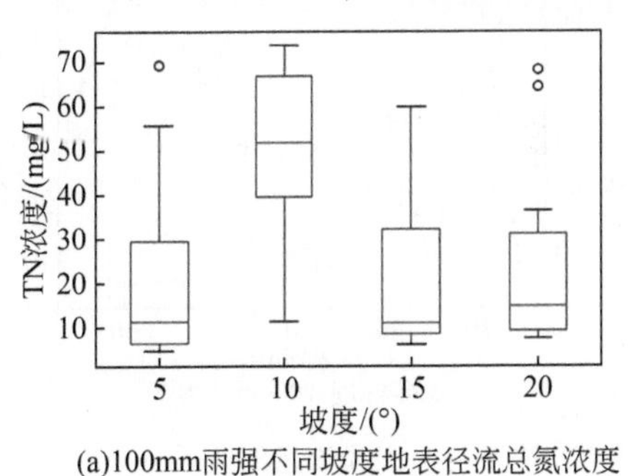

(a)100mm雨强不同坡度地表径流总氮浓度

TN浓度/(mg/L)
坡度/(°)

(b)80mm雨强不同坡度地表径流总氮浓度

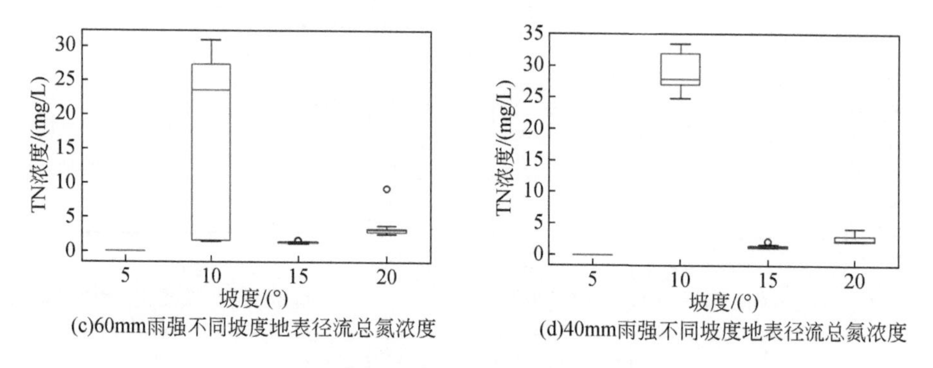

(c)60mm雨强不同坡度地表径流总氮浓度　(d)40mm雨强不同坡度地表径流总氮浓度

图4-15　地表径流总氮浓度分布图

4.3.3.2　地表径流与总氮浓度的关系

在开始100mm/h雨强的试验前，按照当地耕作的施肥方式，每块样地均匀施用复合肥5kg，其中复合肥（N-P_2O_5-K_2O）的养分含量≥40%。

如图4-16所示，当雨强为100mm/h时，除10°样地外，其余样地的地表径

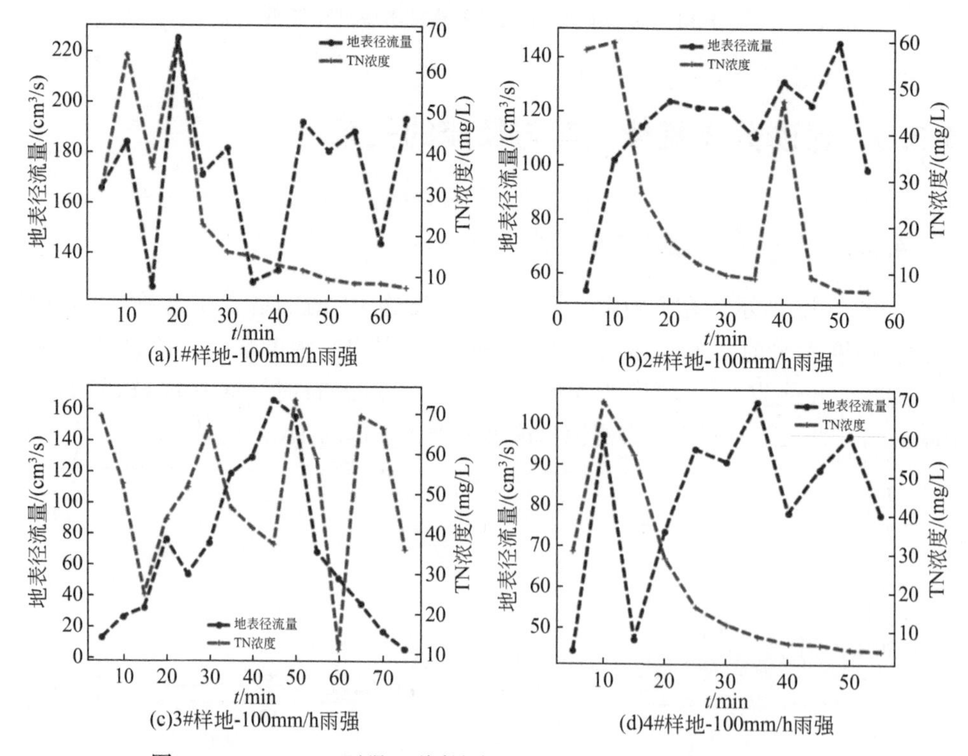

(a)1#样地-100mm/h雨强　(b)2#样地-100mm/h雨强

(c)3#样地-100mm/h雨强　(d)4#样地-100mm/h雨强

图4-16　100mm/h雨强-不同坡度下TN浓度与地表径流量的关系

流中 TN 浓度随地表径流量的变化，在前期呈与地表径流量一致的变化趋势，在后期减少到最低值；而在 10°样地，当降水结束、地表产流结束时，TN 浓度高于其他 3 块样地，说明在此试验条件下进入水体的营养物质较其他 3 个坡度条件多，所以其 TN 浓度最高。

如图 4-17 所示，当雨强为 80mm/h 时，所有样地 TN 浓度的变化趋势基本与地表径流量的演变趋势一致，但是 10°样地 TN 浓度与其余 3 块样地存在较大差别，其变化范围为 2.32～44.35mg/L，此种现象与 100mm/h 降水条件下的情况一致。

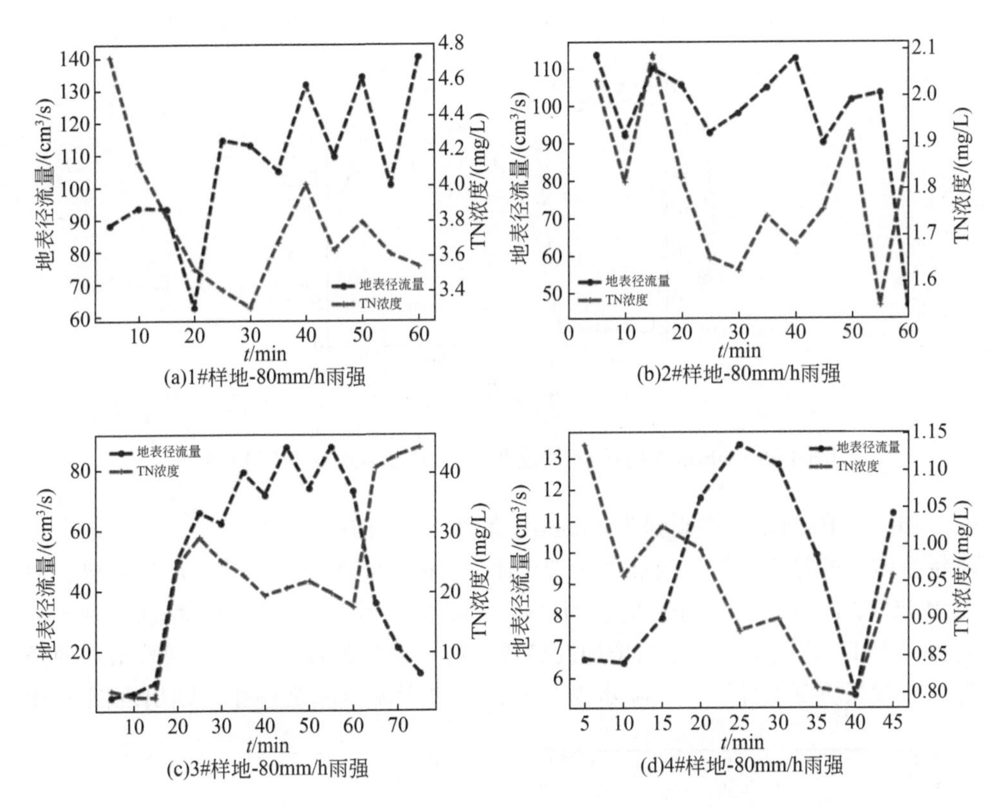

(a)1#样地-80mm/h雨强

(b)2#样地-80mm/h雨强

(c)3#样地-80mm/h雨强

(d)4#样地-80mm/h雨强

图 4-17　80mm/h 雨强-不同坡度下 TN 浓度与地表径流量的关系

如图 4-18 所示，雨强为 60mm/h 时，5°样地地表没有产流，其余地表径流的 TN 浓度变化趋势各不相同。除 15°样地外，坡度为 20°和 10°的样地在产流结束前 TN 浓度出现升高的现象，说明降水停止后，地表径流从最大值降到最低值的过程中，进入水体的营养物质较多。

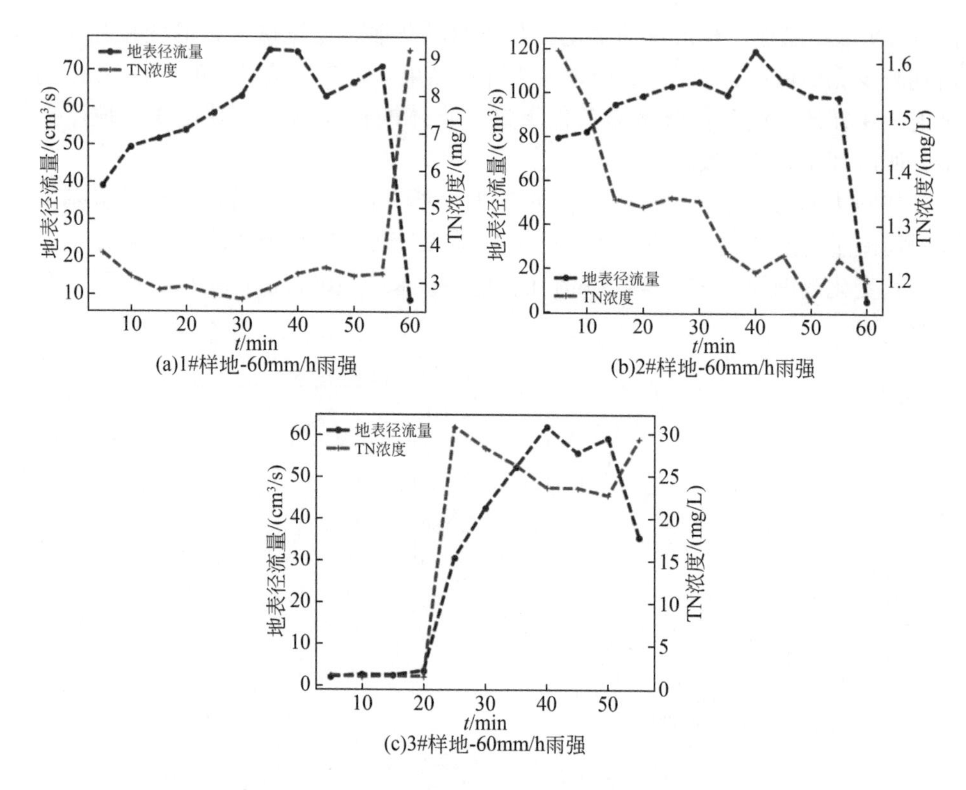

图 4-18　60mm/h 雨强-不同坡度下 TN 浓度与地表径流量的关系

如图 4-19 所示，在雨强为 40mm/h 条件下，当坡度为 20°和 15°时，地表径流量呈增加的趋势，但是当坡度为 20°时 TN 浓度呈现先减少后增加的趋势，坡度为 15°时 TN 浓度呈减小趋势；当坡度为 10°时，地表径流量呈先增加后减小的趋势，而 TN 浓度呈先减小后增加的趋势。这一现象的可能原因是随着雨强的降低，在较高坡度条件下，当降水停止时，地表产流也随之停止，则出现图 4-19

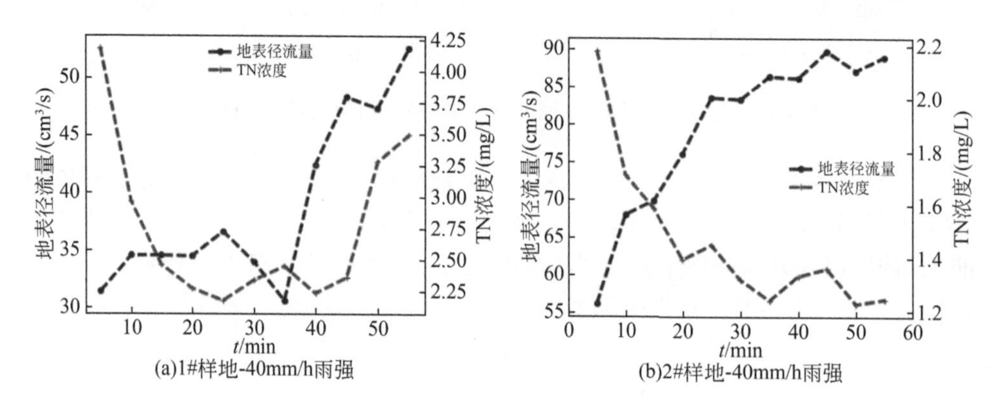

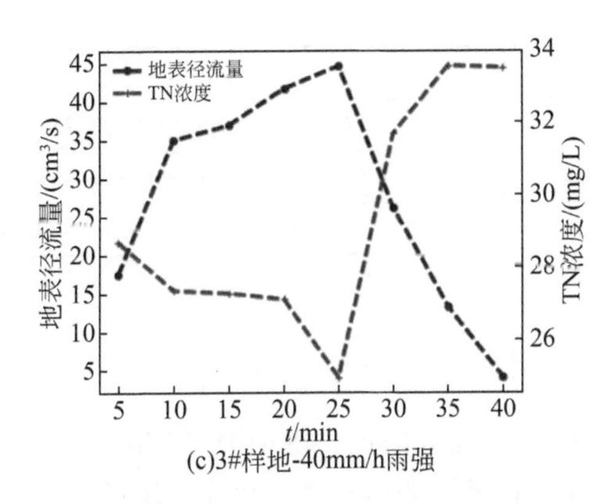

(c)3#样地-40mm/h雨强

图 4-19　40mm/h 雨强-不同坡度下 TN 浓度与地表径流量的关系

中后期地表径流量与 TN 浓度同增长的现象，但是当坡度降低，降水停止后，地表产流没有立即停止，则出现降水停止后，地表产流仍在进行的现象，因此会出现 TN 浓度后升高的情况。

如表 4-5 所示，不同雨强-不同坡度的地表径流量与其对应的 TN 浓度的关系呈二项式分布，雨强为 100mm/h 和 80mm/h 时其相关系数（R^2）低于雨强为 60mm/h 及 40mm/h 时的相关系数，说明 60mm/h 与 40mm/h 其拟合程度较好（$R^2>0.4$）。

表 4-5　不同雨强-不同坡度地表径流与总氮浓度关系

雨强/(mm/h)	坡度/(°)	表达式	相关系数
100	5	$C(\text{TN})=0.0186Q_r^2-3.0957Q_r+144.05$	0.2071
	10	$C(\text{TN})=0.0007Q_r^2-0.1272Q_r+53.475$	0.0085
	15	$C(\text{TN})=0.0042Q_r^2-1.3055Q_r+115.74$	0.3185
	20	$C(\text{TN})=0.0104Q_r^2-3.2855Q_r+273.67$	0.3235
80	5	$C(\text{TN})=0.0053Q_r^2+0.0949Q_r+0.5624$	0.1080
	10	$C(\text{TN})=0.0123Q_r^2+1.1468Q_r+7.0757$	0.3129
	15	$C(\text{TN})=0.0002Q_r^2-0.0315Q_r+2.923$	0.2145
	20	$C(\text{TN})=0.00008Q_r^2+0.0122Q_r+3.3586$	0.0531
60	10	$C(\text{TN})=0.0196Q_r^2+1.5964Q_r-2.4922$	0.9849
	15	$C(\text{TN})=-0.0001Q_r^2+0.0129Q_r+1.1469$	0.5246
	20	$C(\text{TN})=0.0024Q_r^2-0.287Q_r+11.564$	0.9771

续表

雨强/(mm/h)	坡度/(°)	表达式	相关系数
40	10	$C(\text{TN})=0.1981Q_r+34.73$	0.7962
	15	$C(\text{TN})=-0.0246Q_r+3.4199$	0.8796
	20	$C(\text{TN})=0.0094Q_r^2-0.7617Q_r+17.686$	0.3328

4.3.3.3 壤中流总氮浓度的分布规律

如图4-20所示，随着雨强的增加，壤中流TN浓度的最大值增大，当雨强为100mm/h时，壤中流TN浓度的最小值高于其他3块样地的TN浓度，坡度为10°的3#样地，各雨强条件下，其平均TN浓度最小，这正好与地表产流中在坡度为15°时的TN浓度相反。

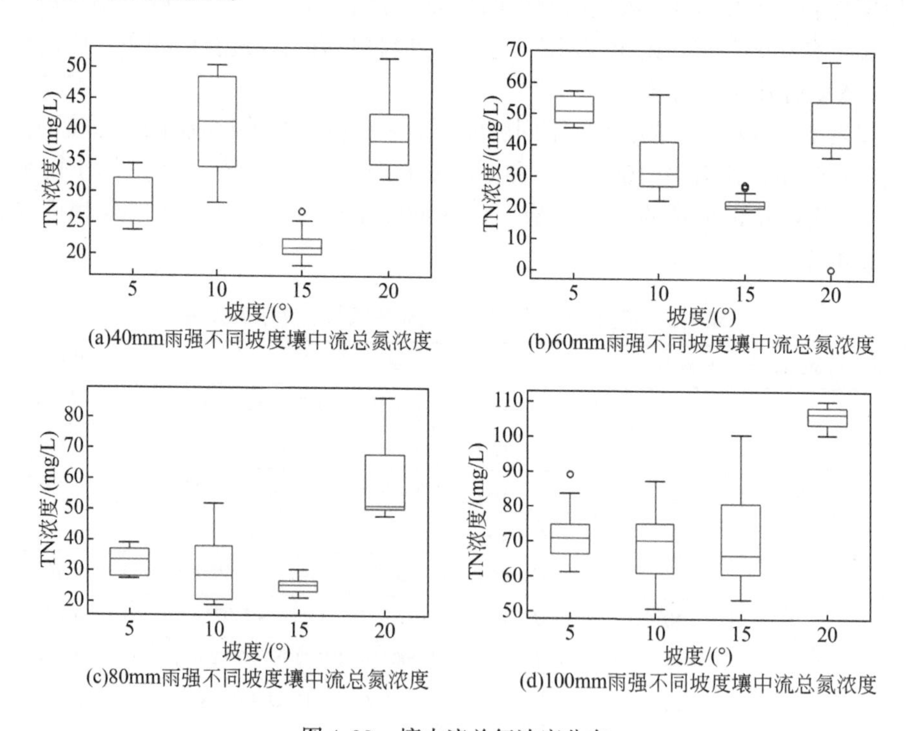

图4-20 壤中流总氮浓度分布

4.3.3.4 壤中流与总氮浓度的关系

如图4-21所示，雨强为40mm/h时，壤中流开始产流45～50min后，所有样地的壤中流 TN 浓度达到最低值，然后呈上升趋势；发生这种现象的原因是前期土壤含水量较大，随着降水的持续，坡脚处的土壤先达到饱和状态，随着降水的进行，坡脚垂直入渗挟带的营养物质减少，其浓度逐渐降低；随着时间的推移，湿润锋上移，上坡向逐渐饱和，50min 后侧向流进入土壤产生壤中流，此时，侧向流挟带的营养物质进入土壤，因此，50min 后 TN 浓度呈现增加趋势。

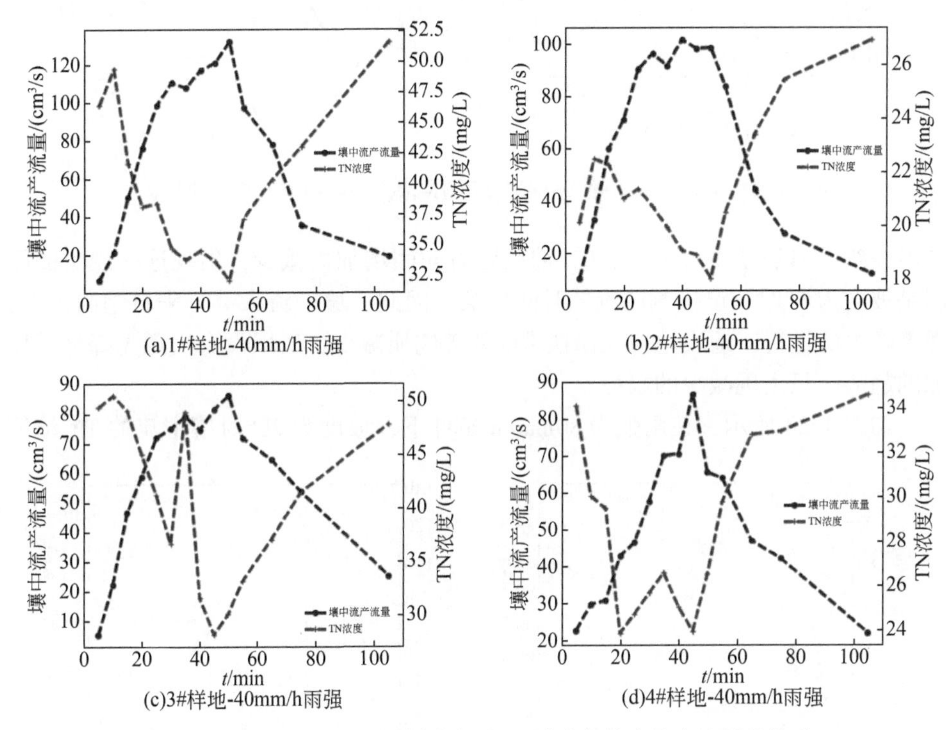

(a)1#样地-40mm/h雨强 (b)2#样地-40mm/h雨强

(c)3#样地-40mm/h雨强 (d)4#样地-40mm/h雨强

图 4-21 40mm/h 雨强-不同坡度下 TN 浓度与壤中流产流量的关系

如图 4-22 所示，雨强为 60mm/h 时，其 TN 的演变规律与雨强为 40mm/h 时

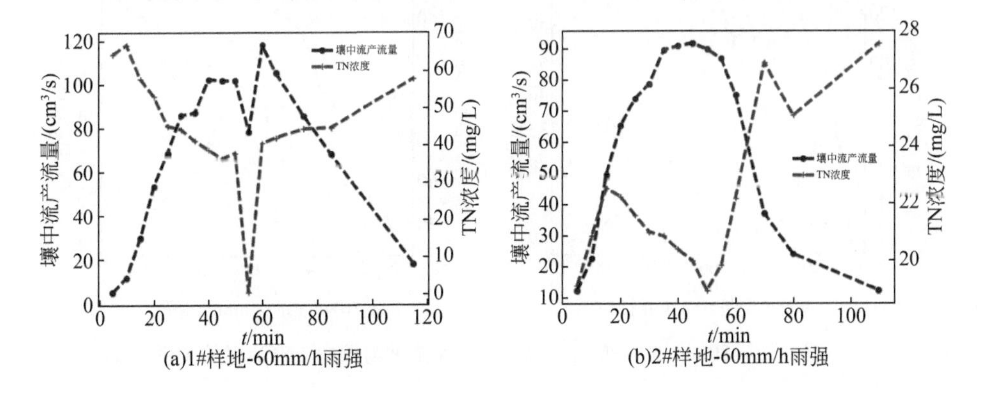

(a)1#样地-60mm/h雨强 (b)2#样地-60mm/h雨强

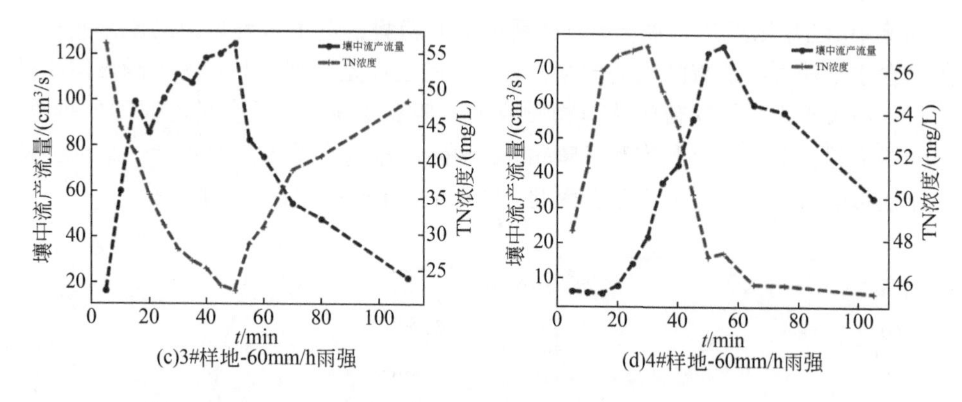

图 4-22　60mm/h 雨强-不同坡度下 TN 浓度与壤中流产流量的关系

基本一致，但是坡度为 5°时，TN 浓度随着时间增加而减少，出现这一现象的原因是坡度为 5°时，产生侧向流的时间延长，因此，壤中流大部分来自垂向入渗，随着降水的进行，地表垂向入渗挟带的营养物质减少，所以没有出现先降低后增加的趋势，只出现减少的趋势。

如图 4-23 所示，在雨强为 80mm/h 条件下，坡度为 20°时壤中流的 TN 浓度

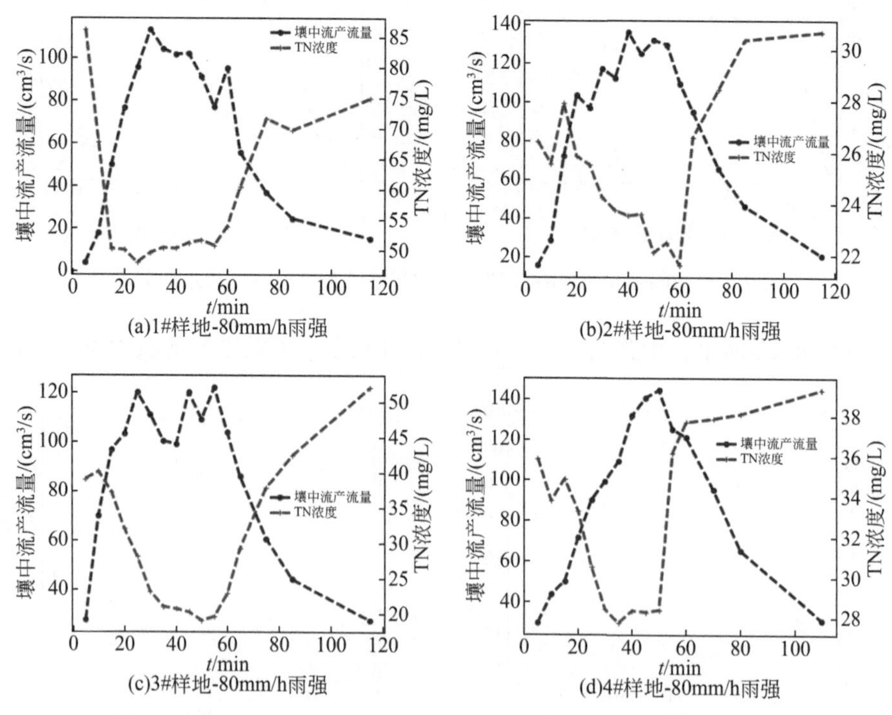

图 4-23　80mm/h 雨强-不同坡度下 TN 浓度与壤中流产流量的关系

达到最低点的时间较其他样地出现早，在 25min 时出现，出现这种现象的原因是，在该雨强条件下，坡脚的土壤迅速达到饱和状态，因此地表入渗的降水产生壤中流的时间提前，其余 3 块样地，达到最低点的时间及 TN 浓度基本接近；由此可知，80mm/h 雨强与 20°坡度是壤中流 TN 浓度变化的临界阈值。

如图 4-24 所示，雨强为 100mm/h 时，各坡度壤中流 TN 浓度普遍高于其他雨强条件下的 TN 浓度，前 3 块样地 TN 浓度达到最低值的时间在 50min 附近，此时 5°样地出现该现象的原因与 60mm/h 雨强时 5°样地的情况一致。

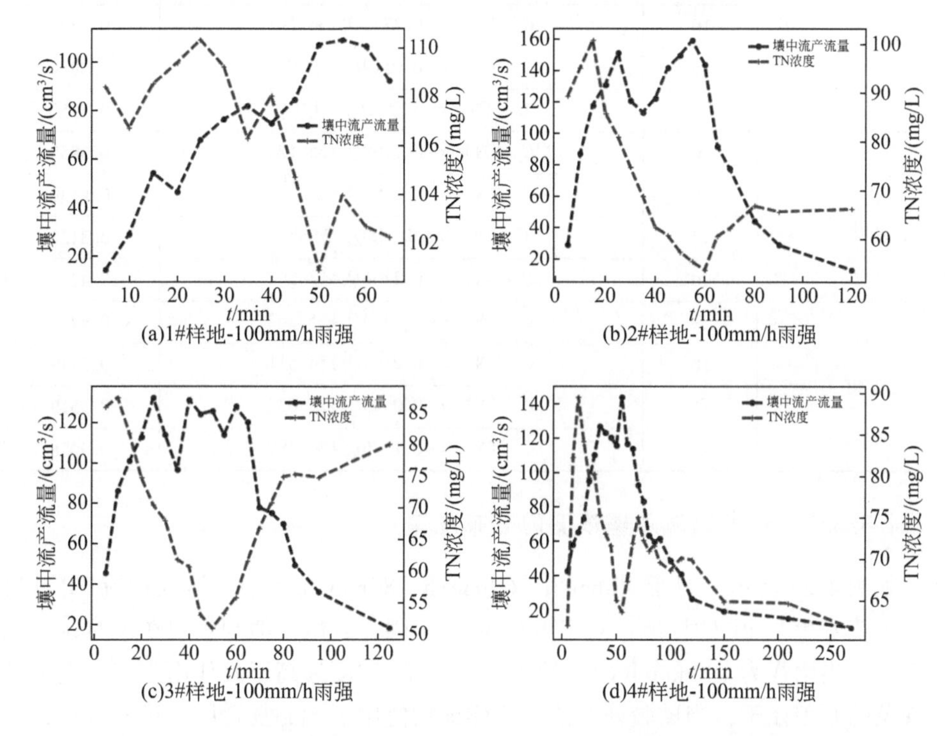

图 4-24　100mm/h 雨强-不同坡度下 TN 浓度与壤中流产流量的关系

如表 4-6 所示，100mm/h 雨强时，壤中流产流量与其对应的 TN 浓度呈二次多项式分布，其余雨强均呈线性分布，且为负相关关系，雨强越小其相关系数越大，该结论与傅涛等（2003）室内试验的部分结论一致，其认为影响紫色土坡面养分流失的因素主要是径流和泥沙，坡度和降水对径流和泥沙中的养分影响不明显；但是暴雨产流条件下的养分流失在不同坡度存在一定差异性，养分含量随坡度增加而降低。

表 4-6 不同雨强-不同坡度下壤中流产流量与总氮浓度的关系

雨强/(mm/h)	坡度/(°)	表达式	相关系数
100	5	C（TN）$=-0.0031Q_r^2+0.5037Q_r+56.146$	0.4091
	10	C（TN）$=-0.0021Q_r^2+0.1268Q_r+77.296$	0.4728
	15	C（TN）$=-0.0024Q_r^2+0.3728Q_r+63.174$	0.1149
	20	C（TN）$=-0.0018Q_r^2+0.1568Q_r+105.6$	0.7260
80	5	C（TN）$=-0.0613Q_r+38.769$	0.3345
	10	C（TN）$=-0.2721Q_r+54.284$	0.7405
	15	C（TN）$=-0.0519Q_r+30.079$	0.5924
	20	C（TN）$=-0.282Q_r+77.196$	0.7950
60	5	C（TN）$=-0.1109Q_r+55.125$	0.3955
	10	C（TN）$=-0.2593Q_r+55.892$	0.8139
	15	C（TN）$=-0.048Q_r+24.807$	0.3125
	20	C（TN）$=-0.2706Q_r+63.591$	0.4213
40	5	C（TN）$=-0.1339Q_r+35.262$	0.4714
	10	C（TN）$=-0.2363Q_r+54.511$	0.5449
	15	C（TN）$=-0.0545Q_r+25.035$	0.5519
	20	C（TN）$=-0.1376Q_r+50.199$	0.9058

4.3.3.5 地表径流总磷浓度的分布规律

如图 4-25 所示，对于 40mm/h、60mm/h、80mm/h 雨强，地表径流 TP 浓度的最大值发生在 20°的样地，对于 100mm/h 雨强，其最大值则出现在 5°样地，明显看出，当雨强为 100mm/h 时，地表径流中 TP 浓度远高于其他雨强时，造成这种现象的原因在于，当试验开始前每块样地均使用了 5kg 复合肥，试验开始，首先进行 100mm/h 的雨强处理，因此，大量肥料随地表径流进入水体，造成 TP 浓度较其他雨强条件下高。

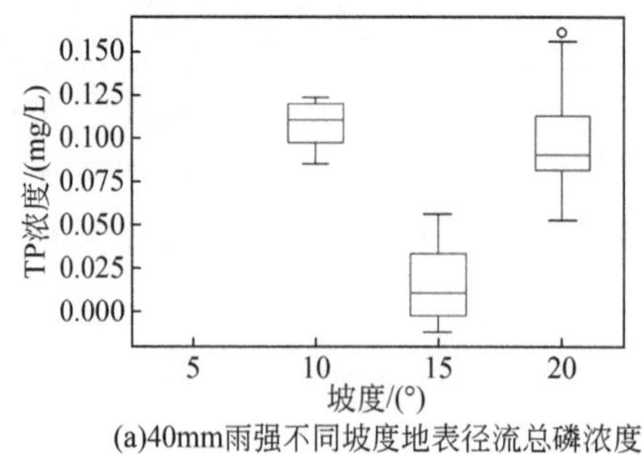

(a)40mm雨强不同坡度地表径流总磷浓度

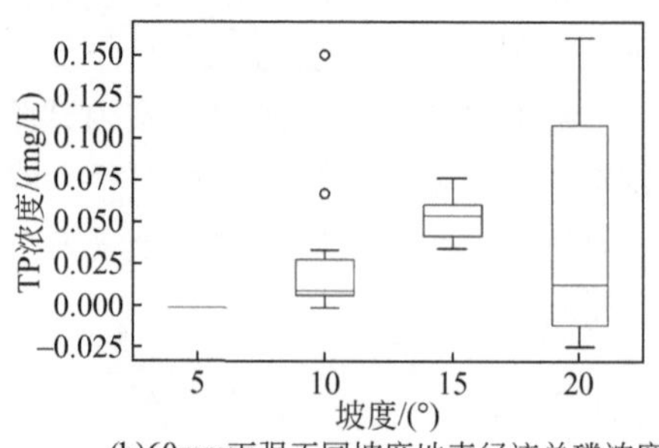

(b)60mm雨强不同坡度地表径流总磷浓度

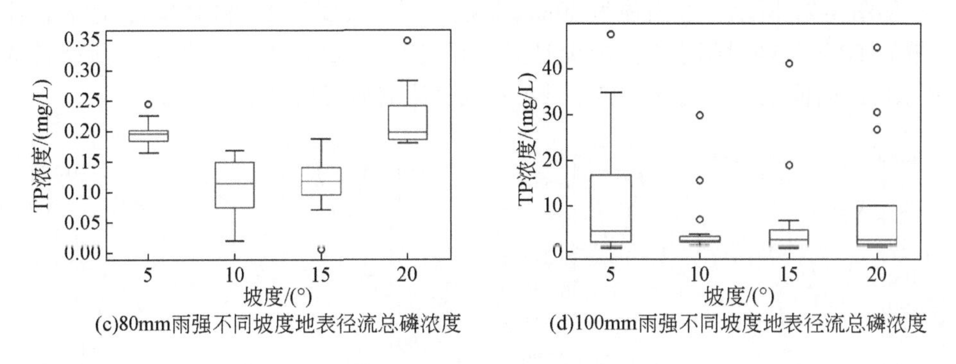

(c)80mm雨强不同坡度地表径流总磷浓度　(d)100mm雨强不同坡度地表径流总磷浓度

图 4-25　地表径流 TP 浓度分布

4.3.3.6　地表径流与总磷浓度的关系

如图 4-26 所示，雨强为 100mm/h 时，地表径流中 TP 浓度随时间增加呈减小趋势，初始地表径流中 TP 浓度随坡度的增大而增加，说明该雨强条件下坡度越大，初期降水冲刷进入地表径流的 TP 浓度越高。

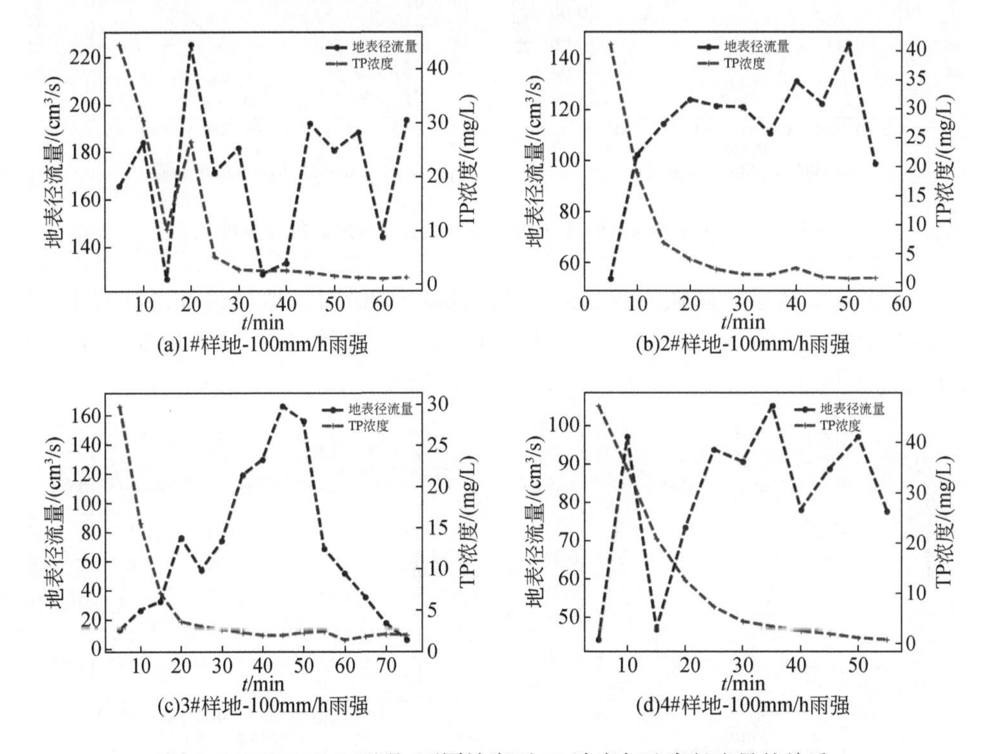

(a)1#样地-100mm/h雨强　(b)2#样地-100mm/h雨强

(c)3#样地-100mm/h雨强　(d)4#样地-100mm/h雨强

图 4-26　100mm/h 雨强-不同坡度下 TP 浓度与地表径流量的关系

如图 4-27 所示，在雨强为 80mm/h 条件下，坡度为 20°和 15°时，地表径流挟带的 TP 浓度随时间增加呈减少趋势，而坡度为 10°和 5°时，地表径流挟带的 TP 浓度随时间增加呈增加趋势，且与地表径流的演变趋势基本一致。

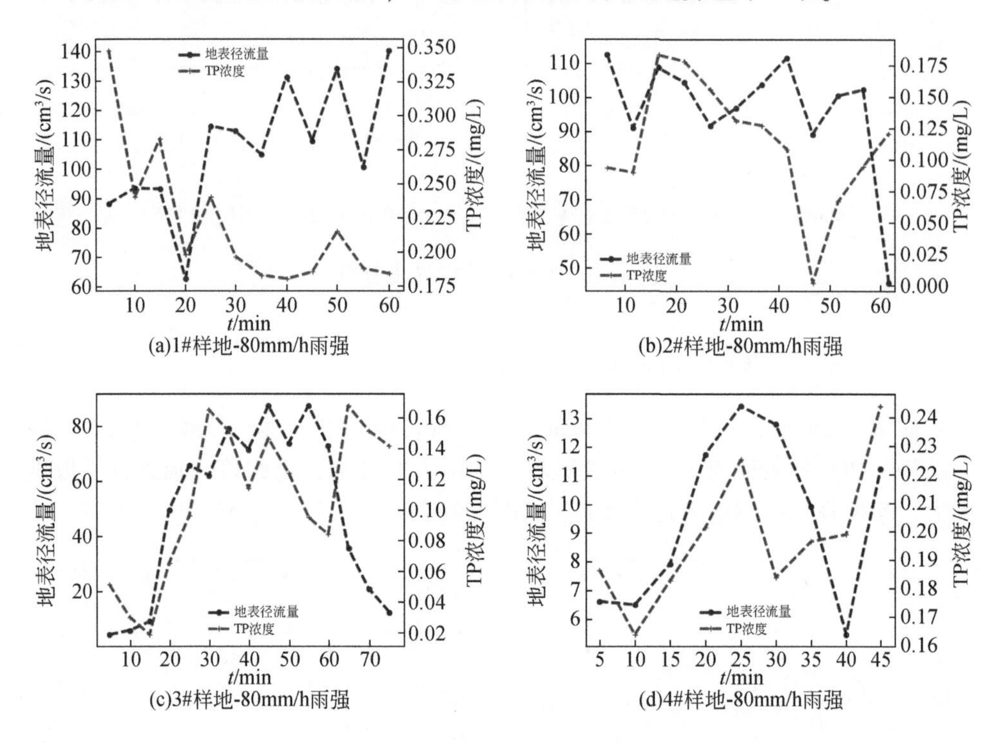

图 4-27　80mm/h 雨强-不同坡度下 TP 浓度与地表径流量的关系

如图 4-28 所示，雨强为 60mm/h 时，坡度为 20°时，地表径流挟带的 TP 浓度随时间增加而减小，坡度为 15°和 10°时，地表径流挟带的 TP 浓度随时间增加而增加。

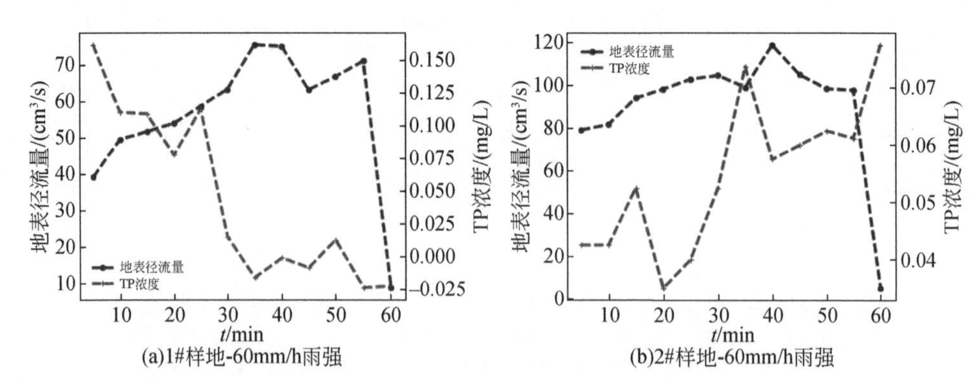

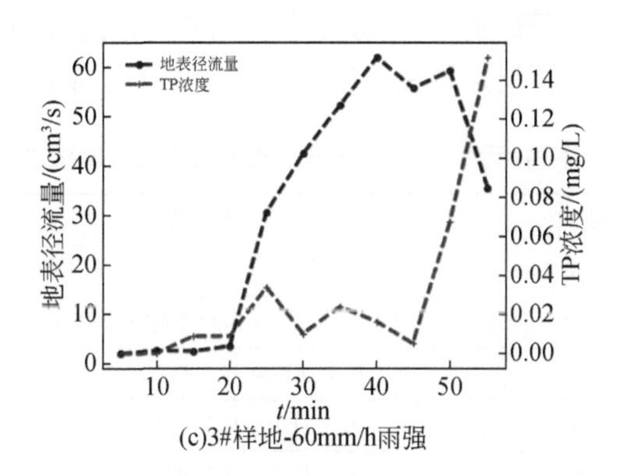

图 4-28　60mm/h 雨强-不同坡度下 TP 浓度与地表径流量的关系

如图 4-29 所示，在雨强为 40mm/h 条件下，除坡度为 5°时没有产流外，其余坡度时地表径流挟带的 TP 浓度均随时间增加而减少，说明 40mm/h 雨强条件下，降水产流过程稳定。

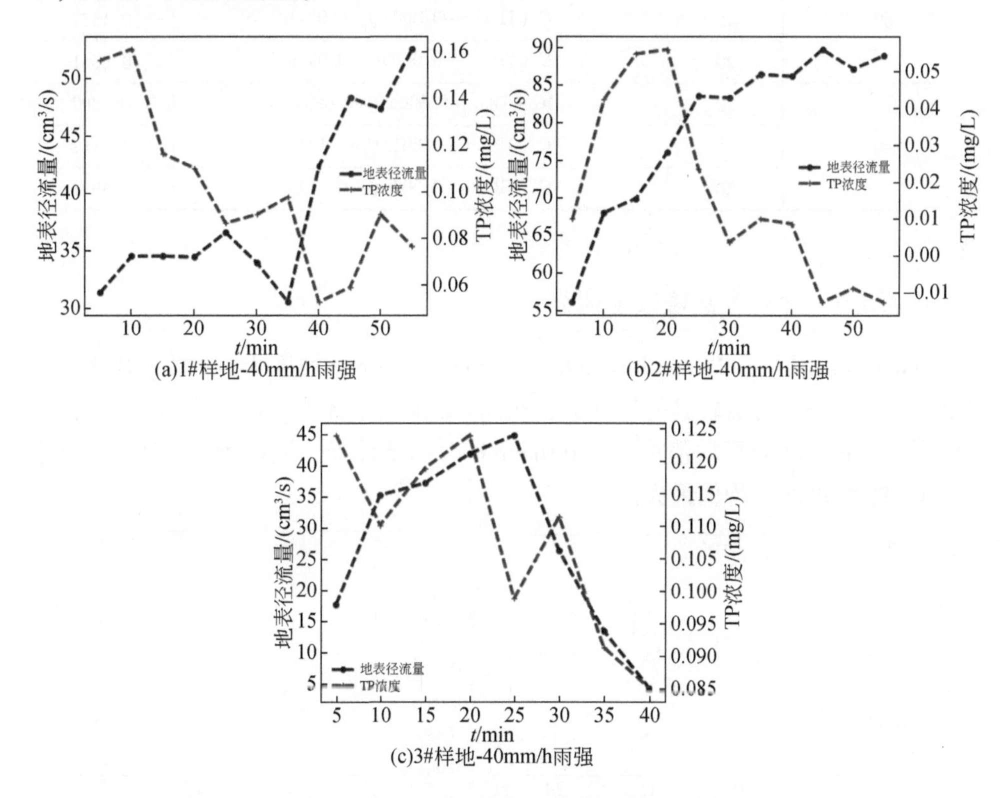

图 4-29　40mm/h 雨强-不同坡度下 TP 浓度与地表径流量的关系

如表 4-7 所示，不同雨强–不同坡度下各试验时段地表径流量与其对应的 TP 浓度的关系呈线性关系，但是相关系数比较小，相关性较差，拟合效果不佳。

表 4-7　不同雨强–不同坡度下地表径流量与总磷浓度的关系

雨强/(mm/h)	坡度/(°)	表达式	相关系数
100	5	C（TP）=−0.4426Q_r+48.403	0.3224
	10	C（TP）=−0.059Q_r+9.4276	0.1616
	15	C（TP）=−0.4487Q_r+58.205	0.7374
	20	C（TP）=0.1075Q_r−8.1002	0.0502
80	5	C（TP）=0.0043Q_r+0.1571	0.2840
	10	C（TP）=0.0007Q_r+0.0746	0.1753
	15	C（TP）=0.0003Q_r+0.0834	0.0138
	20	C（TP）=−0.0009Q_r+0.3142	0.1426
60	10	C（TP）=0.0005Q_r+0.0136	0.0782
	15	C（TP）=−0.0002Q_r+0.0711	0.1527
	20	C（TP）=−0.0009Q_r+0.0948	0.0651
40	10	C（TP）=0.0005Q_r+0.0931	0.2797
	15	C（TP）=−0.0013Q_r+0.1214	0.3167
	20	C（TP）=−0.0029Q_r+0.2123	0.3991

4.3.3.7　壤中流总磷浓度的分布

如图 4-30 所示，40mm/h 与 60mm/h 雨强条件下，坡度为 10°时，其壤中流中的 TP 浓度的平均值较其他坡度大；80mm/h 雨强条件下，坡度为 20°时，其壤中流中的 TP 浓度的平均值最大；100mm/h 雨强条件下，坡度为 15°时，其壤中流中的 TP 浓度的平均值最大。

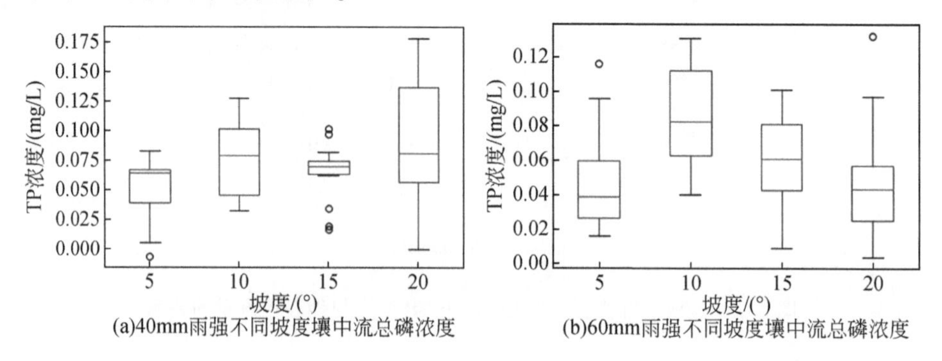

(a)40mm雨强不同坡度壤中流总磷浓度　(b)60mm雨强不同坡度壤中流总磷浓度

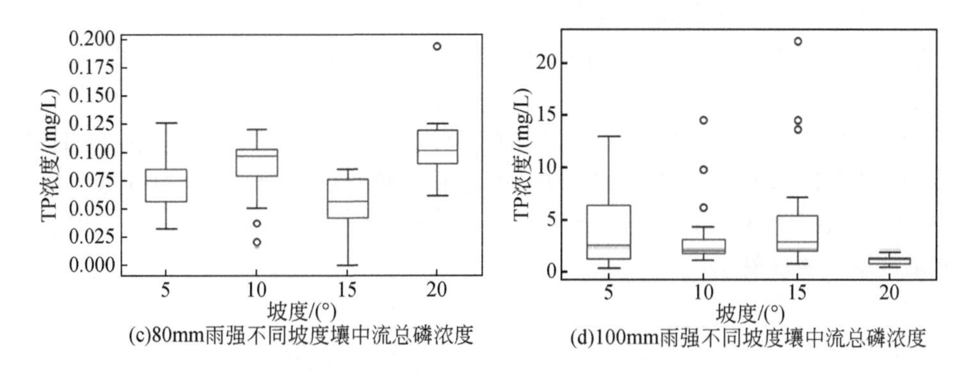

图 4-30　不同雨强条件下壤中流 TP 浓度分布

4.3.3.8　壤中流与总磷浓度的关系

如图 4-31 所示，雨强为 100mm/h 时，1#样地（20°）的初始壤中流中的 TP 浓度明显低于其他 3 块样地，原因是该雨强作用在 20°样地时，地表产流速度大于垂向入渗及侧向流进入土壤的速度，减少了入渗进入壤中流的营养物质含量。

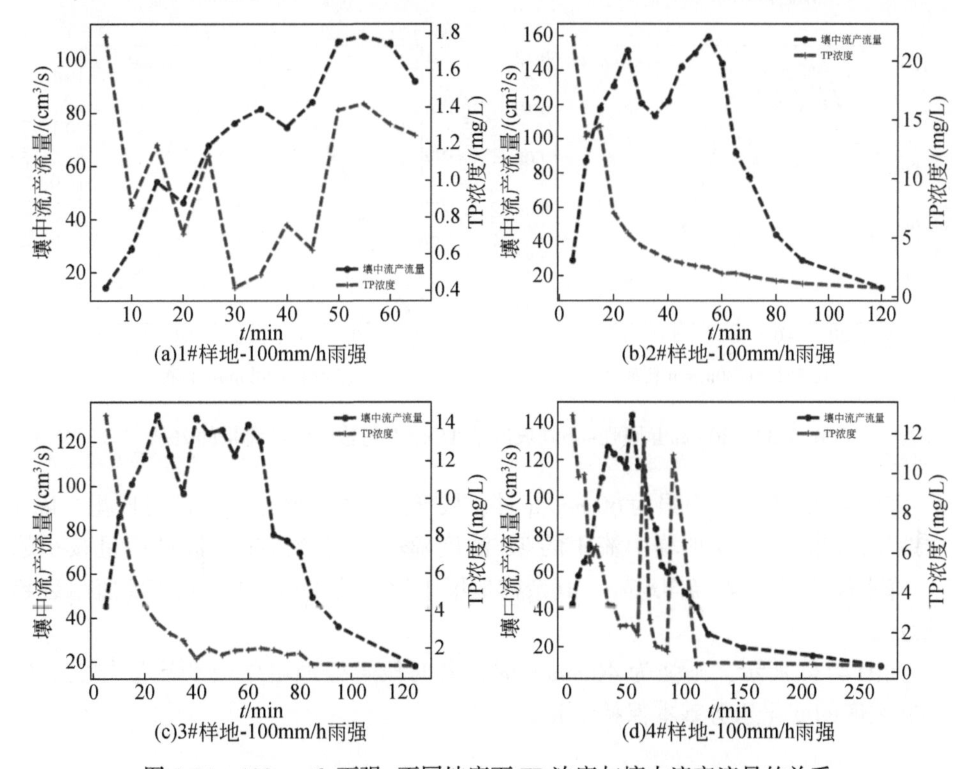

图 4-31　100mm/h 雨强-不同坡度下 TP 浓度与壤中流产流量的关系

因此，坡度为20°的初始壤中流中TP浓度最低；降水停止前，除1#样地外，壤中流中TP浓度基本随时间增加而减小，降水停止后随壤中流产流量的减少，其TP浓度趋于稳定。

如图4-32所示，雨强为80mm/h时，降水停止前，各时段壤中流中的TP浓度的分布基本与壤中流产流量的分布一致；降水停止后，1#、2#、3#样地中壤中流中的TP浓度基本随其产流量趋于稳定，但是，4#样地在降水停止后，出现了TP浓度增加的现象。

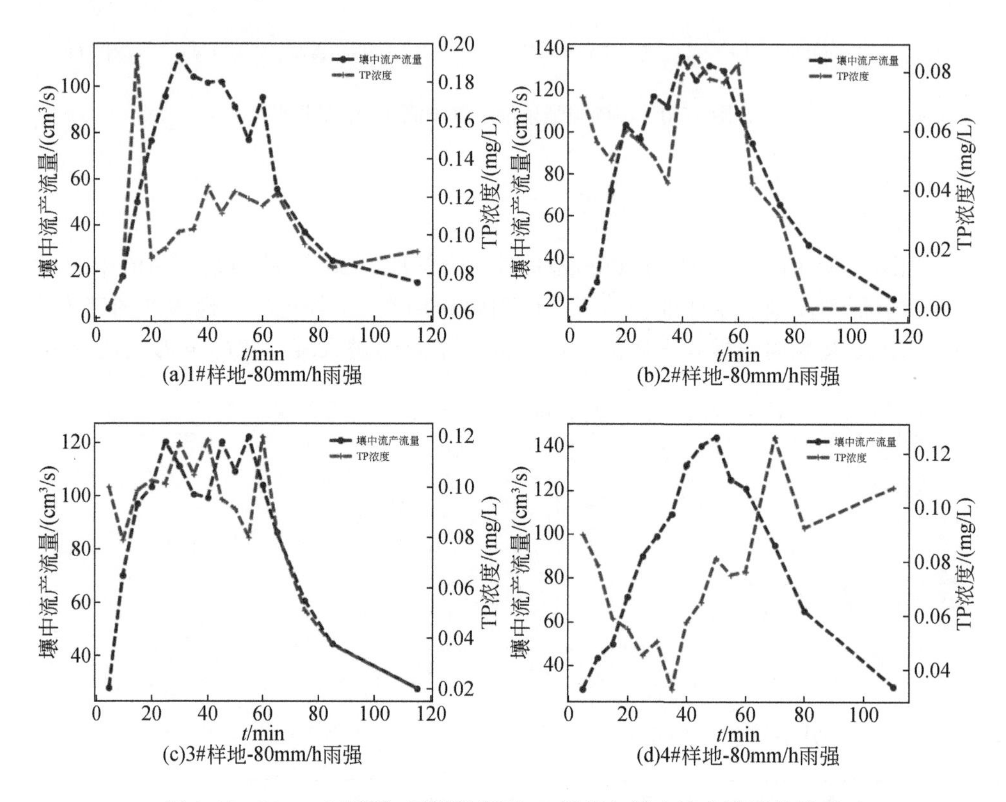

图4-32　80mm/h雨强-不同坡度下TP浓度与壤中流产流量的关系

如图4-33所示，雨强为60mm/h时，从降水开始到降水停止的时段里，除1#样地外，其余3块样地壤中流中的TP浓度随壤中流产流量的波动而呈减小趋势；降水停止后，除3#样地外，其余样地壤中流中的TP浓度在低浓度值附近趋于稳定。

如图4-34所示，雨强为40mm/h时，各时段各样地壤中流产流量与之对应的TP浓度的变化趋势基本保持一致。

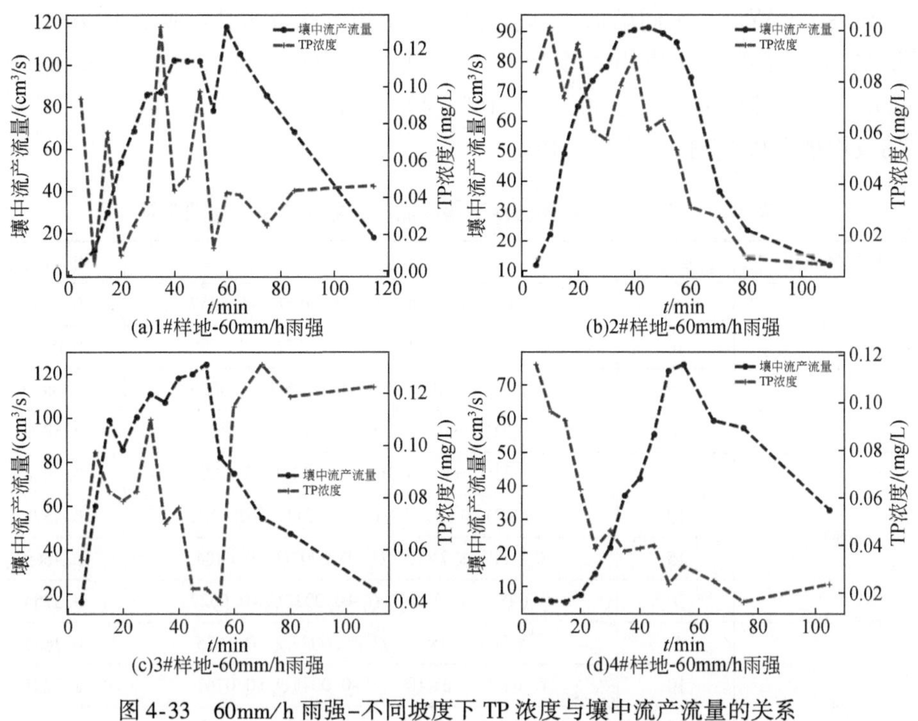

图 4-33 60mm/h 雨强-不同坡度下 TP 浓度与壤中流产流量的关系

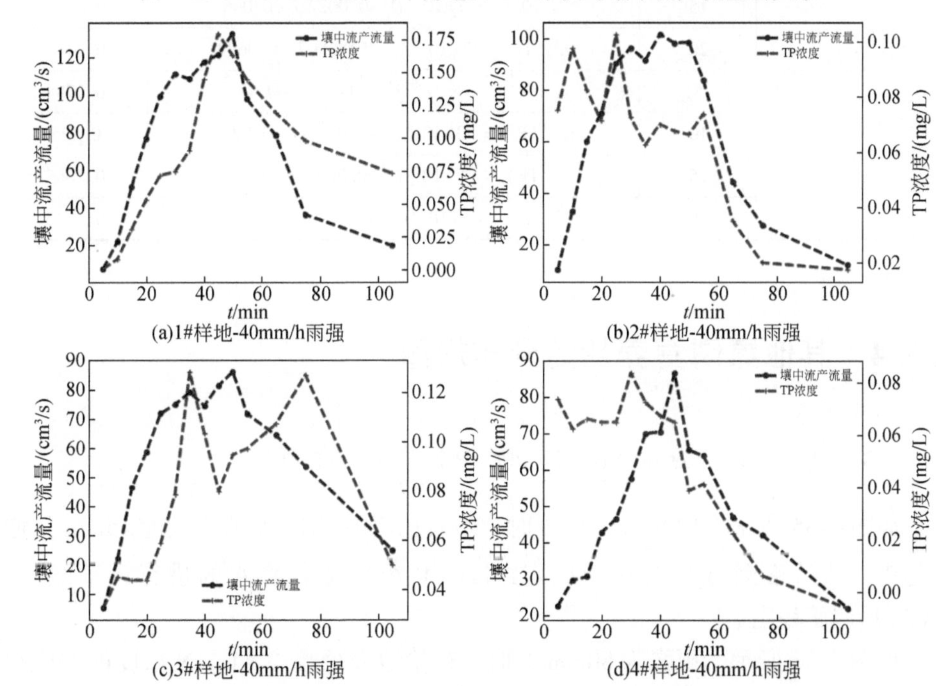

图 4-34 40mm/h 雨强-不同坡度下 TP 浓度与壤中流产流量的关系

如表 4-8 所示，不同雨强–不同坡度下壤中流产流量与其对应的 TP 浓度的关系呈二项式关系，但是相关系数相对较低，除 100mm/h-20°、80mm/h-10°、80mm/h-15°、60mm/h-5°、40mm/h-10°、40mm/h-20°组合外，其余组合相关系数的值均小于 0.4，拟合效果不佳。

表 4-8　不同雨强–不同坡度下壤中流产流量与总磷浓度的关系

雨强/(mm/h)	坡度/(°)	表达式	相关系数
100	5	$C\text{(TP)}=-0.0012Q_r^2+0.1965Q_r-1.5857$	0.1966
	10	$C\text{(TP)}=-0.0008Q_r^2+0.1153Q_r+0.4999$	0.0899
	15	$C\text{(TP)}=-0.0005Q_r^2+0.0766Q_r+4.3635$	0.0510
	20	$C\text{(TP)}=0.0004Q_r^2-0.0474Q_r+2.2551$	0.5839
80	5	$C\text{(TP)}=6\times10^{-6}Q_r^2-0.0012Q_r+0.1232$	0.1678
	10	$C\text{(TP)}=-3\times10^{-6}Q_r^2+0.0011Q_r+0.0192$	0.4579
	15	$C\text{(TP)}=7\times10^{-6}Q_r^2-0.0007Q_r+0.0484$	0.4669
	20	$C\text{(TP)}=-2\times10^{-5}Q_r^2+0.0022Q_r+0.0527$	0.3754
60	5	$C\text{(TP)}=3\times10^{-5}Q_r^2-0.0029Q_r+0.1035$	0.7655
	10	$C\text{(TP)}=1\times10^{-5}Q_r^2+0.0011Q_r+0.0761$	0.3291
	15	$C\text{(TP)}=7\times10^{-7}Q_r^2-0.0022Q_r+0.046$	0.0722
	20	$C\text{(TP)}=7\times10^{-6}Q_r^2-0.0008Q_r+0.0609$	0.0475
40	5	$C\text{(TP)}=1\times10^{-6}Q_r^2+0.0002Q_r+0.0357$	0.0784
	10	$C\text{(TP)}=-3\times10^{-6}Q_r^2+0.0011Q_r+0.0237$	0.425
	15	$C\text{(TP)}=-5\times10^{-6}Q_r^2+0.0009Q_r+0.0332$	0.2055
	20	$C\text{(TP)}=5\times10^{-6}Q_r^2+0.0003Q_r+0.0267$	0.5933

4.3.4　其他氮磷营养盐的分布规律

4.3.4.1　地表径流中 NH_4^+-N-PO_4^--P 浓度的分布规律

如图 4-35 所示，100mm/h 雨强时，地表径流中 NH_4^+-N 的浓度前 15min 呈增加趋势，然后逐渐减小至趋于稳定，PO_4^--P 浓度随着降水的进行逐渐减小，40min 后趋于稳定。

如图 4-36 所示，雨强为 80mm/h 时，初始地表径流中 NH_4^+-N 浓度的坡度顺序为 20°>10°>15°>5°，随地表径流的进行，其无明显的变化趋势特征，比较图

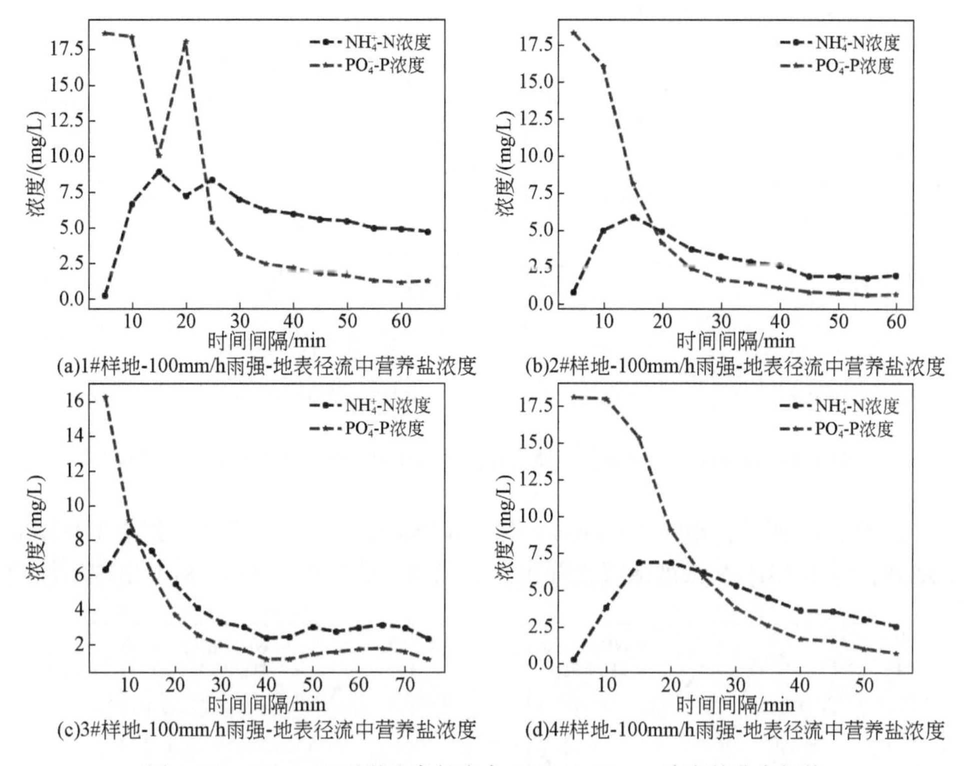

(a)1#样地-100mm/h雨强-地表径流中营养盐浓度　(b)2#样地-100mm/h雨强-地表径流中营养盐浓度

(c)3#样地-100mm/h雨强-地表径流中营养盐浓度　(d)4#样地-100mm/h雨强-地表径流中营养盐浓度

图 4-35　100mm/h 雨强地表径流中 NH_4^+-N–PO_4^--P 浓度的分布规律

4-35 与图 4-36，100mm/h 雨强时地表径流中 NH_4^+-N 的平均浓度是 80mm/h 雨强时的 7 倍；对于该雨强条件下地表径流中的 PO_4^--P 浓度，其波动稳定，无明显趋势。对比图 4-35 与图 4-36，100mm/h 雨强时地表径流中 PO_4^--P 的平均浓度是 80mm/h 雨强时的 30 倍左右，这是因为最先进行 100mm/h 雨强的试验，试验前，各样地施用了 5kg 复合肥，其中大量可溶性 PO_4^--P 在 100mm/h 雨强条件下随地表径流冲刷进入水体。

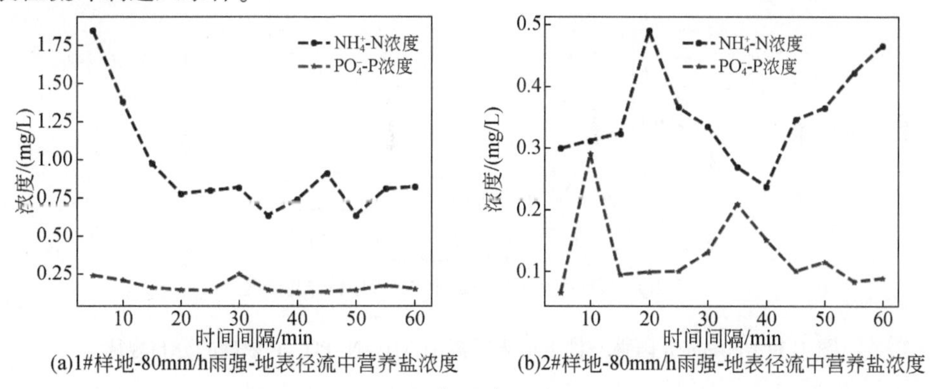

(a)1#样地-80mm/h雨强-地表径流中营养盐浓度　(b)2#样地-80mm/h雨强-地表径流中营养盐浓度

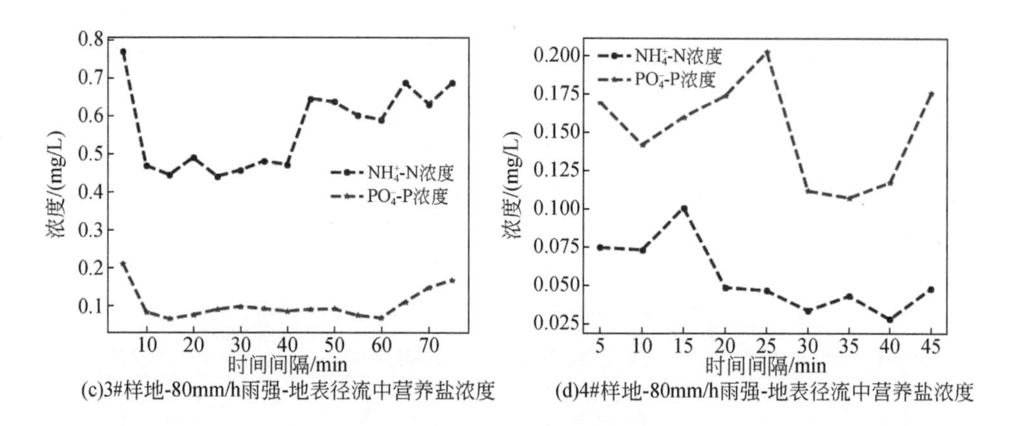

(c)3#样地-80mm/h雨强-地表径流中营养盐浓度　　(d)4#样地-80mm/h雨强-地表径流中营养盐浓度

图 4-36　80mm/h 雨强条件下地表径流中 NH_4^+-N–PO_4^--P 浓度的分布规律

如图 4-37 所示，雨强为 60mm/h 时，4#样地未产生地表径流，其余 3 块样地的地表径流中 NH_4^+-N 浓度随降水开始先出现减小的趋势，40min 后又出现增加趋

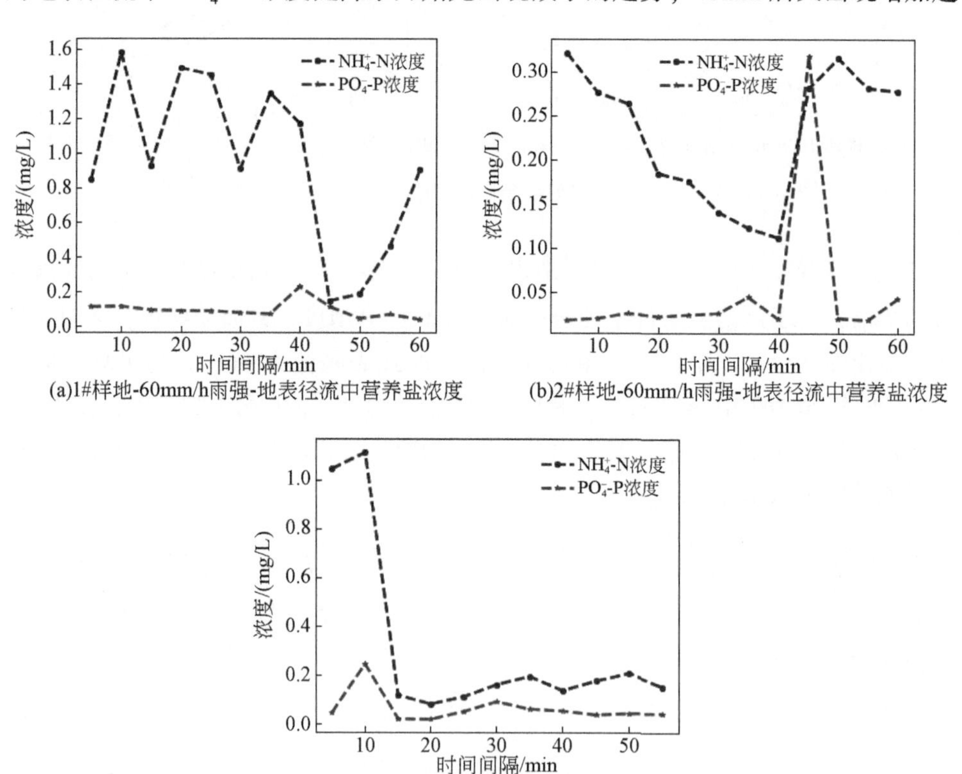

(a)1#样地-60mm/h雨强-地表径流中营养盐浓度　　(b)2#样地-60mm/h雨强-地表径流中营养盐浓度

(c)3#样地-60mm/h雨强-地表径流中营养盐浓度

图 4-37　60mm/h 雨强条件下地表径流中 NH_4^+-N–PO_4^--P 浓度的分布规律

势，这可能的原因是，产流开始时，靠近坡脚处营养物质冲刷先随地表径流进入水体，可溶性物质浓度随着冲刷逐渐降低，随后出现增加，这是因为上坡向的可溶性物质通过径流运移到达坡脚后随地表径流进入水体造成后期 NH_4^+-N 浓度的上升。PO_4^--P 浓度基本处于稳定状态，但 2#样地在 45min 时，出现了一个陡增的状态，造成这种现象的原因可能是某些区域存在化肥的残留，其溶解后进入水体，导致 PO_4^--P 浓度突然增大。

如图 4-38 所示，雨强为 40mm/h 时，地表径流中 NH_4^+-N 的浓度随时间减小，然后趋于稳定；对于 PO_4^--P 的浓度而言，1#与 2#样地基本趋于稳定，随时间无明显变化趋势，而 3#样地 PO_4^--P 浓度随时间推移出现明显减少趋势，这是由于雨强较低、坡度较缓，经过前 3 种雨强试验冲刷后，仍然残留化肥，在该雨强条件下，残留化肥继续溶解随地表径流进入水体，随着降水进行，残留化肥逐渐减少，因此其浓度逐渐降低。

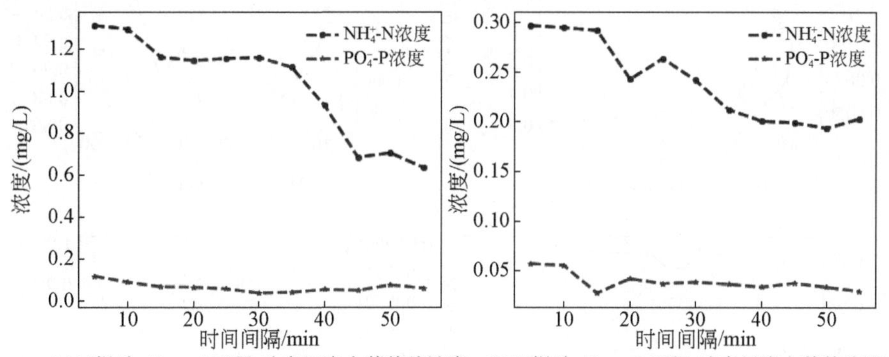

(a)1#样地-40mm/h雨强-地表径流中营养盐浓度 (b)2#样地-40mm/h雨强-地表径流中营养盐浓度

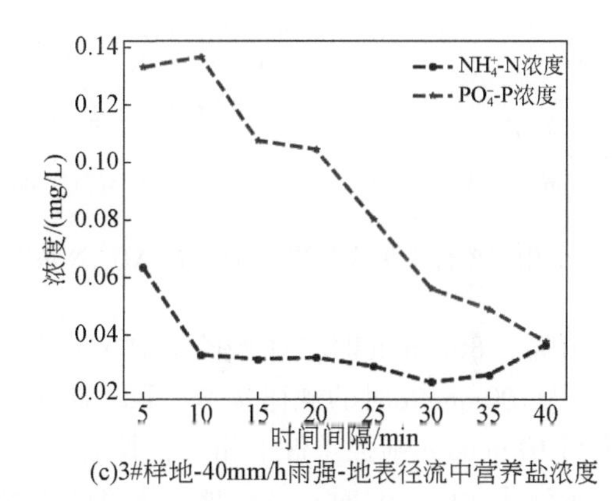

(c)3#样地-40mm/h雨强-地表径流中营养盐浓度

图 4-38 40mm/h 雨强条件下地表径流量中 NH_4^+-N–PO_4^--P 浓度的分布规律

4.3.4.2 地表径流 NO_2^--N–NO_3^--N 浓度的分布规律

如图 4-39 所示，雨强为 100mm/h 时，20°样地 NO_3^--N 随地表径流进入水体的浓度随时间推移呈减少趋势，25min 后趋于稳定；与之相反，10°样地 NO_3^--N 随地表径流进入水体的浓度在初期先增加，50min 后趋于稳定；对于 5°和 15°样地，其地表径流中 NO_3^--N 的浓度呈“U”形分布，降水初期 NO_3^--N 浓度逐渐降低，然后逐渐上升。20°样地地表径流中 NO_2^--N 的浓度初期增加迅速，然后缓慢增加；对于其余坡度的样地，NO_2^--N 随地表径流的浓度先增加达到峰值，然后缓慢下降。

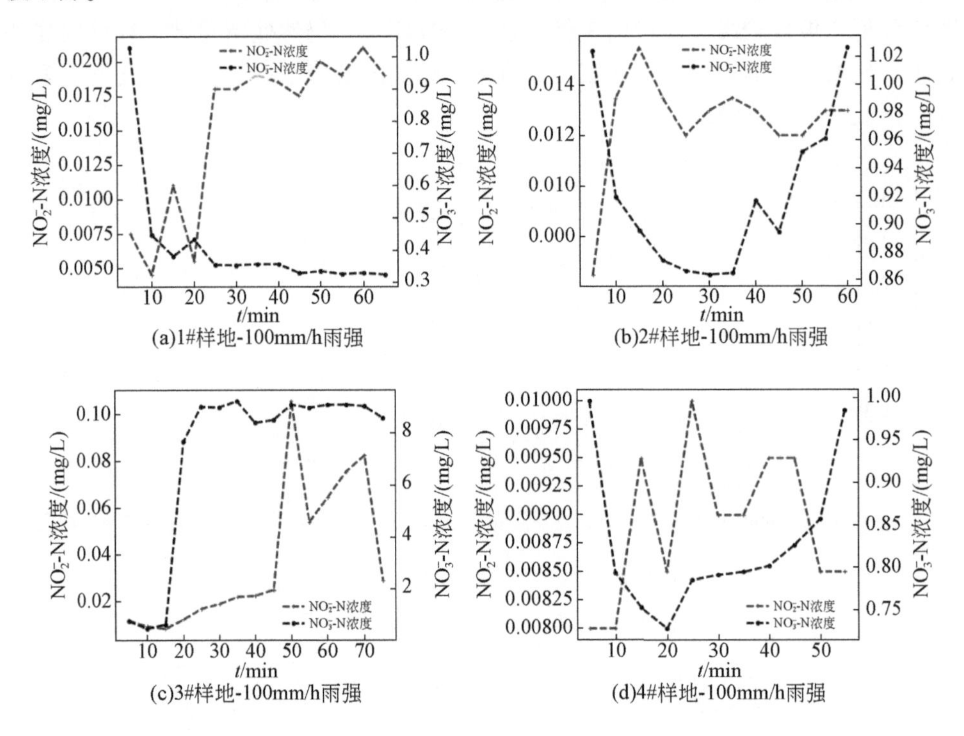

图 4-39 100mm/h 雨强条件下地表径流中 NO_3^--N–NO_2^--N 浓度的分布规律

如图 4-40 所示，雨强为 80mm/h 时，地表径流中 NO_3^--N 的浓度在 20°和 10°样地的分布规律与雨强为 100mm/h 时的规律基本一致，而对于 15°和 5°样地，地表径流中 NO_3^--N 浓度与 100mm/h 雨强条件下相反，其浓度先增加后减少。

如图 4-41 所示，雨强为 60mm/h 时，各样地地表径流中 NO_3^--N 与 NO_2^--N 的浓度分布基本一致，20°样地地表径流中 NO_3^--N 与 NO_2^--N 的浓度前 50min 呈减少趋势，最后 10min 出现先突然增加后减少的状态；15°样地地表径流中 NO_3^--N 与

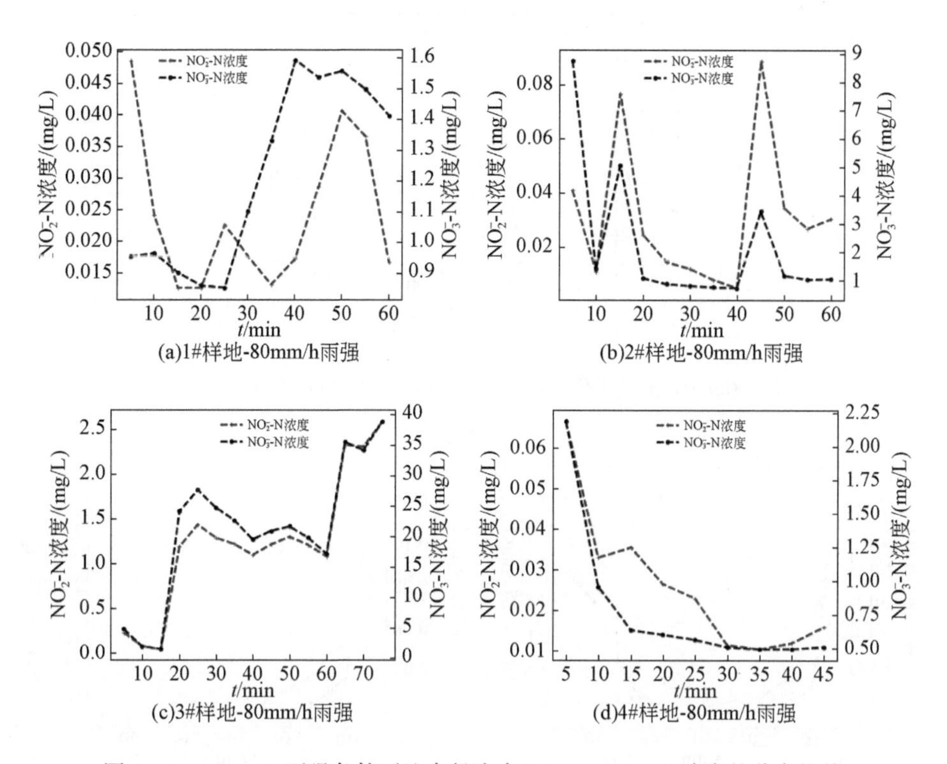

图 4-40　80mm/h 雨强条件下地表径流中 NO_2^--N–NO_3^--N 浓度的分布规律

NO_2^--N 的浓度随时间呈显著减小趋势；5°样地地表径流中 NO_3^--N 与 NO_2^--N 的浓度呈显著增加趋势。

如图 4-42 所示，雨强为 40mm/h 时，对于 20°样地，地表径流中 NO_3^--N 与 NO_2^--N 的浓度分布呈“U”形；对于15°样地，地表径流中 NO_3^--N 与 NO_2^--N 的浓度随时间逐渐减少，对于 10°样地，地表径流中 NO_2^--N 浓度随时间显著升高，而 NO_3^--N 浓度先降低后升高。

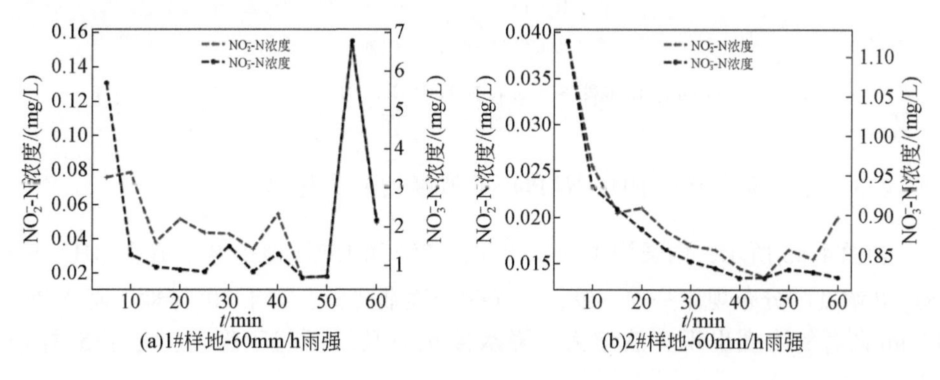

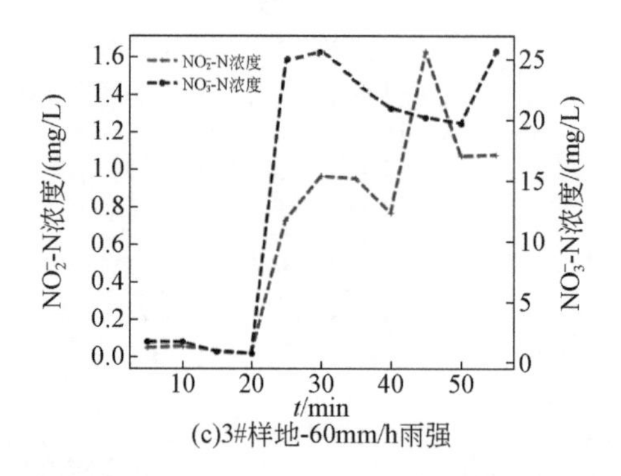

图 4-41　60mm/h 雨强条件下地表径流中 NO_2^--N–NO_3^--N 浓度的分布规律

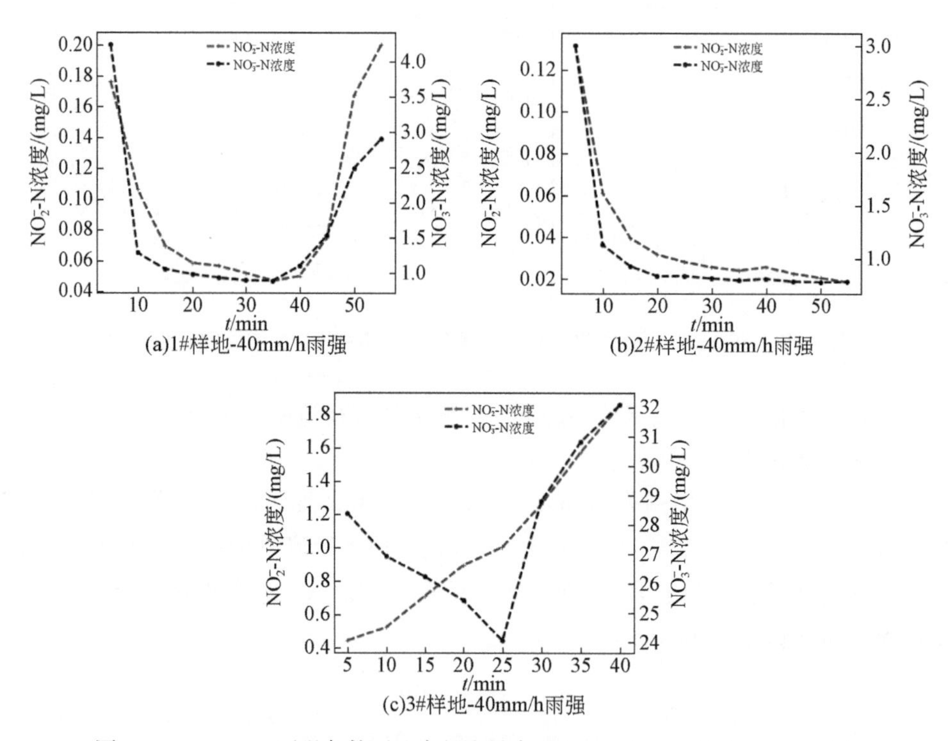

图 4-42　40mm/h 雨强条件下地表径流量中 NO_2^--N–NO_3^--N 浓度的分布规律

4.3.4.3　壤中流中 NH_4^+-N–PO_4^--P 浓度的分布规律

如图 4-43 所示，雨强为 100mm/h 时，20°和 15°样地中壤中流中 NH_4^+-N 与 PO_4^--P 浓度的分布规律基本一致，均随时间逐渐降低，对于 10°样地，降水 30～40min 两者的浓度出现突然增大，降水停止后其逐渐趋于稳定，对于 5°样地，

NH_4^+-N 浓度初期先升高，后逐渐降低，降水停止后趋于稳定，PO_4^--P 浓度从产流开始到降水结束逐渐减小，降水停止后，趋于稳定。

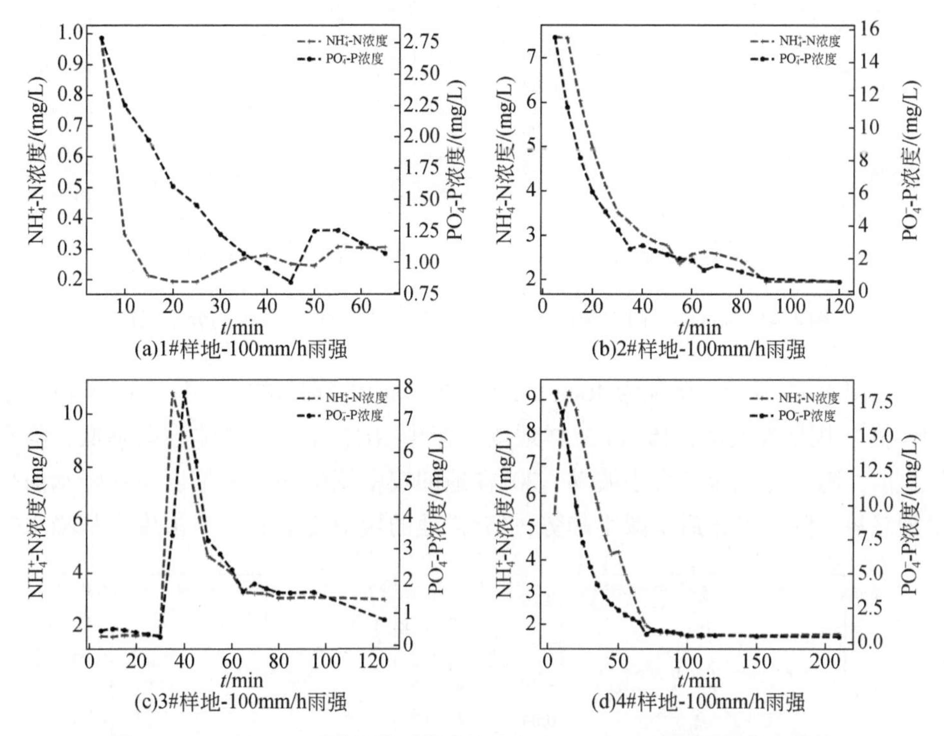

图 4-43　100mm/h 雨强条件下壤中流中 NH_4^+-N–PO_4^--P 浓度的分布规律

如图 4-44 所示，雨强为 80mm/h 时，20°和 15°样地中壤中流中 NH_4^+-N 和 PO_4^--P 的浓度分布规律基本一致，随时间逐渐减少，降水结束后，逐渐趋于稳定；对于 10°和 5°样地，壤中流 NH_4^+-N 浓度随时间增加先下降后上升，降水结束再下降，PO_4^--P 浓度先上升，这到最大值后随时间波动，降水结束，其浓度逐渐降低。

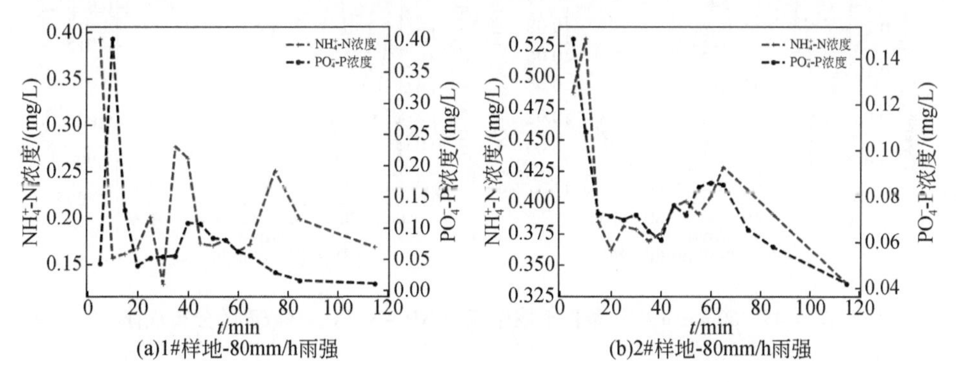

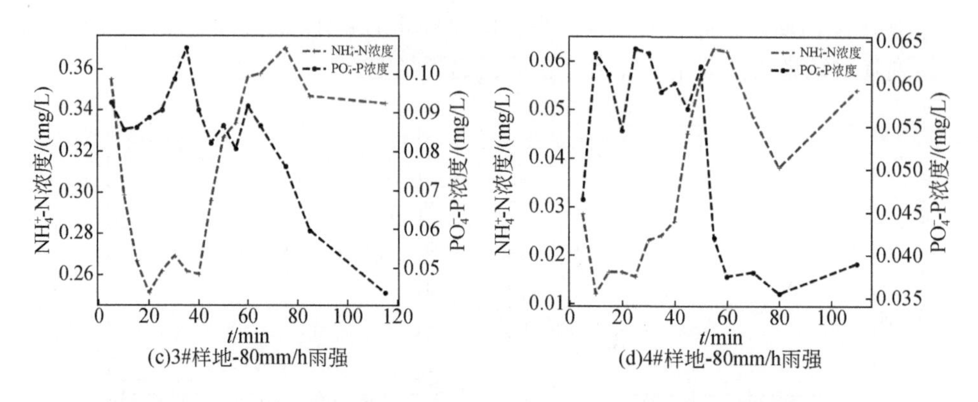

图 4-44　80mm/h 雨强条件下壤中流中 NH_4^+-N–PO_4^--P 浓度的分布规律

如图 4-45 所示，雨强为 40mm/h 时，20°和 10°样地壤中流中 NH_4^+-N 浓度呈“升–降”周期性波动，15°和 5°样地壤中流中 NH_4^+-N 浓度总体逐渐降低，降水停止前，随壤中流流量大小波动。20°样地的壤中流中 PO_4^--P 浓度值在降水前呈增加趋势，降水停止后呈减小趋势，15°样地的壤中流中 PO_4^--P 浓度在从降水初

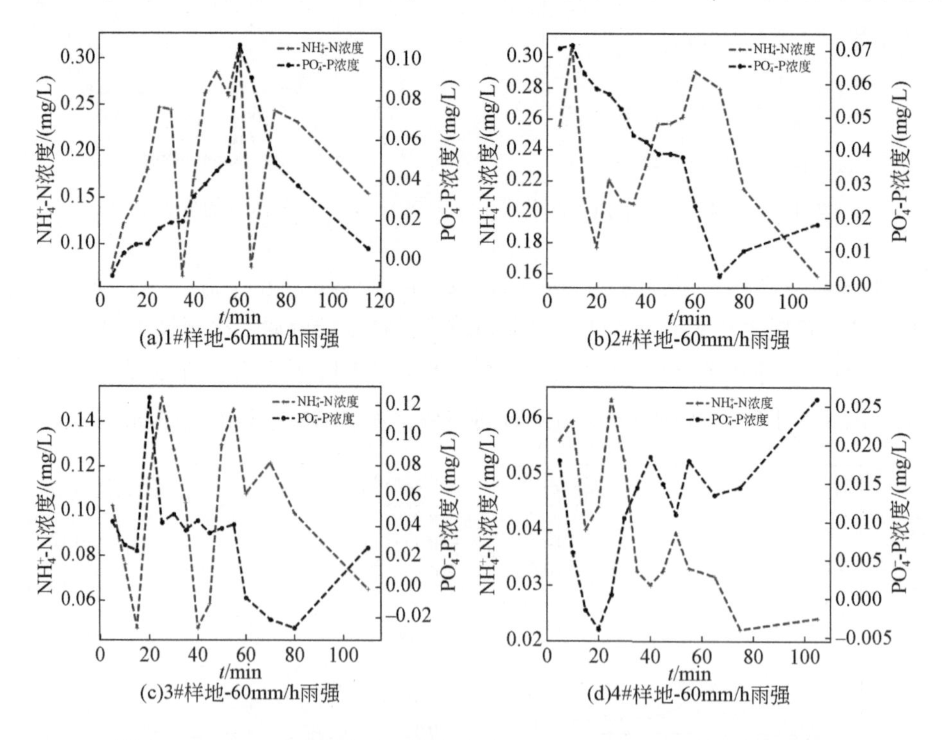

图 4-45　60mm/h 雨强条件下壤中流中 NH_4^+-N–PO_4^--P 浓度的分布规律

期到降水结束一直减小，但是当降水停止时，其浓度又随之升高，10°样地的壤中流中 PO_4^--P 浓度先降低，在 20min 时升高到最大值，然后降低，当降水结束 20min 后又升高，5°样地的壤中流中 PO_4^--P 浓度从降水开始到 20min 时不断减小，20min 后逐渐升高。

如图 4-46 所示，雨强为 40mm/h 时，各坡度样地壤中流中 NH_4^+-N 浓度整体上随时间增加及壤中流流量增加波动减小；20°样地壤中流中 PO_4^--P 浓度的分布规律与雨强为 60mm/h 时 20°样地的分布规律一致，15°样地壤中流中 PO_4^--P 浓度呈“降低—升高”周期波动；10°和 5°样地中壤中流中 PO_4^--P 浓度先增加达到最大值，然后降低至趋于稳定。

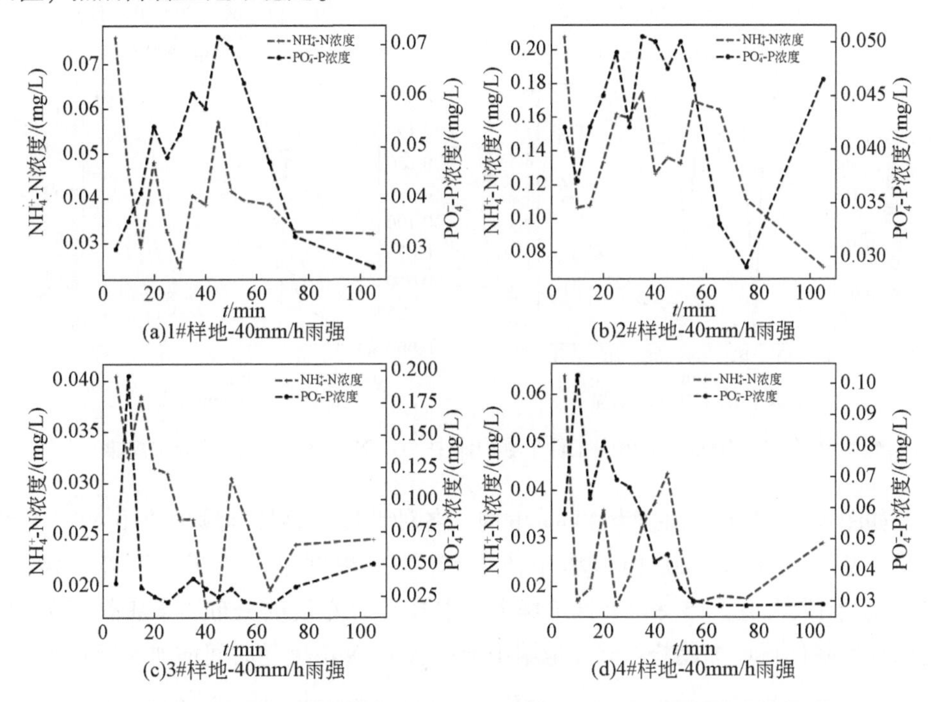

图 4-46　40mm/h 雨强条件下壤中流中 NH_4^+-N–PO_4^--P 浓度的分布规律

4.3.4.4　壤中流中硝酸盐与亚硝态氮浓度的分布特征

如图 4-47 所示，雨强为 100mm/h 时，20°、15°、5°样地壤中流中 NO_2^--N 浓度随降水–壤中流逐渐升高，10°样地壤中流中 NO_2^--N 浓度先升高，35min 降至最低值，然后随时间继续上升。20°样地壤中流中 NO_3^--N 浓度从降水开始到结束呈“上升—下降”周期波动，整体上呈上升趋势；15°样地壤中流中 NO_3^--N 浓度从降水开始到 35min 时段不断减小，35min 以后，其浓度逐渐增加；10°样地壤中流

中 NO_3^--N 浓度35min 达到最低值，然后上升，70min 后趋于稳定；5°样地壤中流中 NO_3^--N 浓度先升高，70min 降至最低值，再升高，110min 后趋于稳定。

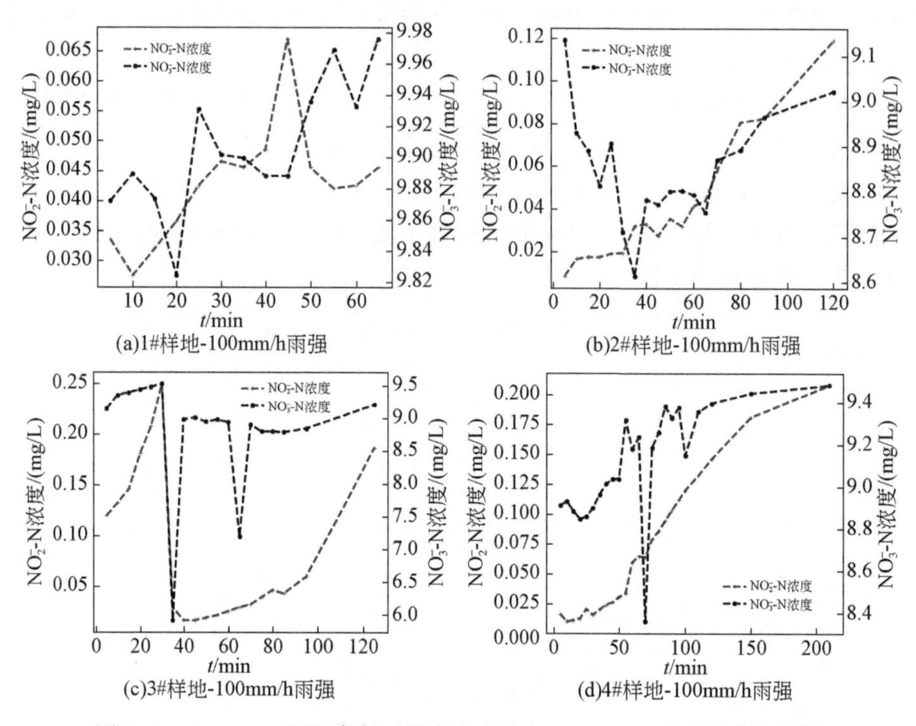

图 4-47　100mm/h 雨强条件下壤中流中 NO_2^--N–NO_3^--N 浓度的分布规律

如图 4-48 所示，雨强为 80mm/h 时，各种坡度类型样地壤中流中 NO_3^--N 浓度呈“V”形分布；20°样地壤中流中 NO_2^--N 浓度呈“上升—下降”波动，35min 达到最大值，15°和 10°样地壤中流中 NO_2^--N 浓度的分布规律基本一致，呈先增加后降低再增加趋势；5°样地壤中流中 NO_2^--N 浓度随时间增加逐渐减小。

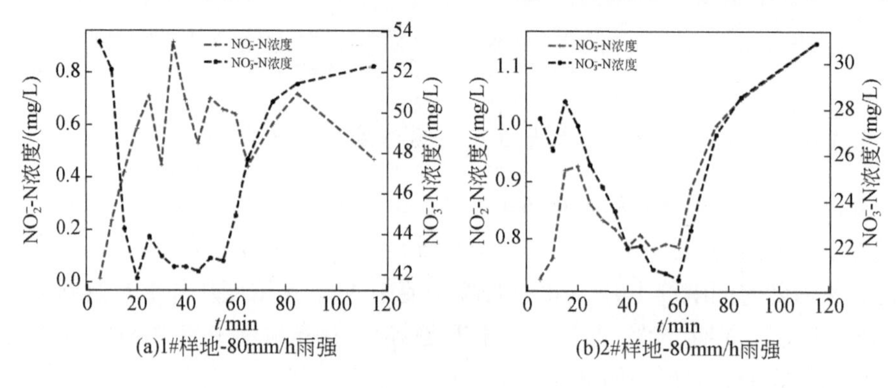

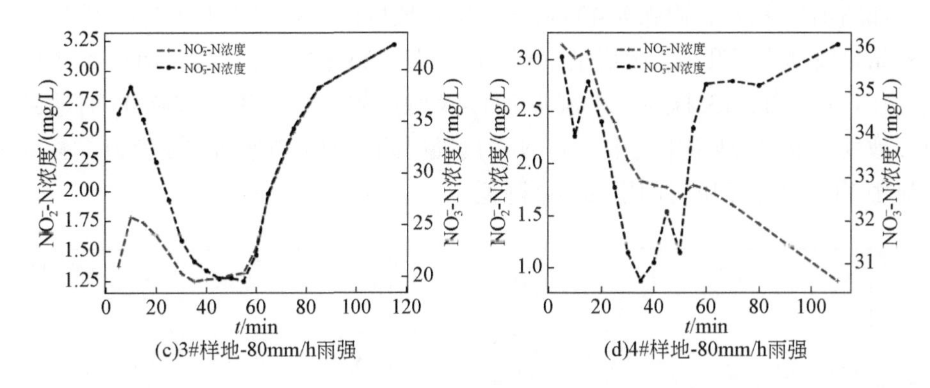

图 4-48 80mm/h 雨强条件下壤中流中 NO_2^--N-NO_3^--N 浓度的分布规律

如图 4-49 所示，雨强为 60mm/h 时，20°和 10°样地壤中流中 NO_3^--N 浓度呈“V”形分布，15°样地壤中流中 NO_3^--N 浓度先升高，在 50min 后又降低到初始值，然后逐渐上升；5°样地壤中流中 NO_3^--N 浓度先升高，在 50min 后又降低到初始值，然后逐渐降低。

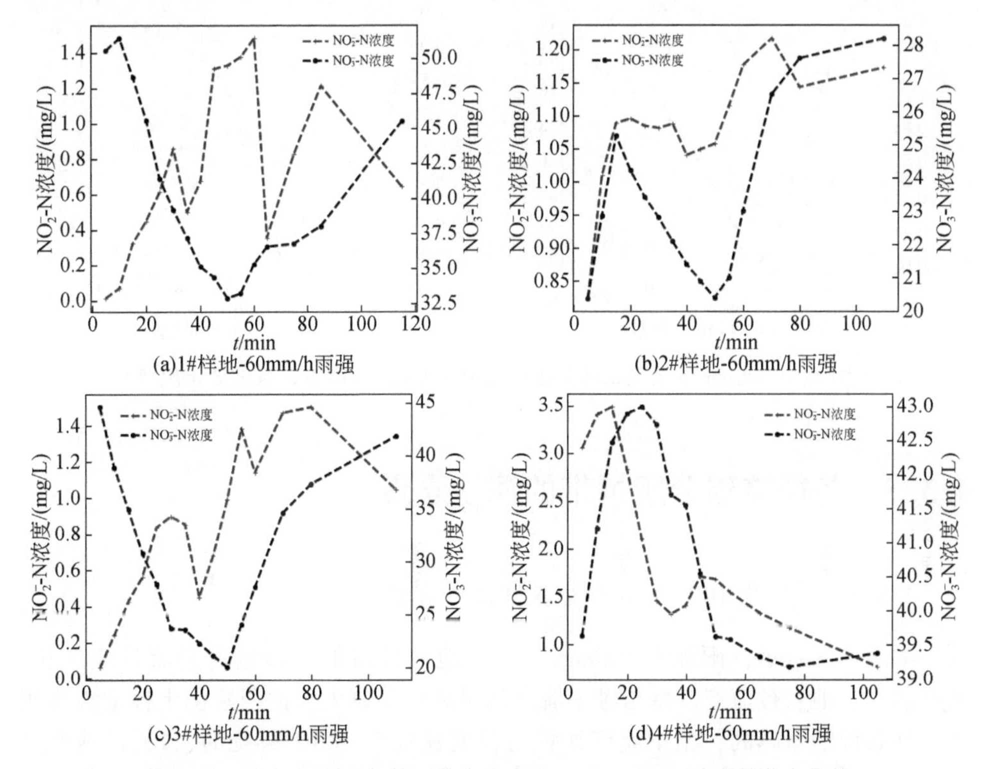

图 4-49 60mm/h 雨强条件下壤中流中 NO_2^--N-NO_3^--N 浓度的分布规律

如图 4-50 所示，雨强为 40mm/h 时，各坡度样地壤中流中 NO_3^--N 浓度，降水初始阶段其浓度升高，随后呈“V”形分布。20°样地壤中流中 NO_2^--N 浓度呈倒“U”形分布，15°样地壤中流中 NO_2^--N 浓度先升高后降低，30min 时达到峰值，坡度为 10°样地壤中流中 NO_2^--N 浓度随时间增加不断增加，坡度为 5°样地壤中流中 NO_2^--N 浓度随时间增加不断降低。

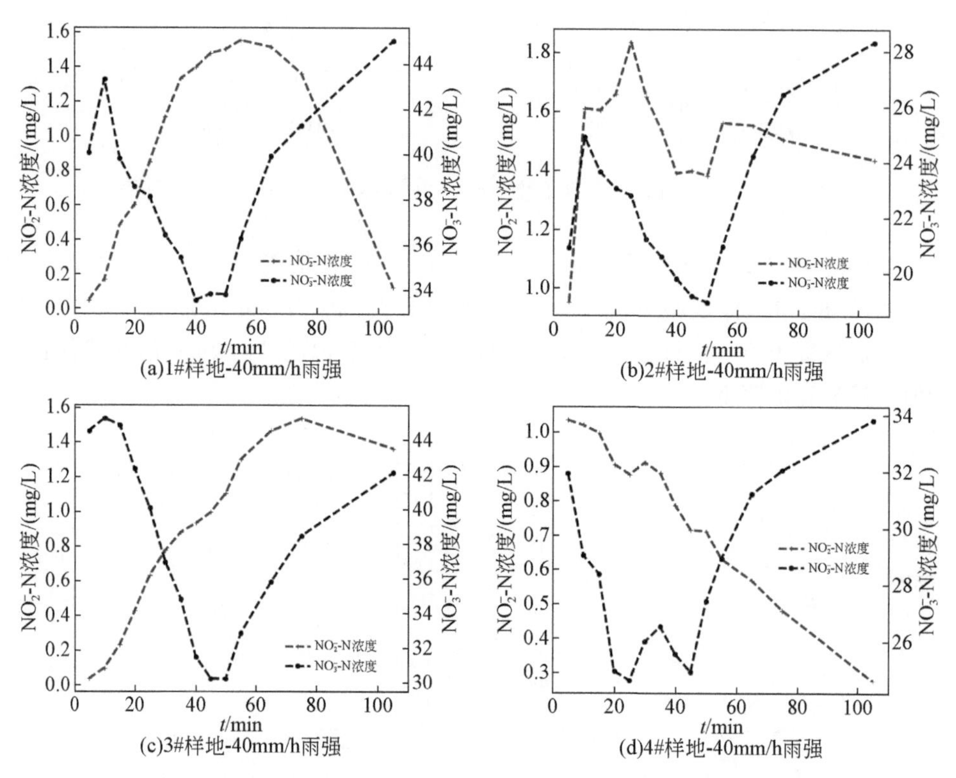

图 4-50　40mm/h 雨强条件下壤中流中 NO_2^--N–NO_3^--N 浓度的分布规律

4.3.5　各径流组分所携带的泥沙含量

4.3.5.1　雨强 100mm/h 时径流的泥沙含量

如表 4-9 所示，雨强为 100mm/h 时，地表径流的产沙量与径流量成正比，坡度越大，地表径流产沙量与壤中流产沙量的比值越大，说明紫色土样地坡度越大，地表侵蚀量越高；壤中流产沙量与径流量在 5°和 10°样地时，10°样地产沙量小于 5°样地产沙量。如图 4-51 和图 4-52 所示，各时段地表径流挟带的泥沙含量，坡度为20°和15°样地的产沙量随时间增加逐渐增多，而坡度为10°和5°样地产沙量在产流初期较大，随后减小，在一定范围内以10min周期波动；通过皮尔逊相关性分析可知，100mm/h雨强其地表径流产沙量与其径流量相关性不显著，可能的原因是雨强较大，雨滴在坡面溅蚀引起泥沙与地表径流量不同步。

表4-9　100mm/h雨强不同坡度下地表径流与壤中流产流产沙量

径流组分	坡度/(°)	径流量/m^3	径流深/mm	径流系数	产沙量/(g/m^2)
地表径流	20	0.745	49.67	0.497	3.45
	15	0.724	48.27	0.483	0.82
	10	0.509	33.93	0.339	0.33
	5	0.586	39.07	0.391	0.51
壤中流	20	0.43	28.67	0.287	0.44
	15	0.608	40.53	0.405	0.68
	10	0.833	55.53	0.555	0.29
	5	0.619	54.80	0.548	0.47

图4-51及图4-52为100mm/h雨强下不同样地地表产流和壤中流泥沙含量随时间的变化趋势。坡度为20°时，变化趋势大致分为两个阶段，0～30min先增加到最大值0.17mg/L，后降低至最小值0.05mg/L，30min后其泥沙含量逐渐增大直至产流结束；坡度为15°时，40min前，壤中流泥沙含量较高，40min以后产流结束，先增大后减小；坡度为10°时，35min前，壤中流泥沙含量先增加至最大值0.09mg/L，后减小至0.03mg/L，35min后以10min为周期呈增加—减少演变，到产流结束时含沙量增加至0.05mg/L；坡度为5°时，0～35min、35～65min，出现两个周期的先增加后减小的变化，最大值0.17mg/L，到100min时，其泥沙含量为0mg/L。皮尔逊相关性分析显示，坡度为5°时，壤中流泥沙含量与壤中流流量大小呈显著正相关（$P<0.05$，$R^2=0.446$），其余坡度泥沙含量与壤中流大小相关性不显著。

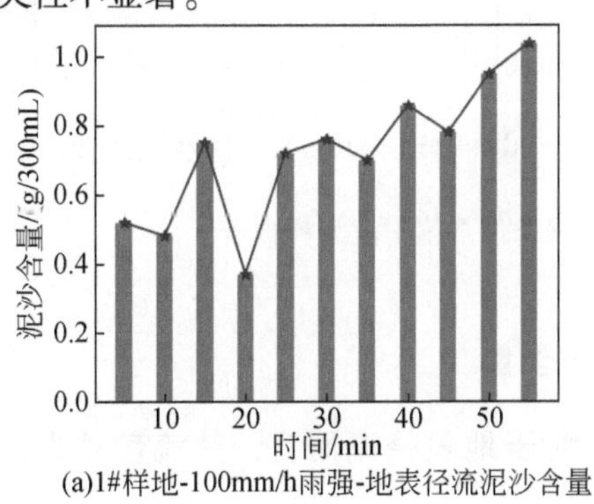

(a)1#样地-100mm/h雨强-地表径流泥沙含量

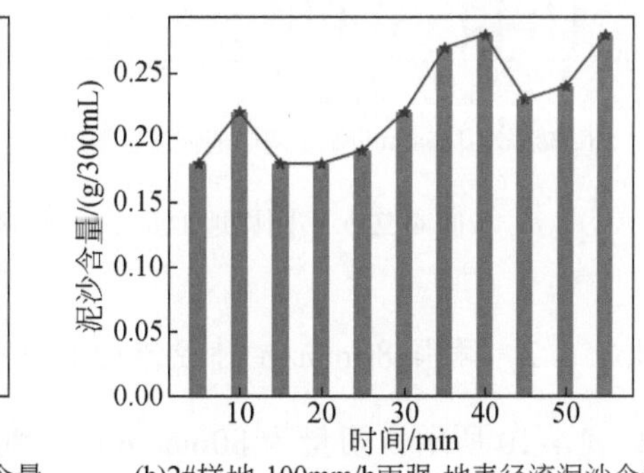

(b)2#样地-100mm/h雨强-地表径流泥沙含量

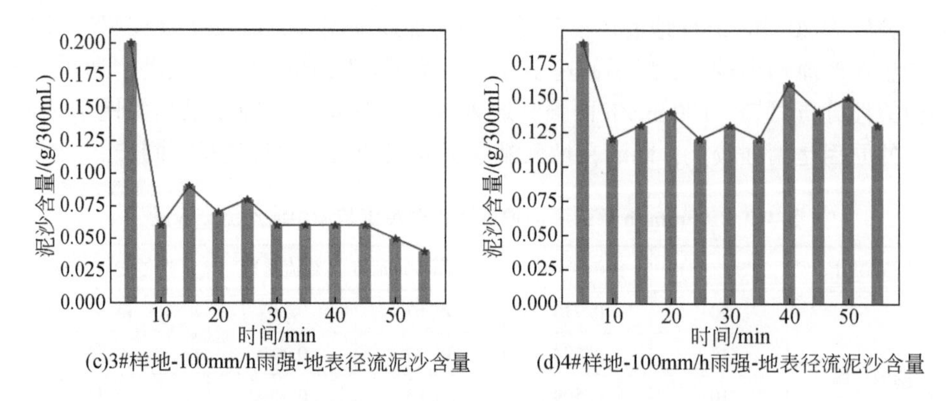

(c)3#样地-100mm/h雨强-地表径流泥沙含量 (d)4#样地-100mm/h雨强-地表径流泥沙含量

图 4-51 不同样地 100mm/h 雨强条件下地表径流泥沙含量

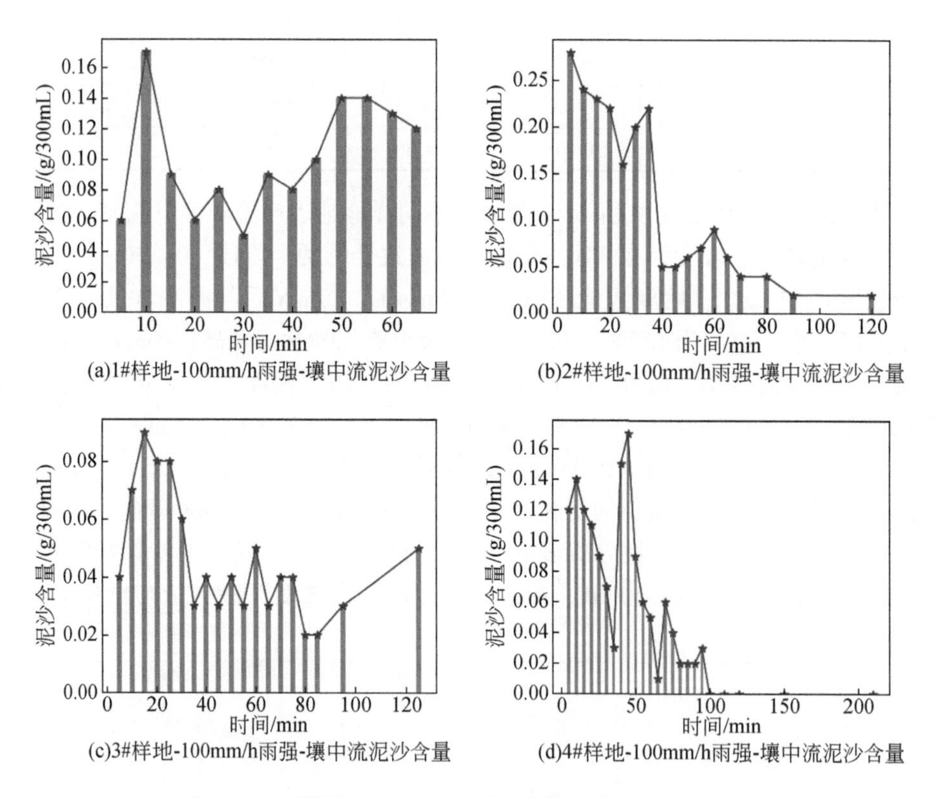

(a)1#样地-100mm/h雨强-壤中流泥沙含量 (b)2#样地-100mm/h雨强-壤中流泥沙含量

(c)3#样地-100mm/h雨强-壤中流泥沙含量 (d)4#样地-100mm/h雨强-壤中流泥沙含量

图 4-52 不同样地 100mm/h 雨强条件下壤中流泥沙含量

4.3.5.2 雨强 80mm/h 时径流的泥沙含量

如表 4-10 所示，雨量为 80mm/h 时，对于地表径流而言，其流量越大，产沙量越高；对于壤中流，壤中流产流量随坡度的增加呈增大趋势，坡度为5°样地，产流量最大，但是其对应壤中流产沙量为0g/m²，总体而言，壤中流在不同坡度的产沙量相差不大，基本保持在0～0.14g/m²范围。

表4-10　80mm/h雨强不同坡度下地表径流与壤中流产流产沙量

径流组分	坡度/(°)	径流量/m³	径流深/mm	径流系数	产沙量/(g/m²)
地表径流	20	0.518	34.53	0.432	1.36
	15	0.558	37.22	0.465	0.32
	10	0.267	17.83	0.223	0.17
	5	0.586	2.075	0.026	0.38
壤中流	20	0.229	15.27	0.191	0.10
	15	0.543	36.22	0.453	0.14
	10	0.558	37.16	0.465	0.12
	5	0.594	39.62	0.495	0

如图4-53所示，雨强为80mm/h时，各时段产沙量的分布显示，坡度为20°

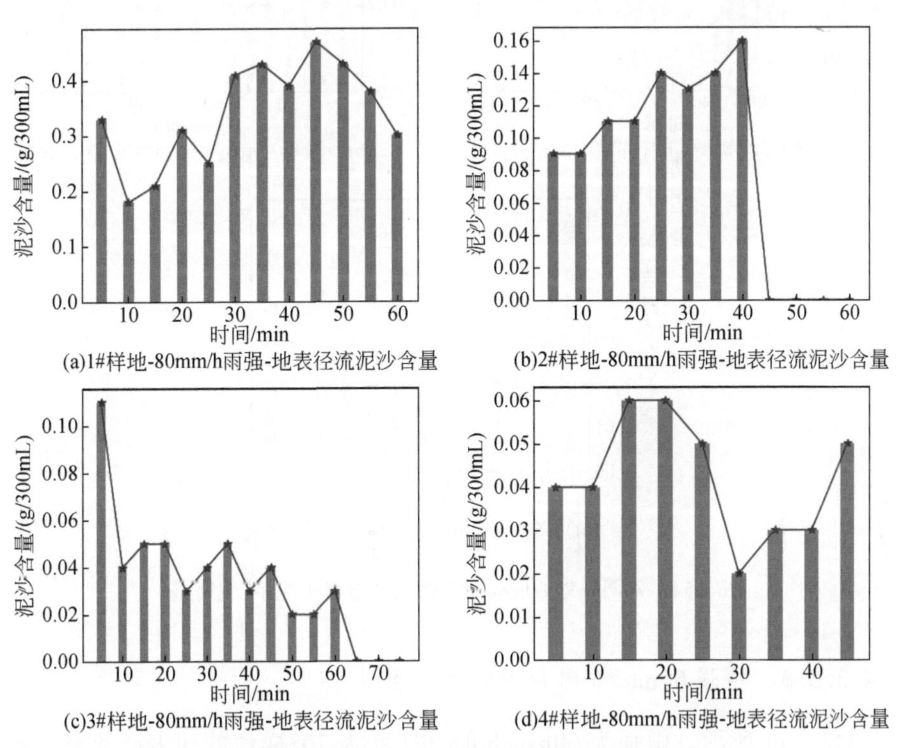

图4-53　不同样地80mm/h雨强条件下地表径流中泥沙含量

时，产沙量在10～45min波动上升，45～60min逐渐降低；坡度为15°时，40min以前产沙量逐渐升高，40min后未产沙，坡度为10°时，60min前，产沙量波动降低，降水停止后，产沙量为0g/mL；坡度为5°时，45min后产流停止，产沙量30min前先上升后降低，30min后上升直至产流停止。皮尔逊相关分析表明，该降雨强度下，地表径流量与产沙量不显著相关。

如图4-54所示，雨强为80mm/h时，坡度为20°的样地，0～45min，壤中流产沙量先上升至最大值，后降低至0g/mL，产沙量主要集中在65min之前；坡度为15°样地，其壤中流产沙量从初始最大值降低至0g/mL，40min后又逐渐升高，而后又降低至0g/mL；坡度为10°样地，壤中流产沙量从初始最大值降低至25min的最小值，25～45min保持稳定，而后每10min出现升高后下降的分布。皮尔逊相关分析结果表示，该降雨强度下，壤中流流量与产沙量不显著相关。

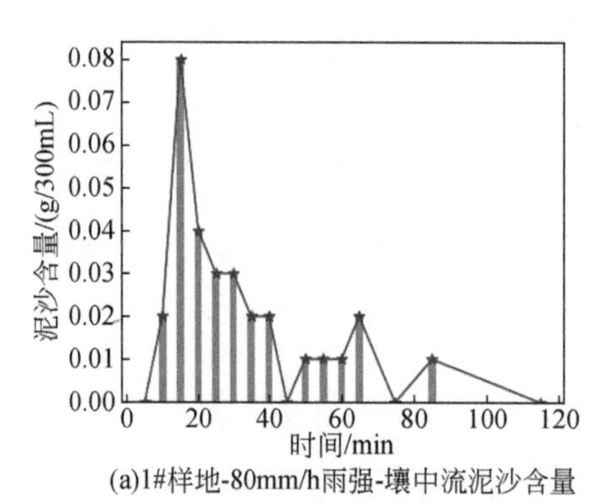

(a)1#样地-80mm/h雨强-壤中流泥沙含量

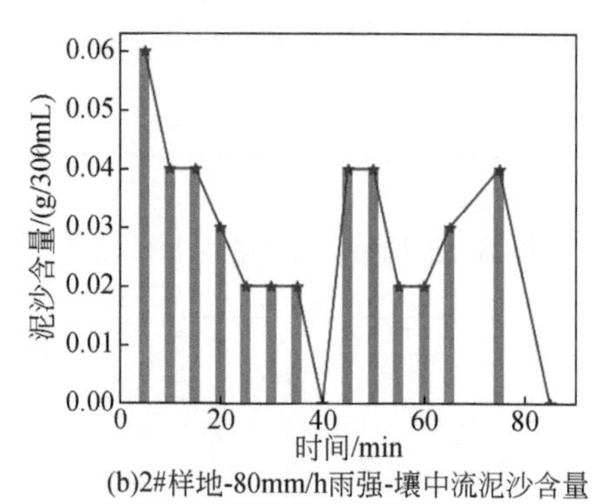

(b)2#样地-80mm/h雨强-壤中流泥沙含量

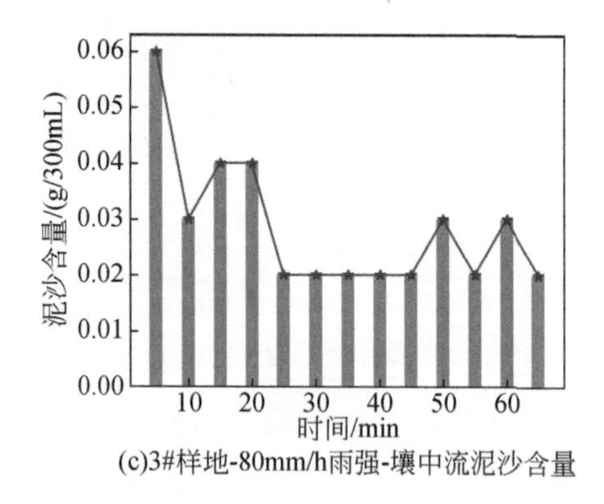

(c)3#样地-80mm/h雨强-壤中流泥沙含量

图4-54　不同样地80mm/h雨强条件下壤中流中泥沙含量

4.3.5.3　雨强60mm/h时径流的泥沙含量

如表4-11所示，雨强为60mm/h时，坡度为20°样地的地表产流量虽然不大，但是其产沙量较大，与100mm/h雨强下的产沙量相当，但流量相差3倍左右；且坡度为5°样地地表未产流。

表 4-11　60mm/h 雨强、不同坡度下地表径流与壤中流产流产沙量

径流组分	坡度/(°)	径流量/m^3	径流深/mm	径流系数	产沙量/(mg/m^2)
地表径流	20	0.219	14.60	0.183	3.40
	15	0.272	18.17	0.227	3.45
	10	0.259	17.32	0.217	0.75
	5	0	0	0	0
壤中流	20	0.481	32.07	0.401	2.70
	15	0.289	19.27	0.241	1.40
	10	0.634	42.27	0.528	1.25
	5	0.289	19.27	0.241	0

如图4-55所示，雨强为60mm/h时，对于坡度为20°样地，地表径流前期

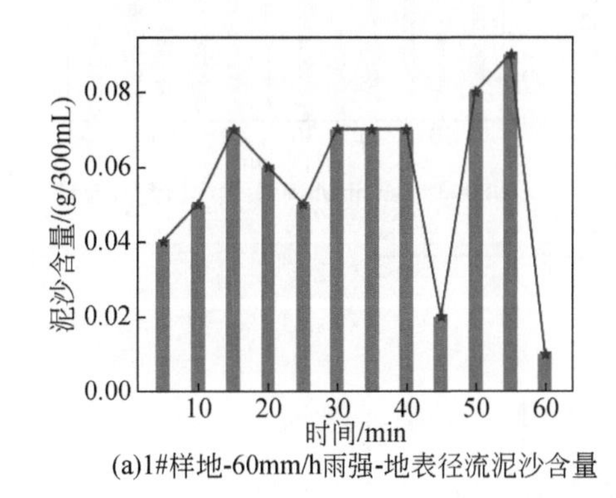

(a)1#样地-60mm/h雨强-地表径流泥沙含量

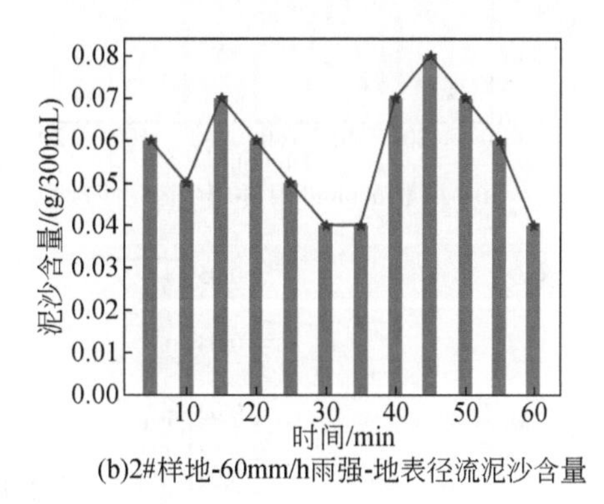

(b)2#样地-60mm/h雨强-地表径流泥沙含量

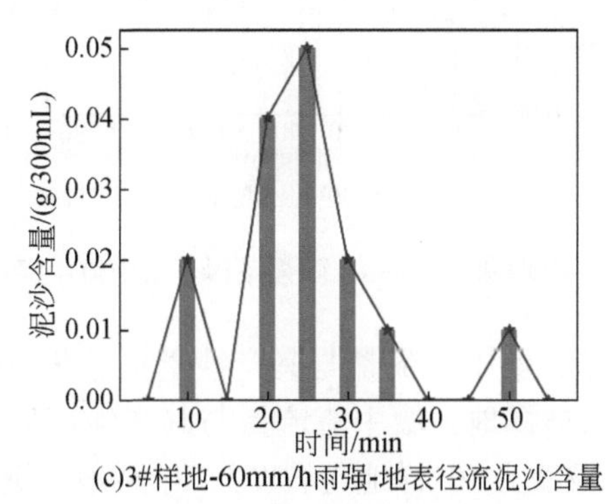

(c)3#样地-60mm/h雨强-地表径流泥沙含量

图4-55　不同样地60mm/h雨强条件下地表径流中泥沙含量

(0～15min) 产沙量随地表径流增加而增大，30～40min 保持稳定；对于坡度为10°样地，40～45min，其减小到最低值，然后增加到最大值，最后又降至最低值；对于坡度为5°样地，初始产沙量为0g/mL，10min 开始产沙，15min 又降至0g/mL，然后逐渐增大至25min 时的最大值，40min 又降至 0g/mL；样地皮尔逊相关性分析显示，坡度为20°样地，地表径流量与其产沙量呈现显著的正相关 (R^2=0.73，P<0.01)，其余样地相关性不显著。

如图 4-56 所示，雨强为 60mm/h 时，对于坡度为 20°样地，初始产沙量为0g/mL，随后逐渐增大到 55min 时达到最大值；对于坡度为 15°样地，产沙量主要在 0.02g/300mL 左右波动，最大产沙量为 0.04g/300mL；坡度为 10°样地，初始产沙量为 0.05g/300mL，然后降低，20～35min，其产沙量保持稳定。

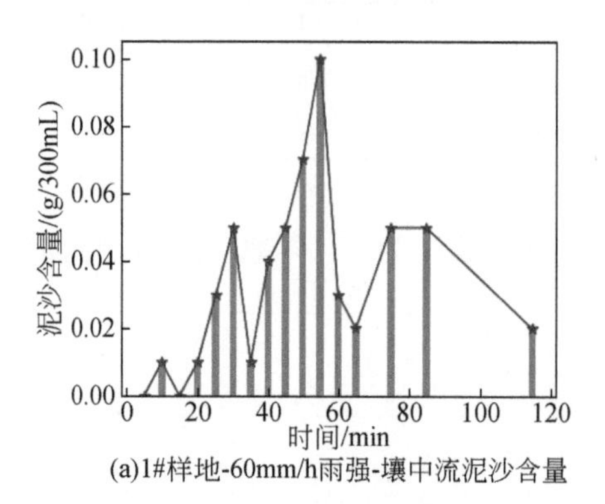

(a)1#样地-60mm/h雨强-壤中流泥沙含量

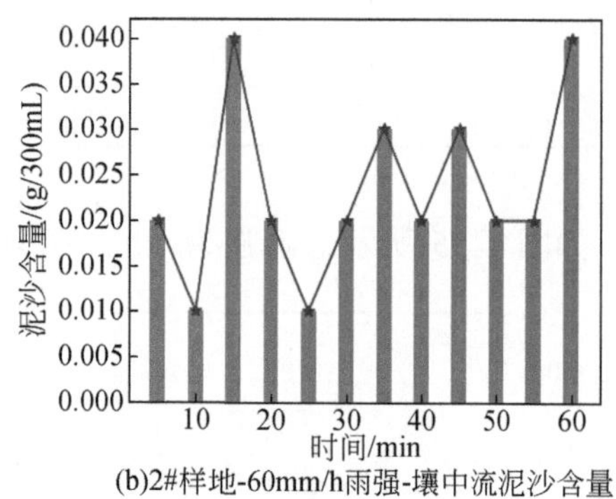

(b)2#样地-60mm/h雨强-壤中流泥沙含量

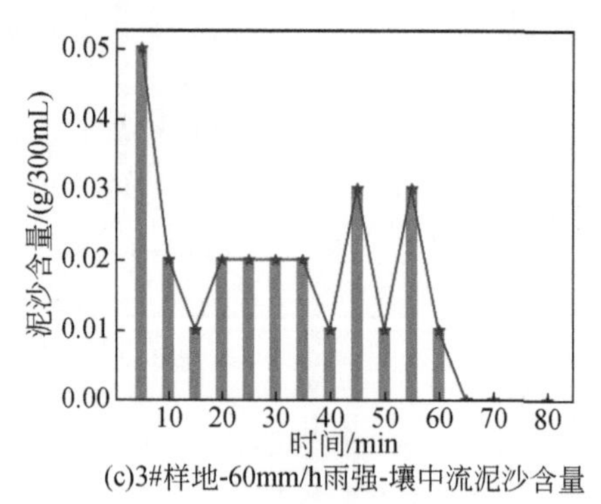

(c)3#样地-60mm/h雨强-壤中流泥沙含量

图 4-56　不同样地 60mm/h 雨强条件下壤中流中泥沙含量

对于坡度为 10°样地，壤中流流量与其产沙量呈显著的负相关（R^2=0.745，P<0.01）；对于坡度为 15°样地，壤中流流量与其产沙量呈显著的正相关（R^2=0.55，P<0.05）；对于坡度为 10°样地与坡度为 20°样地，壤中流流量与其产沙量呈显著的正相关（R^2=0.531，P<0.05）。

4.3.5.4 雨强40mm/h时径流的泥沙含量

如表4-12所示，在同一坡度（15°）同一产流量下，40mm/h雨强的地表径流产沙量比60mm/h雨强下低26%左右；对壤中流而言，产流量随坡度的增加而增大，除坡度为5°的样地不产沙外，产沙量随坡度的增加而减少。

表4-12　40mm/h雨强、不同坡度下地表径流与壤中流产流产沙量

径流组分	坡度/(°)	径流量/m^3	径流深/mm	径流系数	产沙量/(mg/m^2)
地表径流	20	0.132	14.60	0.183	2.10
	15	0.271	18.17	0.227	2.55
	10	0.088	17.32	0.217	0.30
	5	0	0	0	0
壤中流	20	0.451	30.07	0.376	0
	15	0.314	20.93	0.262	0.25
	10	0.303	20.20	0.253	1.05
	5	0.217	14.47	0.181	0

如图4-57所示，对于坡度为20°样地，其产沙量在0.02～0.005g/300mL波动；坡度为15°样地产沙量在0.03～0.06g/300mL波动；对于坡度为10°样地，前20min产沙量稳定在0.01g/300mL，25min时产沙量最大，30min以后产沙量为0g/mL。

如图4-58所示，20°和5°样地产流不产沙，坡度为15°样地只有3个时段产沙，产沙量约为0.02g/300mL，坡度为10°样地5～40min产沙，45min以后产沙量为0g/300mL。

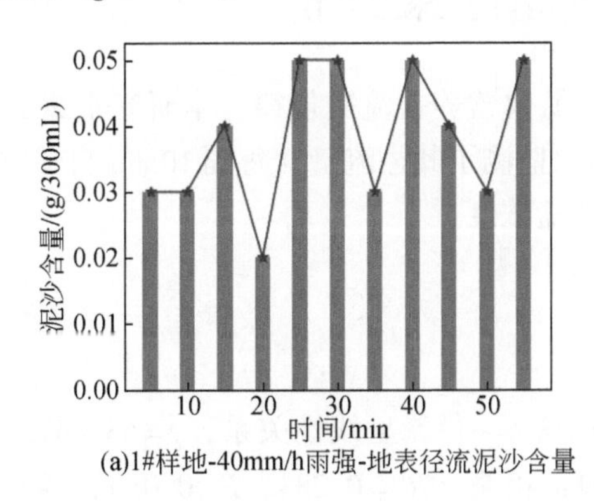

(a)1#样地-40mm/h雨强-地表径流泥沙含量

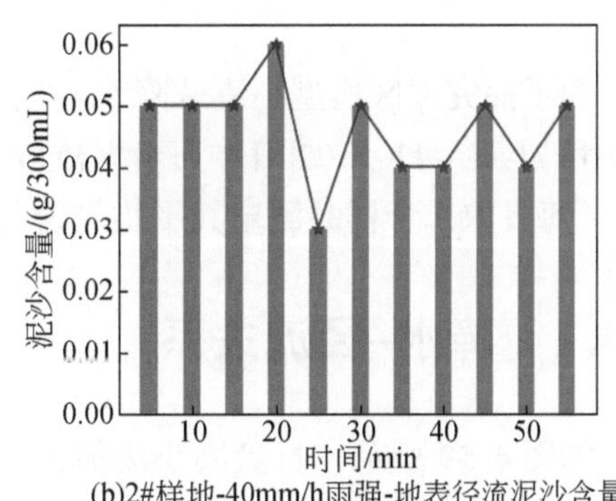

(b)2#样地-40mm/h雨强-地表径流泥沙含量

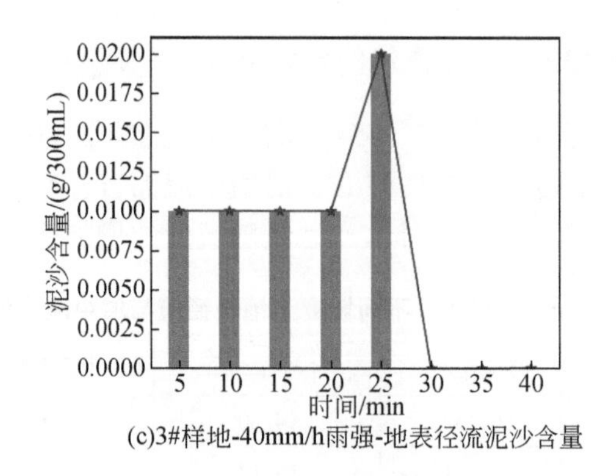

图 4-57　不同样地 40mm/h 雨强地表产流中泥沙含量

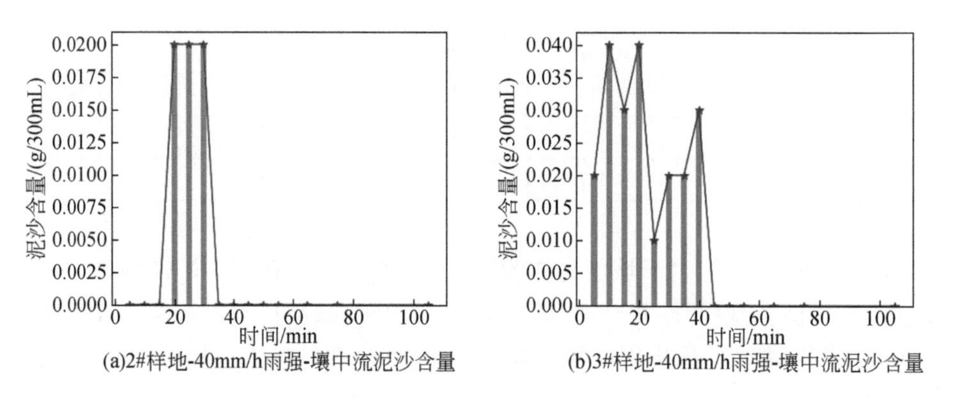

图 4-58　不同样地 40mm/h 雨强条件下壤中流中泥沙含量

4.4　小流域试验结果分析

为了探究库区典型小流域降水–径流–氮磷营养盐流失规律，本研究于 2018 年 9 月 21 日 ~ 11 月 22 日在石盘溪流域出口监测了其径流量（每隔 10min 自动监测），每日取 3 个样品测定其平均氮磷营养盐浓度。

4.4.1　降水–径流关系

如图 4-59 所示，石盘溪小流域出口的降水–径流呈线性关系，$y = 53.847x + 93.344$，通过相关性分析可知其呈显著的正相关（$R^2 = 0.283$，$P<0.01$）；通过数据结果可知，在没有降水的情况下，地表存在产流量。小流域调查结果表明，

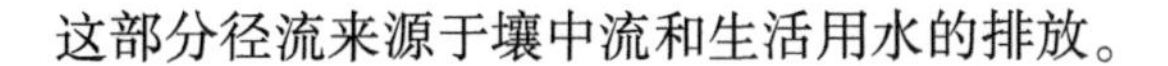
这部分径流来源于壤中流和生活用水的排放。

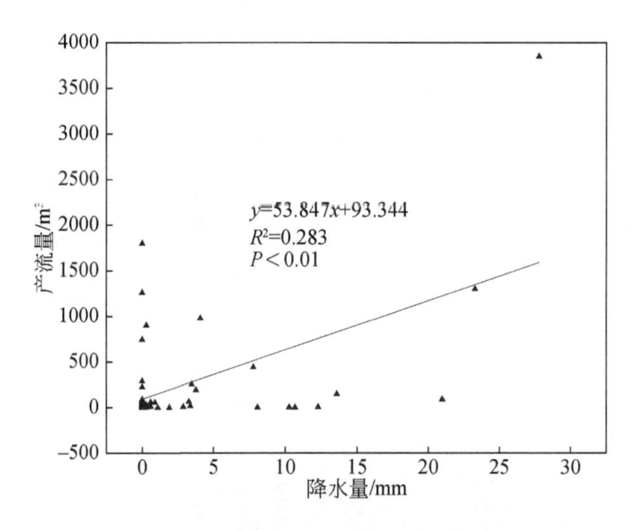

图 4-59　石盘溪小流域降水–径流关系

4.4.2　径流–氮磷营养盐关系

如图 4-60 所示，石盘溪小流域出口产流量与氮磷流失的关系分析结果表明，产流量与氮磷流失量相关性不显著。可溶性磷浓度占总磷浓度的平均比例为 64.7%，NO_3^--N 浓度占总氮浓度的平均比例为 63.5%，NO_2^--N 浓度占总氮浓度的平均比例为 1.2%，NH_4^+-N 浓度占总氮浓度的平均比例为 3.2%，NO_3^--N 是小流域无机氮流失的主要成分。

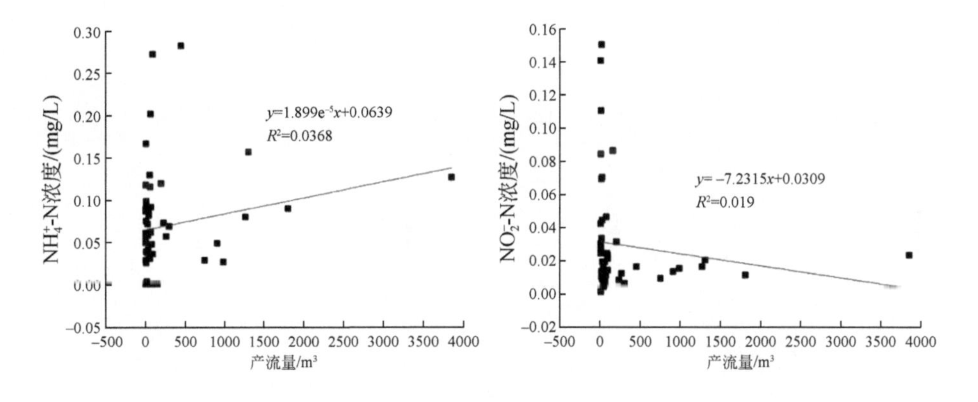

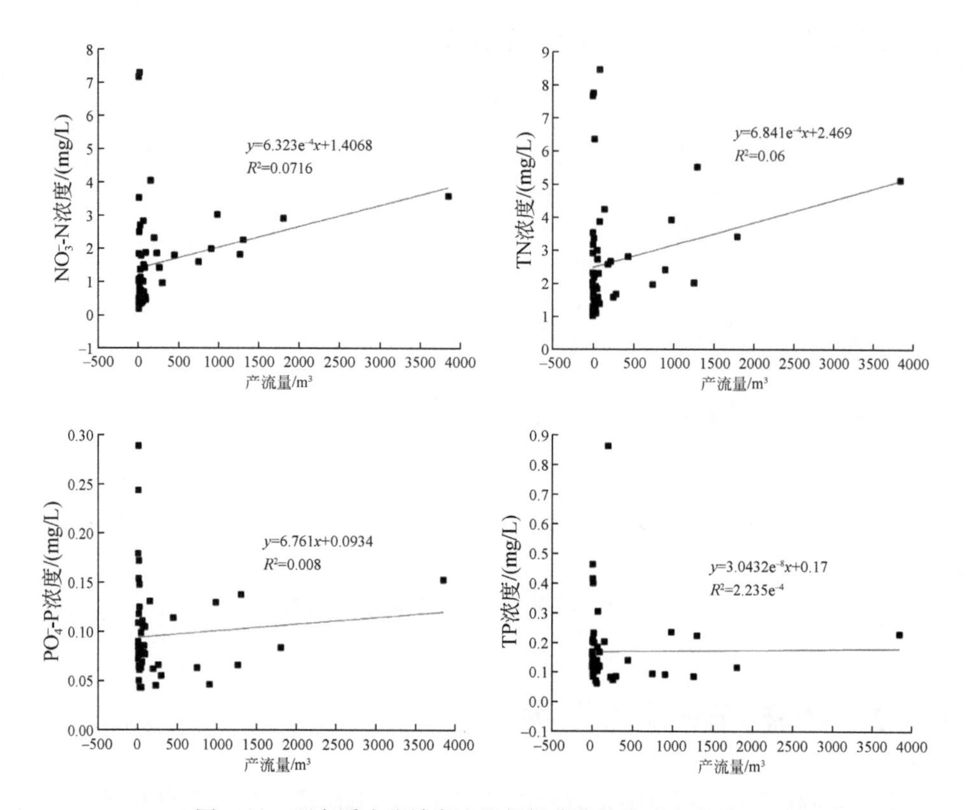

图4-60　石盘溪小流域产流量与氮磷营养盐流失的关系

5 陆气耦合视角下的库区水循环理论

库区水循环具有“自然-社会”二元的基本属性，但其具有一定的特殊性；随着巨型水库群的建设与运行，全球变化背景下的库区流域水循环结构特征发生着变化，具体表现在：①下垫面条件变化，使库区流域近地层与大气物质与能量的交换过程发生变化；②全球变化对整体水分循环动态过程产生影响，进而对区域水分平衡产生影响；③水库运行，极端事件发生的强度及频次发生变化；④库区水循环过程改变对水体生源物质输移规律产生影响（图 5-1）。

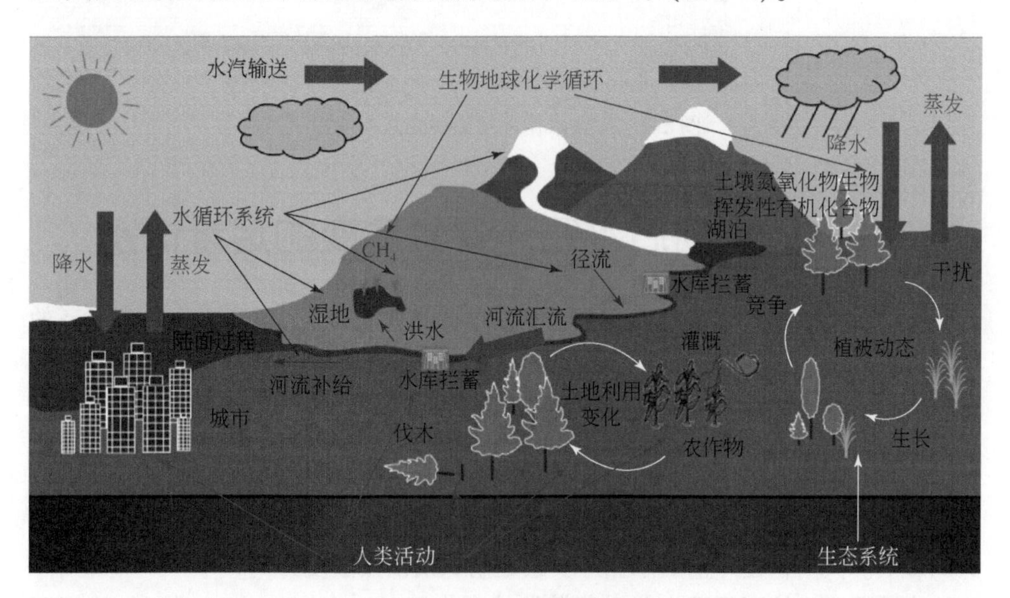

图 5-1　陆气水循环示意图

因此，全球-流域-库区-水体是一个统一的系统，研究库区水循环基础理论，即对其互馈过程的机制进行剖析，落脚点是库区流域，目标是为库区水安全保障提供基本理论范式。

5.1　库区水循环理论研究的基本范式

基于对库区水循环认知，可以看出库区水循环基础理论不仅具有“自然-社会”二元的基本属性，伴随着水利工程、水库群的建设与运行，水库调蓄使得库区水位改变的同时也引起了下垫面的变化；进而使库区流域近地层与大气物质与能量的交换过程发生变化；库区水循环过程改变对水体生源物质输移规律也会产生影响。基于此，本理论提出一种研究库区水循环的范式“水循环要素演变规律诊断—库区水循环要素与大气过程的影响关系探析—气候变化及人类活动与库区水循环定量识别”的基本范式（图 5-2）。

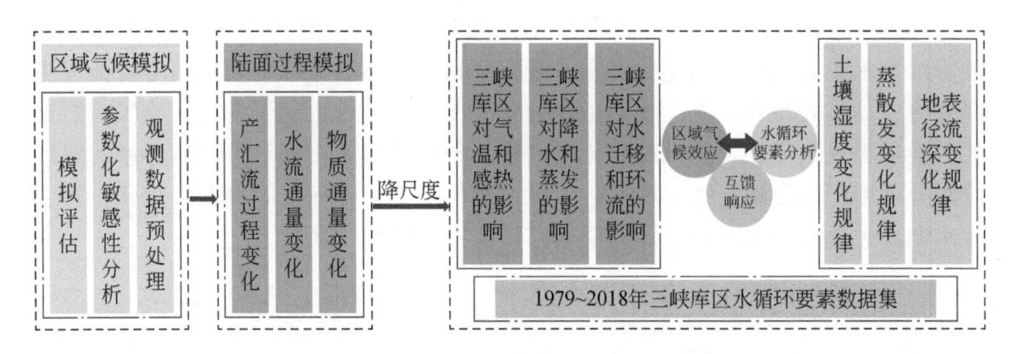

图 5-2　库区水循环理论研究基本范式

5.2　建库前后水循环要素演变的定量识别

目前同时考虑气候变化以及土地利用与土地覆盖变化（LUCC）对水循环的定量识别影响的工作相对较少，较为常见的做法是将气象资料和遥感资料结合，分析各类气象因子和土地利用类型对蒸散发的影响，并区分气候变化与 LUCC 对蒸散发的贡献率。但是，这类研究仍然是统计性质的工作，缺乏一定的内在机理。因此，本理论方法利用考虑人类活动的陆面过程模式 CLM，通过设置多组试验，来分析三峡库区建库前后的水循环变化特征，定量识别气候变化与 LUCC 对其的影响。其中，建库前后水循环要素定量识别以蒸散发为例。

为了研究三峡库区蓄水前后蒸散发的变化情况，将 2003 年 6 月三峡库区开始蓄水的前后各 10 年作为研究时段，即 1993 年 6 月 ~2013 年 5 月。CLM 陆面模式模拟空间分辨率为 0.01°，模式输出频率设为 24h，以获取高精度的模拟结果。我们认为气候变化与 LUCC 是引起蒸散发变化的两个因素，可用公式表述如下：

$$\Delta \mathrm{ET}_{\mathrm{total}} = \Delta \mathrm{ET}_{\mathrm{climate}} + \Delta \mathrm{ET}_{\mathrm{LUCC}} \tag{5-1}$$

$$C_{\mathrm{climate}} = \frac{\Delta \mathrm{ET}_{\mathrm{climate}}}{\Delta \mathrm{ET}_{\mathrm{total}}} \tag{5-2}$$

$$C_{\mathrm{LUCC}} = \frac{\Delta \mathrm{ET}_{\mathrm{LUCC}}}{\Delta \mathrm{ET}_{\mathrm{total}}} \tag{5-3}$$

式中，ΔET_{total}为蒸散发的总变化量；$\Delta ET_{climate}$为由气候变化引起的蒸散发变化量；ΔET_{LUCC}为由 LUCC 引起的蒸散发变化量；$C_{climate}$为气候变化的贡献率；C_{LUCC}为 LUCC 的贡献率。

为了研究三峡库区蒸散发的时空变化及其对这两个因素的响应，本研究设计了 4 组试验。试验 1 模拟的是 1993 年 6 月 ~2003 年 5 月的实际情况，试验 2 模拟的是在 2000 年的土地利用/覆被条件下，即假设土地利用/覆被条件未发生变化下 1993 年 6 月 ~2003 年 5 月的蒸散发。试验 3 模拟的是 2003 年 6 月 ~2013 年 5 月的实际情况。试验 4 模拟的是在 2010 年的土地利用/覆被条件下，即假设气候未发生变化下 1993 年 6 月 ~2003 年 5 月的实际情况。由式（5-1）~式(5-3) 可知，试验 2 与试验 1 的差值即为气候变化导致的蒸散发的变化量，试验 4 与试验 1 的差值即为 LUCC 导致的蒸散发的变化量，而试验 3 与试验 1 的差值即为蒸散发的总变化量。

5.3 三峡库区水循环的气候效应评估

（1）水汽输送机理

非局地扩散方案能够考虑在不稳定且混合均匀的大气中大尺度涡旋造成的反向通量。行星边界层中垂直涡旋通量为

$$F_c=-K_c\left(\frac{\partial C}{\partial Z}-\gamma_c\right) \tag{5-4}$$

式中，γ_c 为由大尺度涡旋或湍流活动引起的非局地传播的反向传播项；K_c 为涡旋扩散项，$K_c=-kw_t z\left(1-\frac{z}{h}\right)^2$，其中，$k$ 为冯 · 卡曼参数，w_t为湍流速度，h 为边界层高度。

次网格显式水汽方案（SUBEX）用来求解模式中非对流云和降水，该方案通过将网格平均相对湿度和云块及云水联系起来考虑云的次网格变率。网格中云的比例（FC）为

$$\mathrm{FC}=\sqrt{\frac{\mathrm{RH}-\mathrm{RH}_{min}}{\mathrm{RH}_{max}-\mathrm{RH}_{min}}} \tag{5-5}$$

式中，RH_{min}为云开始形成的相对湿度阈值；RH_{max}为 FC 达到 1 时相对湿度阈值。如果相对湿度小于 RH_{min}，则 FC 为 0，如果相对湿度大于 RH_{max}，则 FC 为 1。当云水含量大于自动转换阈值 Q_c^{th} 时，降水形成：

$$P=C_{ppt}\left(\frac{Q_c}{FC}-Q_c^{\mathrm{th}}\right)\mathrm{FC} \tag{5-6}$$

式中，C_{ppt}为云滴变成雨滴的特征时间，阈值由中等云水含量方程的比例决定：

$$Q_c^{\mathrm{th}}=C_{\mathrm{acs}}10^{-0.49+0.013T} \tag{5-7}$$

式中，T 为摄氏温度；C_{acs}为尺度自动转换因子。

根据标准的莫宁–奥布霍夫相似关系计算通量，对对流和稳定情况没有特殊处理，而且表面粗糙度设为常数，并不是风和稳定度的函数。海表面和低层大气间的感热、潜热及动量通量利用空气动力学算法计算得到：

$$\begin{cases}\tau=\rho_{\mathrm{a}}u_*^2\left(u_x^2+u_y^2\right)^{\frac{1}{2}}\\ \mathrm{SH}=-\rho_{\mathrm{a}}C_{\mathrm{pa}}u_*\theta_*\\ \mathrm{LH}=-\rho_{\mathrm{a}}L_{\mathrm{e}}u_*q_*\end{cases} \tag{5-8}$$

式中，u_x 和 u_y 为风向量；u_* 为摩擦风速；θ_* 为温度尺度参数；q_* 为比湿尺度参数；ρ_{a} 为空气密度；C_{pa}为空气比热；L_{e} 为蒸发潜热。

水汽输送通量定义为单位时间内所流过单位面积的水汽质量。在垂直积分过程中，以地面气压为积分的下边界，以 300hPa 为积分的上边界。水汽输送的纬向（Q_u）和经向（Q_v）计算公式如下：

$$Q_u=-\frac{1}{g}\int_{P_{\mathrm{s}}}^{P_{\mathrm{t}}}q(x,y,p,t)u(x,y,p,t)\mathrm{d}p \tag{5-9}$$

$$Q_v=-\frac{1}{g}\int_{P_{\mathrm{s}}}^{P_{\mathrm{t}}}q(x,y,p,t)v(x,y,p,t)\mathrm{d}p \tag{5-10}$$

式中，q 为比湿；x 和 y 分别为网格纬度和经度；p 为气压；t 为时间；u 和 v 分别为纬向风和经向风；P_{s}和 P_{t}分别为地表气压和积分顶层气压；Q_u和 Q_v分别为纬向水汽和经向水汽，其正值表示各自的传输方向向北和向东。

水汽通量散度定义为单位时间内从该体积汇入或辐散的水汽净含量，该物理量主要由区域周界上的水汽通量决定。散度为正表示该区域为水汽源区，水汽向四周溢散；散度为负表示该区域为水汽汇集区，散度计算式如下：

$$\mathrm{Div}=\left(\frac{\partial(uq)}{\partial x}+\frac{\partial(vq)}{\partial y}\right) \tag{5-11}$$

（2）水分能量通量监测

涡动相关方法是当前观测大气和陆地生态系统之间热量、水汽、CO_2 和 CH_4 交换最直接、最准确的方法，可以在除降雨等特殊天气外的多种条件下长期工作，并在全球范围内得到了广泛应用。

涡动相关法是通过测量大气中的风速脉动值和其他物理量的湍流脉动值，并计算它们的协方差，来获取该物理量的湍流通量。计算时所需的湍流脉动量一般是由涡动相关系统以 10～20Hz 的采样频率观测得到的，这些湍流脉动量包括水平风速（u、v）、垂直风速（w）、温度（T，实际为超声虚温 T_s）、H_2O 浓度（ρ_{v}）和 CO_2浓度（ρ_{c}）等。

在大气湍流满足均匀、平稳和各向同性的条件下，一定时间内（通常取30min；在未做明确说明的情况下，本研究将平均时间取为30min），某物理量 s（设单位为 kg/m^3）在垂直方向的通量 F_s 可以表示为

$$F_s=\overline{w \cdot s} \tag{5-12}$$

式中，上横线表示时间平均。对式（5-12）中的 w 和 s 进行雷诺分解，将其表示为平均量和湍流脉动量之和，即

$$w=\overline{w}+w' \tag{5-13}$$

$$s=\overline{s}+s' \tag{5-14}$$

将式（5-13）式和（5-14）式代入式（5-12），则 F_s 变为

$$F_s=\overline{ws}+\overline{ws'}+\overline{w's}+\overline{w's'} \tag{5-15}$$

假设平均垂直风速 w 为零，则式（5-15）的第一项为零；根据雷诺平均法则，脉动量的平均值为零，式（5-15）的第二项和第三项也为零，因此有

$$F_s=\overline{w' \times s'} \tag{5-16}$$

这样，近地层垂直方向的动量通量（τ，单位：N/m^2）、摩擦速度（u_*，单位：m/s）、感热通量（H，单位：W/m^2）、潜热通量（λE，单位：W/m^2）和 CO_2 通量［F_C，单位：$kg/(m^2 \cdot s)$］可分别由式（5-17）~式（5-21）计算：

$$\tau=-\rho u_*^2 \tag{5-17}$$

$$u_*=(\overline{u'w'}^2+\overline{v'w'}^2)^{1/4} \tag{5-18}$$

$$H=\rho C_p \overline{w'T'} \tag{5-19}$$

$$\lambda E=\lambda \overline{w'\rho_v'} \tag{5-20}$$

$$F_C=\overline{w'\rho_c'} \tag{5-21}$$

式中，ρ 为空气密度，kg/m^3；C_p 为定压比热容，$J/(kg \cdot K)$；λ 为蒸发潜热，J/kg，它们分别由式（5-22）~式（5-24）计算：

$$\rho=P/(287.059\times(T_a+273.15))+\rho_a \tag{5-22}$$

$$C_p=C_{pd}(1+0.84q) \tag{5-23}$$

$$\lambda=(2.501-0.00237\times T_0)\times 10^6 \tag{5-24}$$

式中，P 为气压，Pa；T_a 为空气温度，℃；$C_{pd}=1004.67J/(kg \cdot K)$，为干空气定压比热容；$q$ 为比湿，kg/kg；T_0 为地表温度，℃。

5.4 气候变化及人类活动与库区水循环的互馈响应

水热耦合控制参数与下垫面变化和气候季节性关系的公式如下：

$$\frac{\mathrm{ET}}{\mathrm{ET}_p}=1+\frac{P}{\mathrm{ET}_p}-\left[1+\left(\frac{P}{\mathrm{ET}_p}\right)^{\omega}\right]^{1/\omega} \tag{5-25}$$

一般地，对闭合流域而言，其水量平衡公式可以表达为

$$P=\mathrm{ET}+R+\Delta S \tag{5-26}$$

根据以往研究，植被因子可代表流域下垫面状况，这在本研究中也适用。大量研究表明植被与区域水分状况间的密切关系，尽管土壤属性、地形等因子也会影响产流、蒸散等水循环各环节，但是在年际尺度上土壤、地形属性基本保持不变，因此在年际尺度上选择植被动态变化，即植被盖度，来代表流域下垫面的变异。

$$M=\frac{\mathrm{NDVI}-\mathrm{NDVI}_{\min}}{\mathrm{NDVI}_{\max}-\mathrm{NDVI}_{\min}} \tag{5-27}$$

选择季节性波动大小的气候季节性指数 S，作为气候季节性变化因子，研究其与水热耦合控制参数间的关系。

$$S=|\delta_P-\delta_{\mathrm{ET}_0}\phi| \tag{5-28}$$

式中，ϕ 为干燥指数，$\phi=\mathrm{ET}_0/P$；δ_P 和 δ_{ET_0} 分别为年内 P 和 ET_0 的月均值的谐波振幅；S 反映了水和能量在年内分布的不均匀性。

气候与下垫面归因分析：为了充分了解气候和植被变量对 ET 变化的贡献，本理论采用了贡献分析方法。全微分法是水循环变化归因中应用最广泛的方法之一。基于弹性互补关系：

$$\frac{\partial\mathrm{ET}/\mathrm{ET}}{\partial P/P}+\frac{\partial\mathrm{ET}/\mathrm{ET}}{\partial\mathrm{ET}_p/\mathrm{ET}_p}=1 \tag{5-29}$$

基于代数恒等式推导，提出了一种估算蒸散发（径流）变化的方法：

$$\begin{aligned}\Delta\mathrm{ET}=\alpha&\left[\left(\frac{\partial\mathrm{ET}}{\partial P}\right)_1\Delta P+\left(\frac{\partial\mathrm{ET}}{\partial\mathrm{ET}_p}\right)_1\Delta\mathrm{ET}_p+P_2\Delta\left(\frac{\partial\mathrm{ET}}{\partial P}\right)\right.\\&\left.+\mathrm{ET}_{p,2}\Delta\left(\frac{\partial\mathrm{ET}}{\partial\mathrm{ET}_p}\right)\right]+(1-\alpha)\left[\left(\frac{\partial\mathrm{ET}}{\partial P}\right)_2\Delta P\right.\\&\left.+\left(\frac{\partial\mathrm{ET}}{\partial\mathrm{ET}_p}\right)_2\Delta\mathrm{ET}_p+P_1\Delta\left(\frac{\partial\mathrm{ET}}{\partial P}\right)+\mathrm{ET}_{p,1}\Delta\left(\frac{\partial\mathrm{ET}}{\partial\mathrm{ET}_p}\right)\right]\end{aligned} \tag{5-30}$$

α 为权重系数，取值范围为［0，1］，本研究采用 0.5。1、2 代表突变点前后的基准期和变化期。基于此式，P、ET_p 和 ω 变化对 ET 变化的贡献可分别表达为

$$\mathrm{C}\_(P)=\alpha\left[\left(\frac{\partial\mathrm{ET}}{\partial P}\right)_1\Delta P\right]+(1-\alpha)\left[\left(\frac{\partial\mathrm{ET}}{\partial P}\right)_2\Delta P\right] \tag{5-31}$$

$$\mathrm{C}\_(\mathrm{ET}_p)=\alpha\left[\left(\frac{\partial\mathrm{ET}}{\partial\mathrm{ET}_p}\right)_1\Delta\mathrm{ET}_p\right]+(1-\alpha)\left[\left(\frac{\partial\mathrm{ET}}{\partial\mathrm{ET}_p}\right)_2\Delta\mathrm{ET}_p\right] \tag{5-32}$$

$$C\_(\omega)=\alpha\left[P_2\Delta\left(\frac{\partial \mathrm{ET}}{\partial P}\right)+\mathrm{ET}_{p,2}\Delta\left(\frac{\partial \mathrm{ET}}{\partial \mathrm{ET}_p}\right)\right]+(1-\alpha)\left[P_1\Delta\left(\frac{\partial \mathrm{ET}}{\partial P}\right)+\mathrm{ET}_{p,1}\Delta\left(\frac{\partial \mathrm{ET}}{\partial \mathrm{ET}_p}\right)\right] \tag{5-33}$$

用半经验公式区分 M 和 S 的贡献，得到 M 和 S 对 ω 变化的相对贡献后，M 和 S 对 ET 变化的贡献可以表示为

$$C(M)=C(\omega)\times \mathrm{RC}(M) \tag{5-34}$$

$$C(S)=C(\omega)\times \mathrm{RC}(S) \tag{5-35}$$

式中，RC(M) 和 RC(S) 分别为植被覆盖度和气候季节指数对 ET 变化的贡献率，可由式（5-36）计算：

$$\mathrm{RC}(x)=\frac{C_x}{L_{\mathrm{ET}}}\times 100\% \tag{5-36}$$

式中，C_x为气象因子对 ET 变化的贡献，表示多年尺度上 ET 的变化，mm/a。为简化计算过程，可采用多元线性回归近似计算贡献。

5.5 库区气候效应评估

（1）气候效应试验设计

为了分析库区气候效应，设计了 4 组试验，每组试验的积分时间均为 1989 年 10 月 ~2012 年 12 月，其中 1989 ~ 1990 年的数据作为模型初始化，1991 ~ 2012 年用于分析气候效应。试验 2 与试验 3 和试验 4 的差异被视为三峡水库引起的气候效应。试验 3 和试验 4 用于分析库区面积与气候效应之间关系（表 5-1）。

表 5-1 三峡库区气候效应模拟试验设计

试验编号	所用模型	模拟时段	下垫面情况
1	RegCM4	1989 ~ 2012 年	初始下垫面（提供边界场）
2	RegCM4	1989 ~ 2012 年	原始下垫面
3	RegCM4	1989 ~ 2012 年	部分修改湖泊
4	RegCM4	1989 ~ 2012 年	全部修改湖泊

（2）对流活动分析

MSE 是由温度、位势高度和水汽混合比计算的热力学变量，有助于侧面评价对流活动的可能变化。

$$\mathrm{MSE}=C_p\cdot T+g\cdot z+L_v\cdot q \tag{5-37}$$

式中，C_p 为等压比热；T 为绝对温标下的温度；g 为重力常数；z 为距地表高度；L_v为水汽潜热；q 为水汽比湿。

对流可用位能（convective available potential energy，CAPE）和对流抑制（convective inhibition，CIN）同样是反映对流触发过程的强度指标，这两个指标都可以表征对流活动，但方向相反。CIN 表示阻止气块自地面上升至自由对流高度的能量大小（为负），而 CAPE 是上升气块中储存的能量（为正）。通常认为，深对流强度受 CAPE 调节，而发生频率受 CIN 控制。因此，较大的 CAPE（CIN）对应于更多的促进（抑制）触发对流。CAPE 和 CIN 用于评估垂直大气是否稳定以及对流是否容易发展。一般 CAPE 的计算范围是从自由对流高度以上到平衡高度为止，周围环境所能提供的浮力对高度积分而得，计算式如下：

$$\mathrm{CAPE} = \int_{z_f}^{z_n} g\left(\frac{T_{v,\mathrm{parcel}} - T_{v,\mathrm{env}}}{T_{v,\mathrm{env}}}\right)\mathrm{d}z \tag{5-38}$$

式中，z_f 为自由对流高读；z_n 为平衡高度；$T_{v,\mathrm{parcel}}$ 为气块虚温；$T_{v,\mathrm{env}}$ 为环境虚温；g 为标准重力。CAPE 在定义上为大于或等于零的值，若浮力对上升距离的积分为负值时，则为 CIN，CIN 计算式如式（5-39）所示：

$$\mathrm{CIN} = \int_{z_{\mathrm{bottom}}}^{z_{\mathrm{top}}} g\left(\frac{T_{v,\mathrm{parcel}} - T_{v,\mathrm{env}}}{T_{v,\mathrm{env}}}\right)\mathrm{d}z \tag{5-39}$$

式中，z_{bottom} 和 z_{top} 分别为负浮区底部和顶部高度；$T_{v,\mathrm{parcel}}$、$T_{v,\mathrm{env}}$ 以及 g 与式（5-38）中定义相同。

6 三峡库区分布式陆面水文模型研发

6.1 CLM 模型及改进

目前 CLM 系列陆面模式的最新版本为 CLM5.0。相对于 2013 年开发的 CLM4.5，2018 年发布的 CLM5.0 改进了冰盖表面质量平衡模拟的变化，修改了气孔导度模型、植被养分动态变化等光合作用机理。就本研究主要关注的水循环及能量平衡过程而言，并没有太大变化。此外，CLM5.0 目前仅进行了离线模拟，其在不同计算平台、不同分辨率情况下与其他模块的耦合还未经过严格的科学气候验证。考虑到模型的稳定性，本研究仍以 CLM4.5 为基础进行陆面水文模拟与模型耦合。

CLM4.5 以网格为基本计算单元进行模拟计算，为反映网格单元的空间异质性，CLM4.5 以一个 3 层嵌套的次网格层次结构来表达，具体结构见图 6-1。每个网格被分为陆地单元、土柱和植被功能类型 3 个层次。CLM4.5 将每个网格分为若干陆地单元，在每个陆地单元内又可能存在若干土柱，每个土柱内又可能存在若干植被类型。第一层是陆地单元，包括植被、湖泊、冰川、城市与作物 5 种陆地单元，设置该层主要是为了体现网格内部的空间非均匀性。第二层是土柱，该层定义了土壤和积雪中水分和能量的状态变量和通量，土柱最多可分为 15 层，包括最多 5 层的积雪层和固定 10 层的土壤层，其中雪层的划分取决于积雪深度。第三层是植被功能类型，主要是为了体现不同植被功能类型间的生物地球物理和生物地球化学特性差异。该层共划分了包括裸土在内的 16 种植被功能类型，同时定义了所有进出地表的通量及植被状态变量。

6.1.1 冠层降水截留

大气降水经过植被冠层后有 3 种去向：一是被冠层截留，二是穿过冠层直接落到土壤或积雪表面，三是从冠层上滴落。植被冠层对降水的截留随植被功能类型和季节的变化而不同，可表示如下：

$$q_{intr}=\alpha(q_{rain}+q_{snow})\{1-\exp[-0.5(L+S)]\} \tag{6-1}$$

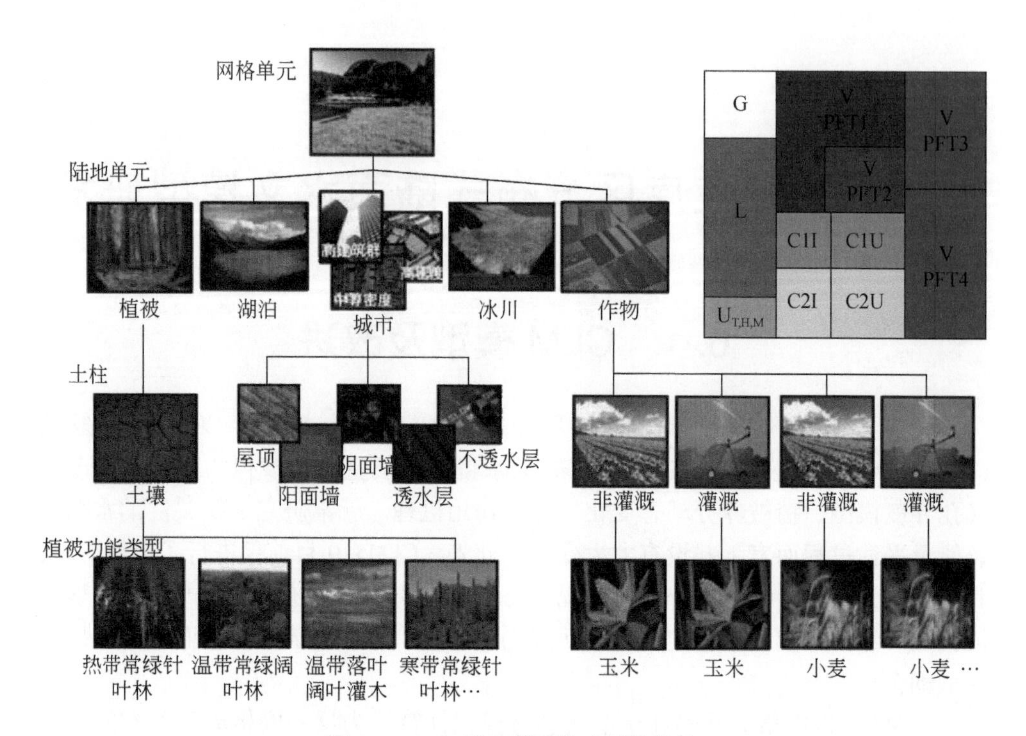

图 6-1　CLM 陆面模型的次网格结构

G 表示冰川（Glacier）；L 表示湖泊（Lake）；V 表示植被（Vegetation）；PFT 表示植被功能类型（Plant Function Type）；VPFT1 表示植被功能类型 1；U 表示城市（Urban）；T 表示高层建筑区（Tall Building District）；H 表示高密度居住区（High Density）；M 表示中密度居住区（Medium Density）；$U_{T,H,M}$表示城市中的高层建筑区、高密度居住区以及中密度居住区；C 表示作物（Crop）；I 表示灌溉（Irrigation）；U 表示非灌溉（Unirrigation）；C1I 表示灌溉作物 1；C1U 表示非灌溉作物 1

式中，q_{intr}为冠层截留量，mm/s；q_{rain}和q_{snow}为降水量或降雪量，mm/s；L 和 S 分别为叶面积指数和茎面积指数，m²/m²，均由月值线性插值成日值，其中，叶面积指数由 1-km 空间分辨率 MODIS 数据推出的月网格平均叶面积指数发展而来，茎面积指数则采用 Zeng 等（2002）的方法，根据叶面积指数计算而来；α 为冠层截留系数，模型中取恒定值 0.25。

经过冠层截留的降水量称为净降水量，其表达式为

$$q_{\mathrm{thru}}=q_{\mathrm{rain}}+q_{\mathrm{snow}}-q_{\mathrm{intr}} \tag{6-2}$$

式中，q_{thru}为净降水量，mm/s；q_{rain}、q_{snow}和 q_{intr}分别为降水量、降雪量和冠层截留量，mm/s。

当冠层截留量达到最大截留量时，如果仍有降水，则会从冠层溢出，进而滴落至地面，这部分水量可表示如下：

$$q_{\text{drip}}=\frac{W_{\text{can}}^{\text{intr}}-W_{\text{can,max}}}{\Delta t} \tag{6-3}$$

$$W_{\text{can}}^{\text{intr}}=W_{\text{can}}^{n}+q_{\text{intr}}\Delta t \tag{6-4}$$

式中，$W_{\text{can}}^{\text{intr}}$为 Δt 时段内经过冠层截留后的水量，mm；W_{can}^{n}为上一时段冠层水量，mm；q_{drip}为滴落至地面的降水量，mm/s；$W_{\text{can,max}}$为冠层最大截留量，mm，可由式（6-5）表示：

$$W_{\text{can,max}}=p(L+S) \tag{6-5}$$

式中，p 为最大露水量，mm，取恒定值 0.1；L 和 S 分别为叶面积指数和茎面积指数指数，m^2/m^2。

因此，时段 Δt 末冠层水量为

$$W_{\text{can}}^{n+1}=W_{\text{can}}^{n}+(q_{\text{intr}}-q_{\text{drip}}-E_{v}^{w})\Delta t \tag{6-6}$$

式中，W_{can}^{n} 和 W_{can}^{n+1} 分别为时段 Δt 前后冠层储水量，mm；E_{v}^{w} 为冠层蒸发量，mm/s，该部分机理在 6.1.4 节进行详细介绍。

6.1.2 产流过程

6.1.2.1 地表产流

CLM4.5 模型简化了 TOPMODEL 产流机制中地形指数分布函数的表达，形成了简化的 SIMTOP 产流机制。产流过程引入了饱和面积占比f_{sat}这一关键概念，其由网格单元的地形特征与土壤湿度状态决定。网格单元中的饱和部分产生蓄满产流，非饱和部分产生超渗产流，计算公式如下：

$$q_{\text{over}}=f_{\text{sat}}q_{\text{top}}+(1-f_{\text{sat}})\max(0,q_{\text{top}}-q_{\text{infl,max}}) \tag{6-7}$$

式中，q_{over}为地表蓄满产流量，mm/s；q_{top}为经冠层截留后进入土壤表层的净雨量，mm/s；$q_{\text{infl,max}}$为土壤最大下渗能力，mm/s；f_{sat}为网格单元饱和面积占比，是土壤湿度的函数，可用式（6-8）表示：

$$f_{\text{sat}}=f_{\max}\exp(-C_{s}f_{\text{over}}z_{\nabla}) \tag{6-8}$$

式中，$f_{\max}$为最大饱和面积占比；f_{over}为衰减系数，可通过流量衰减曲线的敏感性试验测得，m^{-1}，在大尺度模拟中常取恒定值0.5；z_{∇} 为地下水埋深，m；C_{s} 为一个系数，可通过将指数函数与地形指数的离散累积分布函数拟合得出，CLM4.5 模型中采用恒定值0.5，而三峡库区呈狭长形河谷地形，该取值并不能很好地反映出库区地形起伏的现象。因此，本研究试图重构三峡库区地形指数与累积分布函数的关系，改进地表产流过程。

当地形指数 $\lambda-\lambda_{m}$ 按照f_{over}的比例缩放时，地形指数的累积分布函数可以根

据地下水埋深 z_{∇} 转换为饱和面积占比 f_{sat}，故式（6-8）可以等效转换为式（6-9）：

$$f_{sat}=f_{max}\exp(-C_s(\lambda-\lambda_m)) \tag{6-9}$$

式中，λ 为网格单元的地形指数；λ_m 为流域内网格单元的平均地形指数。饱和面积占比 f_{sat} 服从三参数 Gamma 分布，其分布函数可表示如下：

$$F(x)=\frac{1}{\Gamma(a)b^a}\int_c^x \mathrm{e}^{-(x-c)/b}(t-c)^{a-1}\mathrm{d}t \tag{6-10}$$

式中，a 为形状参数；b 为尺度参数；c 为位置参数。利用极大似然估计法进行参数估计，似然函数可表示如下：

$$L(a,b,c)=(\Gamma(a))^{-n}b^{-an}\exp\left(-\frac{1}{b}\sum_{i=1}^{n}(x_i-c)\right)\prod_{i=1}^{n}(x_i-c)^{a-1} \tag{6-11}$$

令 $\frac{\mathrm{d}\ln L}{\mathrm{d}a}=0$，$\frac{\mathrm{d}\ln L}{\mathrm{d}b}=0$，$\frac{\mathrm{d}\ln L}{\mathrm{d}c}=0$，得到如下方程组：

$$\begin{cases}\sum_{i=1}^{n}\ln(x_i-c)-n\ln b-n\frac{\Gamma'(a)}{\Gamma(a)}=0\\ \sum_{i=1}^{n}(x_i-c)/b^2-na/b=0\\ -(a-1)\sum_{i=1}^{n}(x_i-c)^{-1}+n/b=0\end{cases} \tag{6-12}$$

联立式（6-12）的3组方程，求得 $a=34.18$，$b=0.42$，$c=14.50$。图6-2为三峡库区地形指数的三参数 Gamma 分布累积分布曲线。根据式（6-9）反求 C_s，得到三峡库区各计算网格的 C_s 值，如图6-3所示。

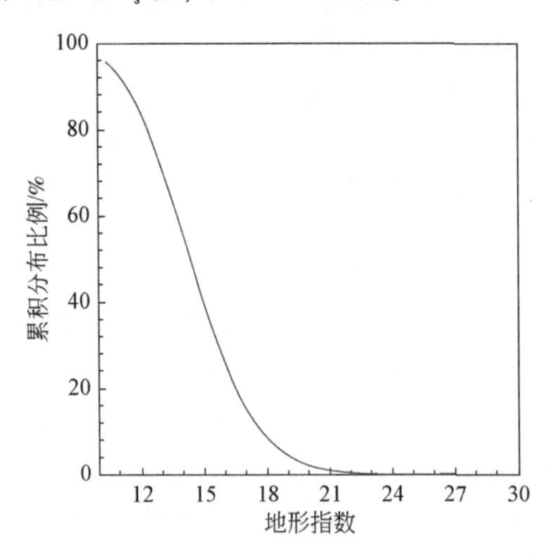

图6-2　三峡库区地形指数的三参数 Gamma 分布累积分布曲线

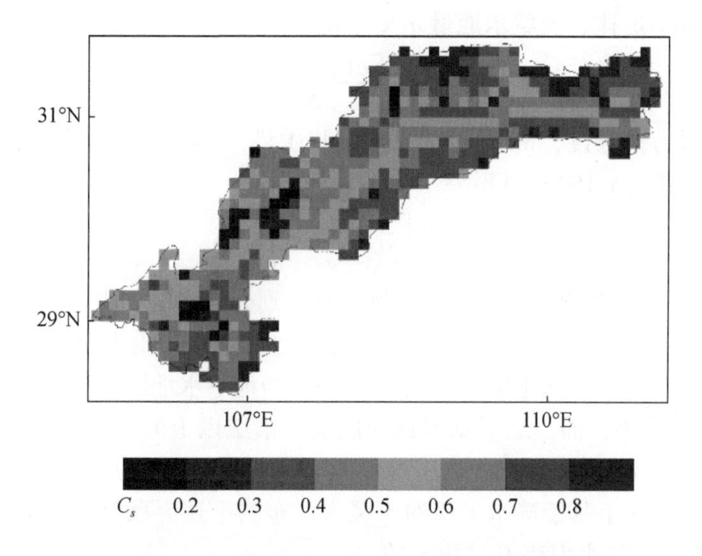

图 6-3 三峡库区产流参数 C_s 的空间分布图

6.1.2.2 地下产流

地下产流的参数化方案可表述如下：

$$q_{\text{drai}}=\Theta_{\text{ice}}q_{\text{drai,max}}\exp(-f_{\text{drai}}z_{\nabla}) \tag{6-13}$$

式中，q_{drai}为地下产流量，mm/s；Θ_{ice}为由与地下水埋深相互作用的土壤层冰含量决定的冰阻抗系数；f_{drai}为衰减系数，m^{-1}，在大尺度模拟中常取恒定值 2.5；$q_{\text{drai,max}}$为当地下水埋深为 0m 时的最大地下产流量，mm/s，与坡度有关。

$$q_{\text{drai,max}}=10\sin\beta \tag{6-14}$$

式中，β 为网格单元的平均地形坡度，rad。

6.1.3 土壤水运动过程

土壤水的垂向输送受下渗、地表与地下径流、梯度扩散、重力、冠层蒸腾作用控制，并与地下水进行相互转化。对于土壤中的一维垂向水流，根据质量守恒原理可推导出 Richards 方程如下：

$$\frac{\partial\theta}{\partial t}=-\frac{\partial q}{\partial z}-Q \tag{6-15}$$

式中，θ 为土壤体积含水量，mm^3/mm^3；t 为时间，s；q 为土壤水通量，mm/s，向上为正；z 为高于基准面的高程，m，向上为正；Q 为一个土壤水汇项，mm/mm，主要是蒸腾损失。

根据 Darcy 定律，土壤水通量 q 又可表述如下：

$$q=-k\left[\frac{\partial(\psi+\phi)}{\partial\phi}\right] \tag{6-16}$$

式中，k 为水力传导度，mm/s；ψ 为土壤基质势，mm；z 为重力势，mm。将式（6-16）代入式（6-15），可得

$$\frac{\partial\theta}{\partial t}=\frac{\partial}{\partial z}\left[k\left(\frac{\partial(\psi+z)}{\partial z}\right)\right]-Q \tag{6-17}$$

式（6-17）的数值解通常是把土壤层垂直划分为多层，将顶层土壤层的入渗通量作为上边界条件，底层自由排水作为下边界条件，由上至下逐层积分。然而，由于这种有限差分数值解存在截断误差，当地下水埋深大于底层土壤层深度时，截断误差较小，而当地下水埋深在底层土壤层以上时，误差往往无法忽略，这种基于 θ 的 Richards 方程无法维持静水平衡土壤水分布。为此，Zeng 等（2009）提出了一个基于静水平衡的土壤水分布的下边界条件，认为在地下水埋深 z_{∇} 处的土壤水的水力势 C 是恒定的：

$$C=\psi_E+z \tag{6-18}$$

式中，ψ_E 为平衡土壤基质势，mm。在式（6-17）中减去恒定水力势 C，则 Darcy 定律可改写如下：

$$q=-k\left[\frac{\partial(\psi+z-C)}{\partial z}\right]=-k\left[\frac{\partial(\psi-\psi_E)}{\partial z}\right] \tag{6-19}$$

进而修正的 Richards 一维运动方程可表述为

$$\frac{\partial\theta}{\partial t}=\frac{\partial}{\partial z}\left[k\left(\frac{\partial(\psi-\psi_E)}{\partial z}\right)\right]-Q \tag{6-20}$$

为求解土壤水过程，可在每个时间步长内将质量守恒方程以差分方程的形式表示，则单位时间内土壤水量平衡方程可表示如下：

$$\frac{\Delta z_i\Delta\theta_{\text{liq},i}}{\Delta t}=-q_{i-1}^{n+1}+q_i^{n+1}-e_i \tag{6-21}$$

式中，i 为土壤层序号，由表层至底层递增；n 为时间序列；Δt 为时间步长，s；Δz_i 为第 i 层土壤的厚度，mm；$\Delta\theta_{\text{liq},i}$ 为第 i 层土壤体积含水量的变化量，mm^3/mm^3；q_{i-1}^{n+1} 和 q_i^{n+1} 分别为通过本层与下层土壤交界面 $z_{h,i-1}$ 和 $z_{h,i}$ 处的土壤水通量，mm/s；e_i 为该层土壤平均蒸腾损失，mm/s，向下为正。

土壤水通量与水力传导度和土壤基质势有关，所以可利用一阶泰勒展开式将其线性化描述为关于 θ 的方程式，第 i 层土壤水通量可表示如下：

$$q_i^{n+1}=q_i^n+\frac{\partial q_i}{\partial\theta_{\text{liq},i}}\Delta\theta_{\text{liq},i}+\frac{\partial q_i}{\partial\theta_{\text{liq},i+1}}\Delta\theta_{\text{liq},i+1} \tag{6-22}$$

同理可得各层土壤水通量的泰勒展开式，将式（6-22）代入式（6-21），转

化为三对角方程组的形式：

$$r_i = a_i \Delta\theta_{\mathrm{liq},i-1} + b_i \Delta\theta_{\mathrm{liq},i} + c_i \Delta\theta_{\mathrm{liq},i+1} \tag{6-23}$$

式中，

$$a_i = -\frac{\partial q_{i-1}}{\partial \theta_{\mathrm{liq},i-1}} \tag{6-24}$$

$$b_i = \frac{\partial q_i}{\partial \theta_{\mathrm{liq},i}} - \frac{\partial q_{i-1}}{\partial \theta_{\mathrm{liq},i}} - \frac{\Delta z_i}{\Delta t} \tag{6-25}$$

$$c_i = \frac{\partial q_i}{\partial \theta_{\mathrm{liq},i+1}} \tag{6-26}$$

$$r_i = q_{i-1}^n - q_i^n + e_i \tag{6-27}$$

为求解三对角方程组，首先需求解平衡土壤基质势和体积含水量。CLM4.5模型里引入了 Clapp 和 Hornberger（1978）提出的经验公式来描述土壤的水力特性。其中，两层土壤的交界面 $z_{h,i}$处的水力传导度可描述如下：

$$k = k_{\mathrm{sat}} \left(\frac{\theta_i}{\theta_{\mathrm{sat},i}} \right)^{2B_i+3} \tag{6-28}$$

式中，k_{sat}为饱和水力传导度，mm/s；θ_i 和 $\theta_{\mathrm{sat},i}$分别为第 i 层土壤的土壤体积含水量和饱和土壤体积含水量，$\mathrm{mm^3/mm^3}$；B_i 为参数，与土壤有机质及黏土比例有关。

土壤基质势可表述为

$$\psi_i = \psi_{\mathrm{sat},i} \left(\frac{\theta_i}{\theta_{\mathrm{sat},i}} \right)^{-B_i} \tag{6-29}$$

式中，$\psi_{\mathrm{sat},i}$为饱和土壤基质势，mm。

第 i 层土壤的平衡体积含水量的积分形式可表示如下：

$$\overline{\theta_{E,i}} = \int_{z_{h,i-1}}^{z_{h,i}} \frac{\theta_E(z)}{z_{h,i} - z_{h,i-1}} \mathrm{d}z \tag{6-30}$$

将式（6-29）代入式（6-30），可得

$$\overline{\theta_{E,i}} = \frac{\theta_{\mathrm{sat},i}\psi_{\mathrm{sat},i}}{(z_{h,i}-z_{h,i-1})\left(1-\frac{1}{B_i}\right)} \left[\left(\frac{\psi_{\mathrm{sat},i} - z_{\nabla} + z_{h,i}}{\psi_{\mathrm{sat},i}} \right)^{1-\frac{1}{B_i}} - \left(\frac{\psi_{\mathrm{sat},i} - z_{\nabla} + z_{h,i-1}}{\psi_{\mathrm{sat},i}} \right)^{1-\frac{1}{B_i}} \right] \tag{6-31}$$

式中，z_{∇} 为土壤水达到静水平衡时的地下水埋深，mm。将$\overline{\theta_{E,i}}$再代入式（6-29），求得各层土壤的平衡基质势，进而求解三对角方程组，最终求出各层土壤水通量。

另外，CLM4.5 模型只在 1 ~ 10 层土壤层进行计算，并将第 11 层看作一个虚拟含水层，其目的是计算含水层与地下水之间的相互补给量。CLM4.5 模型采用

Niu 等（2007）提出的方案，假设地下含水层以非承压含水层的形式存在于土柱下，当地下水埋深在 10 层土壤内时，补给量可根据 Darcy 定律进行计算。

$$q_{\text{recharge}}=-k_{aq}\frac{(\psi_{\nabla}-\psi_{jwt})}{(z_{\nabla}-z_{jwt})} \tag{6-32}$$

式中，q_{recharge}为地下含水层补给量，mm/s；k_{aq}为地下水含水层的水力传导度，mm/s；$\psi_{\nabla}=0$ 表示地下水埋深 z_{∇} 处的基质势；ψ_{jwt}为地下含水层 z_{jwt}处的基质势。

当地下水埋深在 10 层土壤层以下时，补给量可表示如下：

$$q_{\text{recharge}}=\frac{\Delta\theta_{\text{liq},N_{\text{levsoi}}+1}\Delta z_{N_{\text{levsoi}}+1}}{\Delta t} \tag{6-33}$$

式中，$\Delta\theta_{\text{liq},N_{\text{levsoi}}+1}$为第 11 层土壤体积含水量变化量，$mm^3/mm^3$；$\Delta z_{N_{\text{levsoi}}+1}$为地下水埋深距 10 层土壤底部的厚度，mm。

6.1.4 蒸散发过程

在近地层中，湍流应力远大于黏性应力、地球自转柯氏力及气压梯度力，故大气结构主要依赖于垂向上的湍流输送。在该层中，水汽的垂直输送几乎不随高度的变化而变化，水汽通量（主要是蒸散发）可表示如下：

$$E=-\rho_{\text{atm}}q_{*}u_{*} \tag{6-34}$$

式中，E 为水汽通量，mm/s；ρ_{atm}为空气密度，kg/m^3；q_*为特征比湿，kg/kg；u_*为摩擦速度，m/s。

水汽通量的常规计算方法是首先根据 Monin-Obukhov 相似理论，用因次分析建立通量廓线关系，并对其进行积分，然后求得 u_*、θ_*和 q_*的函数关系式。然而，利用该方法求得的关系式中包含一个无量纲长度 L，即 Monin-Obukhov 长度，其表达式如下：

$$L=\frac{u_*^2\overline{\theta_{v,\text{atm}}}}{kg\theta_{v*}} \tag{6-35}$$

式中，g 为重力加速度，m/s^2；k 为 von Karman 常数，模型中取 0.4；$\overline{\theta_{v,\text{atm}}}$为虚位温，K，可表示如下：

$$\overline{\theta_{v,\text{atm}}}=\overline{\theta_{\text{atm}}}(1+0.61q_{\text{atm}}) \tag{6-36}$$

式中，$\overline{\theta_{\text{atm}}}$为大气位温，K。

在稳定状态下，$L>0$，在非稳定状态下，$L<0$，在中性状态下，$L=\infty$。然而，由于 u_*和 q_*的函数关系式是非线性的，通常需要利用迭代法进行数值求解。为节省计算时间，根据 Zeng 等（1998）提出的方法，以阻抗的形式表示水汽通量：

$$E=-\rho_{\mathrm{atm}}\frac{(q_{\mathrm{atm}}-q_s)}{r_{\mathrm{aw}}} \tag{6-37}$$

式中，ρ_{atm}为空气密度，kg/m³；q_{atm}为大气比湿，kg/kg；q_s为比湿，kg/kg；r_{aw}为陆-气间水汽传输的空气动力学阻抗，s/m，可表示如下：

$$r_{\mathrm{aw}}=\frac{q_{\mathrm{atm}}-q_s}{q_*u_*}=\frac{1}{k^2V_a}\left[\ln\left(\frac{z_{\mathrm{atm},m}-d}{z_{0m}}\right)-\psi_m\left(\frac{z_{\mathrm{atm},m}-d}{L}\right)+\psi_m\left(\frac{z_{0m}}{L}\right)\right]\times\left[\ln\left(\frac{z_{\mathrm{atm},w}-d}{z_{0w}}\right)-\psi_w\left(\frac{z_{\mathrm{atm},w}-d}{L}\right)+\psi_w\left(\frac{z_{0w}}{L}\right)\right] \tag{6-38}$$

式中，z_{0m}和z_{0w}分别为动量通量和水汽通量的粗糙度长度，m；ψ_m和ψ_w分别为与z_{0m}和z_{0w}有关的函数；d为植被高度，m；V_a为将通量梯度关系积分成风速廓线的约束条件；$z_{\mathrm{atm},m}$为距离地面的高度。

利用式（6-38）求得r_{aw}后，再将结果代入式（6-37），可求得水汽通量。在CLM4.5模型中，将陆-气间的水汽通量分为裸土、雪盖、水面表面与大气边界层之间的水汽通量以及植被冠层与大气边界层之间的水汽通量，总水汽通量可表示如下：

$$E=E_v+E_g=E_v+(1-f_{\mathrm{sno}}-f_{\mathrm{h2osfc}})E_{\mathrm{soil}}+f_{\mathrm{sno}}E_{\mathrm{snow}}+f_{\mathrm{h2osfc}}E_{\mathrm{h2osfc}} \tag{6-39}$$

式中，

$$E_v=-\rho_{\mathrm{atm}}\frac{(q_s-q_{\mathrm{sat}}^{T_v})}{r_{\mathrm{total}}} \tag{6-40}$$

$$E_{\mathrm{soil}}=-\rho_{\mathrm{atm}}\frac{\beta_{\mathrm{soi}}(q_s-q_{\mathrm{soil}})}{r'_{\mathrm{aw}}+r_{\mathrm{litter}}} \tag{6-41}$$

$$E_{\mathrm{sno}}=-\rho_{\mathrm{atm}}\frac{(q_s-q_{\mathrm{sno}})}{r'_{\mathrm{aw}}+r_{\mathrm{litter}}} \tag{6-42}$$

$$E_{\mathrm{h2osfc}}=-\rho_{\mathrm{atm}}\frac{(q_s-q_{\mathrm{h2osfc}})}{r'_{\mathrm{aw}}+r_{\mathrm{litter}}} \tag{6-43}$$

式中，q_s、$q_{\mathrm{sat}}^{T_v}$、q_{soil}、q_{sno}和q_{h2osfc}分别为植被冠层、饱和水汽、土壤、雪盖、水面的比湿，kg/kg；r_{total}、r'_{aw}、r_{litter}分别为植被冠层与大气边界层、植被冠层与地面、植被凋落物层的阻抗，s/m。

本研究利用建设的实验专用浮筏大水面蒸发监测装置（图6-4和图6-5）监测三峡库区小江地区水面蒸发量，通过对比分析模拟蒸发量与大水面蒸发站监测蒸发量（图6-6），确定了三峡库区的水面蒸发折算系数，进而修正CLM水面蒸发相关求解方程如下。

$$E_{\mathrm{h2osfc}}=-0.903\ 17\rho_{\mathrm{atm}}\frac{(q_s-q_{\mathrm{h2osfc}})}{r'_{\mathrm{aw}}+r_{\mathrm{litter}}} \tag{6-44}$$

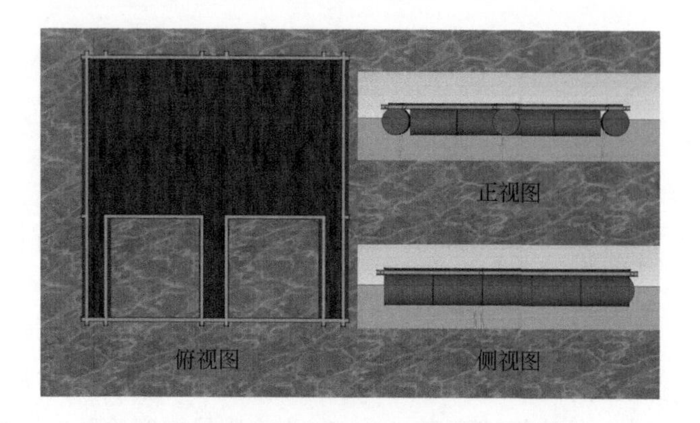

图 6-4　实验专用浮筏大水面蒸发监测装置

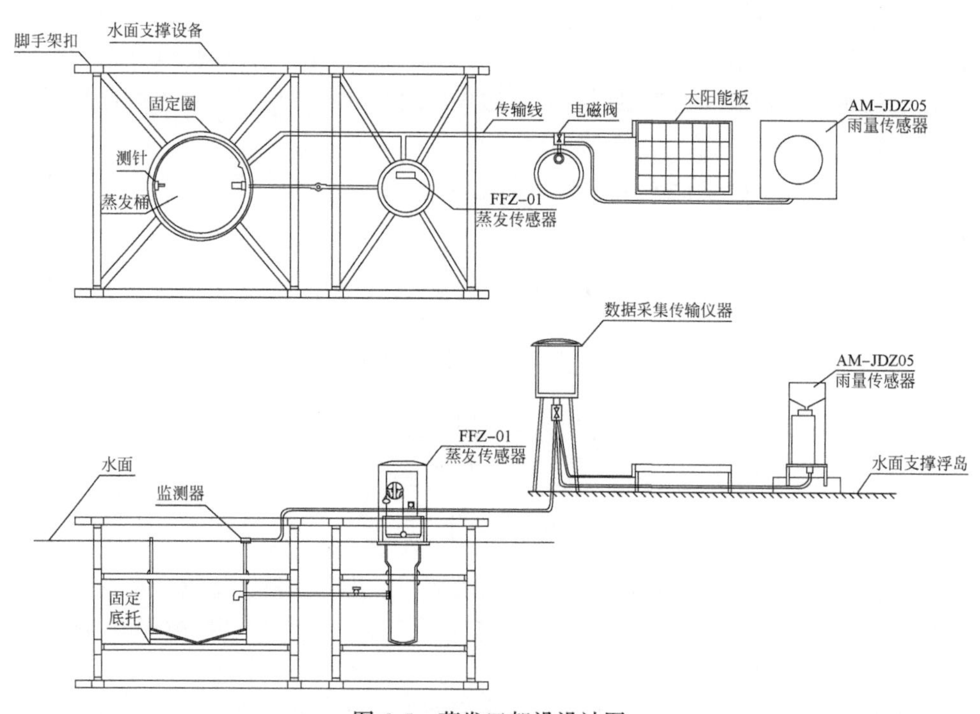

图 6-5　蒸发皿架设设计图

利用修正后的水面蒸发模型在三峡库区进行模拟，结果表明水面蒸发模拟效果有所提升，决定系数（R^2）从 0.90 提升至 0.91，均方根误差（RMSE）从 16.59mm/月降至 14.16mm/月，相对偏差（BIAS）从 10.72mm/月降至 -9.92mm/月（图 6-7）。

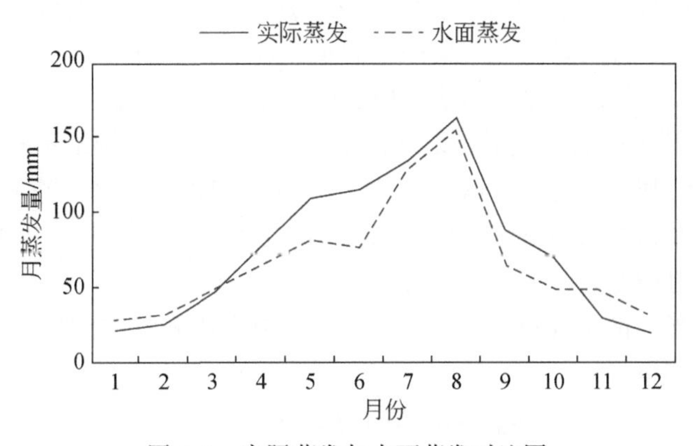

图 6-6　实际蒸发与水面蒸发对比图

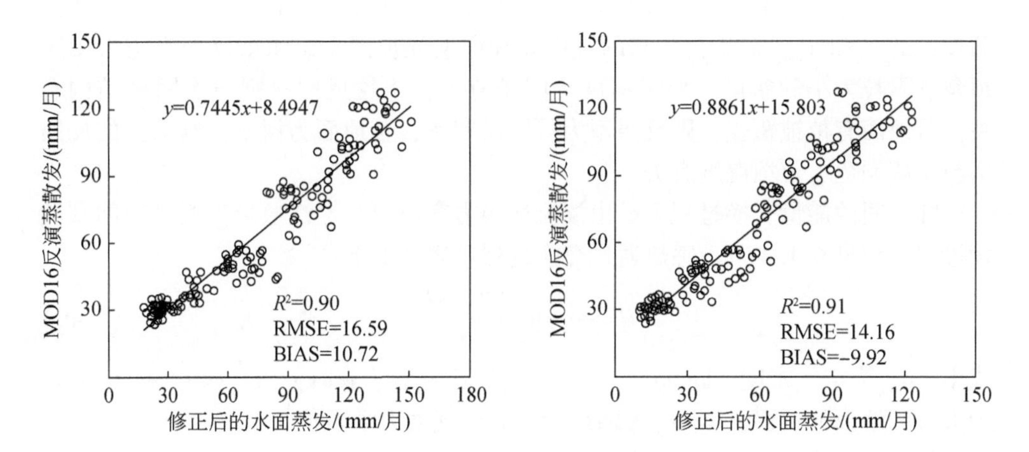

图 6-7　水面蒸发模型修正前后的模拟效果对比图

6.1.5　地表能量分配过程

地表能量分配过程主要包括植被冠层的辐射传输过程、地面能量的吸收与反射过程和陆气间能量交换过程。

植被冠层的辐射传输是根据二流近似方案进行计算的，可表示如下：

$$-\bar{\mu}\frac{dI\uparrow}{d(L+S)}+[1-(1-\beta)\omega]I\uparrow-\omega\beta I\downarrow=\omega\bar{\mu}K\beta_0\mathrm{e}^{-K(L+S)} \tag{6-45}$$

$$\bar{\mu}\frac{dI\downarrow}{d(L+S)}+[1-(1-\beta)\omega]I\downarrow-\omega\beta I\uparrow=\omega\bar{\mu}K(1-\beta_0)\mathrm{e}^{-K(L+S)} \tag{6-46}$$

式中，$I\uparrow$ 和 $I\downarrow$ 分别为植被冠层单位入射通量的向上和向下的辐射通量；L 和 S

分别为叶面积指数和茎面积指数；$K=G(\mu)/\mu$，为单位叶面积和茎面积的直射光学厚度，其中，μ 为入射光天顶角的余弦值，$G(\mu)$ 为叶和茎在$\cos^{-1}\mu$ 方向的相对投影面积；$\bar{\mu}$ 为单位叶面积和茎面积散射光学厚度倒数的平均值；ω 为散射系数；β 和 β_0 分别为散射和直射辐射的向上散射参数。当分别给定地面直射光与散射光反照率 $\alpha^{\mu}_{g,\Lambda}$和 $\alpha_{g,\Lambda}$时，可联立公式（6-45）和式（6-46）求得植被吸收的、植被反射的以及植被传输的直射和散射的可见光（<0.7μm）和近红外光（≥0.7μm）的辐射通量。

地面直射光与散射光反照率 $\alpha^{\mu}_{g,\Lambda}$和 $\alpha_{g,\Lambda}$是由土壤和积雪的反照率加权平均求得的，可表示如下：

$$\alpha^{\mu}_{g,\Lambda}=\alpha^{\mu}_{\text{soi},\Lambda}(1-f_{\text{sno}})+\alpha^{\mu}_{\text{sno},\Lambda}f_{\text{sno}} \tag{6-47}$$

$$\alpha_{g,\Lambda}=\alpha_{\text{soi},\Lambda}(1-f_{\text{sno}})+\alpha_{\text{sno},\Lambda}f_{\text{sno}} \tag{6-48}$$

式中，f_{sno}为地面的积雪覆盖比例；$\alpha^{\mu}_{\text{soi},\Lambda}$和 $\alpha_{\text{soi},\Lambda}$分别为土壤的直射光和散射光反照率；$\alpha^{\mu}_{\text{sno},\Lambda}$和 $\alpha_{\text{sno},\Lambda}$分别为积雪的直射光和散射光反照率。积雪反照率与太阳天顶角、雪粒大小和密度、积雪深度等因子有关，土壤反照率则与次网格结构有关。若地面有植被覆盖，则反照率为冠层反照率，若地面为裸土，则裸土的反照率与土壤颜色、土壤湿度有关。

陆气间的能量交换过程主要由湍流交换方案决定。水汽通量交换过程即蒸散发过程，详见6.1.4节。感热通量交换过程可表示如下：

$$H=-\rho_{\text{atm}}C_p\frac{(\theta_{\text{atm}}-T_{\text{s}})}{r_{\text{ah}}} \tag{6-49}$$

式中，ρ_{atm}为空气密度，kg/m^3；C_p 为空气的比热容，J/(kg·K)；θ_{atm}和 T_{s} 分别为大气和地面的位温，K；r_{ah}为感热传输的空气动力学阻抗，s/m。

与水汽通量类似，感热通量可分为裸土、雪盖、水面表面与大气边界层之间的感热通量以及植被冠层与大气边界层之间的感热通量，总感热通量可表示如下：

$$H=H_v+H_g=H_v+(1-f_{\text{sno}}-f_{\text{h2osfc}})H_{\text{soil}}+f_{\text{sno}}H_{\text{sno}}+f_{\text{h2osfc}}H_{\text{h2osfc}} \tag{6-50}$$

式中，

$$H_v=-\rho_{\text{atm}}C_p(T_{\text{s}}-T_v)\frac{(L+S)}{r_b} \tag{6-51}$$

$$H_{\text{soil}}=-\rho_{\text{atm}}C_p\frac{(T_{\text{s}}-T_1)}{r'_{\text{ah}}} \tag{6-52}$$

$$H_{\text{sno}}=-\rho_{\text{atm}}C_p\frac{(T_{\text{s}}-T_{\text{snl+1}})}{r'_{\text{ah}}} \tag{6-53}$$

$$H_{\text{h2osfc}}=-\rho_{\text{atm}}C_p\frac{(T_{\text{s}}-T_{\text{h2osfc}})}{r'_{\text{ah}}} \tag{6-54}$$

式中，T_s、T_v、T_1、T_{snl+1}和T_{h2osfc}分别为地面、植被冠层、土壤、雪盖、水面的温度，K；r_b和r'_{ah}分别为叶片边界层阻抗和植被冠层与地面的空气动力学阻抗，s/m。

土壤热通量根据地表能量平衡公式进行计算，可表示如下：

$$G=\vec{S}-\vec{L}-H-\lambda E \tag{6-55}$$

式中，$\vec{S}$和$\vec{L}$分别为地面吸收的太阳辐射和长波辐射，W/m^2；H和λE分别为感热和潜热通量，W/m^2。

6.1.6 植被动力过程

为了有效预测陆地系统碳氮循环过程，CLM 中开发了 CN（碳-氮）模块，其主要通过监测并干预植被的光合作用、呼吸作用、固氮、降解以及土壤异养生物活动等过程来交互式地控制植被的生长强度。此技术最初起源于 CLM3.0 框架的归并，此归并整合了若干陆地生物地球化学模型，之后开发者于 CLM4.1.2 版本加入了基于这些生物地球化学模型的碳氮动力学预测。最终的模型产品包含对植被、人造垃圾以及土壤内部有机物的碳氮状态变量估计，且还极大限度地保留了系统中各相态水与植被-雪-土壤柱的能量预测，这使得研究者不仅可以预测植被随季节的生长与枯萎，还可根据各植被类型代表的生物气候学类型反映土壤与空气温度，以及土壤水分有效性等的变化程度。

CLM 中的植被动态模块（dynamic vegetation，DV）会搜集不同种类 PFTs 分布的特征与它们的瞬时变化，包括它们在某一网格中所占的比例以及各 PFTs 类型的独立密度。在 15 种植被类型中，不同的茎光学属性使得植物的反射、透光率和太阳辐射吸收能力各异，而不同的根系参数又控制着对土壤水分的选择吸收，多种叶片的空气动力学参数也决定了植物的耐热性以及水分与能量转换等，此外光合作用的参数影响着气孔阻力、光合作用以及蒸腾作用。若模式积分考虑瞬时的土地覆盖变化，则某网格单元中的 PFTs 与其变量信息将同样随时间变化，若植被地块被清除，则其将以常量保存。就改变来看，其一共考虑 7 种树木、3 种草类以及 1 种灌木外加裸土的相互转化。

每日的叶和茎面积指数均从月值的网格数据集中获取；而 PFTs 类型的转换则会按照年际频率，将区域内植物的竞争、生长、存活与否以及基本寿命信息进行更新。这一模块最初来自全球动态植被模式（DGVM），而 DGVM 中的许多过程都与 CN 模块合并在了一起。故 DV 的运转往往十分依赖 CN 模块所累积提供的植被状态变化。

CLM4.5 模型在进行植被模拟时，假设研究区域没有植被覆盖和任何生物量，利用基准年的气象驱动数据进行1000年的循环数值模拟积分（spin-up），使植被生态系统和土壤结构达到平衡状态。在达到平衡状态后，再应用相关驱动数据模拟土壤-植被-大气碳水交换。

CLM4.5模型中的植被动力过程的计算包括植被净初级生产力（net primary production，NPP）、生物量周转量、植被的建立与生存等。

（1）净初级生产力

净初级生产力是指绿色植物在单位时间、单位面积上通过光合作用累积的有机物数量扣除植物自养呼吸后的剩余部分，计算公式如下：

$$\mathrm{NPP}=\max[0.75\times(\mathrm{GPP}-R_a),0] \tag{6-56}$$

$$R_a=R_g+R_m \tag{6-57}$$

$$R_g=0.25\times(\mathrm{GPP}-R_m) \tag{6-58}$$

$$R_m=R_{\mathrm{leaf}}+R_{\mathrm{sapwood}}+R_{\mathrm{root}} \tag{6-59}$$

$$R_{\mathrm{leaf}}=r\cdot k\frac{C_{\mathrm{leaf}}}{\mathrm{cn}_{\mathrm{leaf}}}\cdot g(T) \tag{6-60}$$

$$R_{\mathrm{sapwood}}=r\cdot k\frac{C_{\mathrm{sapwood}}}{\mathrm{cn}_{\mathrm{sapwood}}}\cdot g(T) \tag{6-61}$$

$$R_{\mathrm{lroot}}=r\cdot k\frac{C_{\mathrm{root}}}{\mathrm{cn}_{\mathrm{root}}}\cdot g(T) \tag{6-62}$$

式中，GPP为总初级生产力，g C/($\mathrm{m}^2\cdot\mathrm{a}$)；$R_a$为植被功能类型维持自身的呼吸消耗；$R_g$为生长呼吸；$R_m$为叶片$R_{\mathrm{leaf}}$、边材$R_{\mathrm{sapwood}}$及根部$R_{\mathrm{root}}$呼吸的总和，g C/($\mathrm{m}^2\cdot\mathrm{a}$)；0.75为25%的GPP-$R_{\mathrm{a}}$被用来植被生长呼吸消耗；$r$为呼吸系数，为常数，不同植被功能类型值不同，其中树木植被为1，草本植被为0.75；k为常数，取值为6.34×10^{-7}/s；C_{leaf}、C_{sapwood}及C_{root}分别为植物叶片、边材及根部组织含碳量，g C；$\mathrm{cn}_{\mathrm{leaf}}$、$\mathrm{cn}_{\mathrm{sapwood}}$及$\mathrm{cn}_{\mathrm{root}}$分别为植物叶片、边材及根部的碳氮比，为常数，取值分别为29、330和29；$g(T)$为改进的Arrhenius方程，是温度的函数：

$$g(T)=\exp\left[308.5\times\left(\frac{1}{56.02}-\frac{1}{\mathrm{T}+46.02}\right)\right] \tag{6-63}$$

式中，T为温度,℃，对于植被的地上组织为气温，地下组织则为土壤温度。

（2）生物量周转量

CLM4.5模型根据不同类型植物组织的植被功能类型特定寿命值，计算每年进入地上和地下凋落物池的活碳量和边材转化为心材的活碳量。每年生物量周转量ΔC_{turn}（g C/a）计算如下：

$$\Delta C_{\mathrm{turn}}=C_{\mathrm{leaf}}f_{\mathrm{leaf}}+C_{\mathrm{sapwood}}f_{\mathrm{sapwood}}+C_{\mathrm{root}}f_{\mathrm{root}} \tag{6-64}$$

式中，C_{leaf}、C_{sapwood}和C_{root}分别为叶片、边材和根系的活碳量，g C/个体；f_{leaf}、f_{sapwood}和f_{root}分别为叶片、边材和根系的周转时间，a^{-1}。叶片、边材和根系的活碳

量分别减去每个碳库的周转量，其差值分别为

$$\Delta C_{\text{leaf}} = C_{\text{leaf}} f_{\text{leaf}} \tag{6-65}$$

$$\Delta C_{\text{sapwood}} = C_{\text{sapwood}} f_{\text{sapwood}} \tag{6-66}$$

$$\Delta C_{\text{root}} = C_{\text{root}} f_{\text{root}} \tag{6-67}$$

式中，$\Delta C_{\text{sapwood}}$为边材转化为心材的活碳量，心材的活碳量 $C_{\text{heartwood}}$、叶片转化的活碳量 $C_{\text{L,ag}}$和根系转化的活碳量 $C_{\text{L,bg}}$分别用式（6-68）~式（6-70）计算：

$$\Delta C_{\text{heartwood}} = C_{\text{sapwood}} f_{\text{sapwood}} \tag{6-68}$$

$$\Delta C_{\text{L,ag}} = C_{\text{leaf}} f_{\text{leaf}} P \tag{6-69}$$

$$\Delta C_{\text{L,bg}} = C_{\text{root}} f_{\text{root}} P \tag{6-70}$$

式中，P 为人口密度。

(3) 植被建立与生存

在一个网格单元中，PFTs 的生存需要 20 年滑动平均的最低月温度 T_c 超过与该植被相关的最低温度 $T_{c,\min}$。如果现有的 PFTs 无法生存，或者它们在自然植被陆地单元面积上的密度低于 10^{-10}个/m^2，则它们将不复存在。被杀死的生物量 $C_{\text{L,ag}}$和 $C_{\text{L,bg}}$将变为凋落物。在当前气候下能够生存的现有 PFTs 将继续存在而不发生变化，在网格单元中不存在的 PFTs 继续不存在，除非它们能够建立。植被的建立比生存更加严格，在满足气温要求的同时，还需满足有效积温要求。

当一个 PFT 建立时，新个体的网格建立率 ΔP 可表示为

$$\Delta P = \Delta P_{\max} \frac{1 - e^{-5(1-\text{FPC}_{\text{woody}})}}{n_{\text{est,woody}}} (1 - \text{FPC}_{\text{woody}}) \tag{6-71}$$

式中，$\Delta P = 0.24$ 个/(m^2 · a)；$\text{FPC}_{\text{woody}}$为自然植被陆地单元中树木的投影覆盖比例；$n_{\text{est,woody}}$为本年度在自然植被陆地单元内建立的树木 PFTs 数量。如果 $n_{\text{est,woody}} = 0$，$\Delta P = 0$。通过乘以（$1 - \text{FPC}_{\text{woody}}$），得到的是陆地单元上的建成率。现在人口和碳可以增加：

$$P_{\text{new}} = P + \Delta P \tag{6-72}$$

$$C_{\text{tissue}} = \frac{C_{\text{tissue}} P + C_{\text{tissue,sapl}} \cdot \Delta P}{P_{\text{new}}} \tag{6-73}$$

式中，其中组织包括叶片、边材、心材和根。新建立的个体被称为树苗。在叶面积指数为 1.5m^2/m^2、心材直径为边材直径 20% 的条件下，利用异速生长特性定义树苗碳库 $C_{\text{tissue,sapl}}$如下：

$$C_{\text{leaf,sapl}} = \frac{1.5 \cdot k_{\text{alloml}} \cdot 1.2^{k_{\text{rp}}} \left(\frac{4 \cdot \text{SLA}}{\pi \cdot k_{\text{la:sa}}} \right)^{0.5 k_{\text{rp}}}}{\text{SLA}^{\frac{2}{2-k_{\text{rp}}}}} \tag{6-74}$$

$$C_{\text{sapwood,sapl}} = \frac{\rho_{\text{wood}} \cdot H_{\text{sapl}} \cdot C_{\text{leaf,sapl}} \cdot \text{SLA}}{k_{\text{la:sa}}} \tag{6-75}$$

$$C_{\text{heartwood,sapl}} = 0.2 \cdot C_{\text{sapwood,sapl}} \tag{6-76}$$

$$C_{\text{root,sapl}} = \frac{C_{\text{leaf,sapl}}}{\text{lr}_{\max}} \tag{6-77}$$

式中，ρ_{wood}为木材的密度，等于2×10^5g C/m^3。根据式（6-73）计算出每个碳库的新碳量，必须计算出新的平均个体的高度H、直径D和树冠面积CA，才能最后一次满足相同的异速生长关系。为了满足这些关系，边材和心材的活碳量可以重新调整。

草可以生长在没有植被的地区。如果新草PFTs的数量大于零，则每种草PFTs的植被覆盖度增加量ΔFPC可表示如下：

$$0 \leqslant \Delta\text{FPC} = \frac{1-\text{FPC}_{\text{total}}}{n_{\text{est,herb}}} \leqslant \Delta\text{FPC}_{\max} \tag{6-78}$$

式中，

$$\Delta\text{FPC}_{\max} = \frac{\dfrac{-2 \cdot \text{CA} \cdot \lg(1-\Delta\text{FPC}-\text{FPC})}{\text{SLA}} - C_{\text{leaf}}}{C_{\text{leaf,sapl}}} \tag{6-79}$$

式中，$(1-\Delta\text{FPC}-\text{FPC}) \geqslant 10^{-6}$。给定每种草PTFs的ΔFPC，叶片和根系碳的变化ΔC_{leaf}和ΔC_{root}可计算如下：

$$\Delta C_{\text{leaf}} = \Delta\text{FPC} \cdot C_{\text{leaf,sapl}} \tag{6-80}$$

$$\Delta C_{\text{root}} = \Delta\text{FPC} \cdot C_{\text{root,sapl}} \tag{6-81}$$

草地幼苗叶片碳可采用式（6-82）计算：

$$C_{\text{leaf,sapl}} = \frac{\text{LAI}_{\text{sapl}}}{\text{SLA}} \tag{6-82}$$

式中，对于草地，LAI_{sapl}取值0.001m^2/m^2；对于树木，LAI_{sapl}取值1.5m^2/m^2。

草地幼苗根系碳计算公式与式（6-77）相同。

最后，更新LAI_{ind}，调整每个自然植被陆地单元中所有PFTs的网格占比之和，使其不超过100%。

6.2 汇流模块开发

6.2.1 汇流过程原理

汇流模块的汇流过程包括坡面汇流与河道汇流。每个计算网格都包含坡面与河道两类汇流单元，由于实际河网信息十分复杂，为简化计算，汇流模块假定河道断面为矩形，所有坡面产生的地表产流均通过坡面汇流进入河道，而地下产流则直接进入河道，河道接收坡面和上游网格汇入的流量，并流入下游网格或由流域出口汇入海洋。

坡面和河道的流速采用 Manning 公式进行计算：

$$V=\frac{R^{2/3}S^{1/2}}{n} \tag{6-83}$$

式中，V 为坡面或河道的流速，m/s；S 为坡面和河道考虑了重力、摩擦力、惯性力等对水的影响的摩擦坡降，如果地形足够陡峭，则重力占主导地位，S 可近似看作河床坡降；n 为坡面和河道的 Manning 糙率系数；R 为水力半径，m。对于坡面汇流，如果水面足够大，水深足够浅，可以假设水力半径约等于水深。对于河道汇流，R 可根据过水断面面积和湿周进行计算：

$$R=\frac{A}{\chi} \tag{6-84}$$

式中，A 为河道过水断面面积，m^2；χ 为湿周，m。

汇流过程的连续方程可表示如下：

$$\frac{\partial Q}{\partial x}+\frac{\partial A}{\partial t}=q_L \tag{6-85}$$

式中，x 为汇流距离，m；Q 为 x 处的汇流量，m^3/s；t 为汇流时间，s；q_L 为计算时段内的侧向流入量，$m^3/s/m$。

汇流过程采用牛顿迭代法进行求解。将式（6-83）和式（6-84）联立，构造如下公式：

$$\delta=\frac{A^{\frac{3}{5}}}{\chi^{\frac{2}{3}}}=\frac{Q\cdot n}{S^{\frac{1}{2}}} \tag{6-86}$$

对式（6-86）进行显式差分，可得计算河道水深的牛顿迭代公式：

$$h^{j+1}=h^j-\frac{b\cdot h^j-\delta^{\frac{3}{5}}\cdot(b+2h^j)^{\frac{2}{5}}}{b-0.8\cdot\left(\frac{\delta}{b+2h^j}\right)^{\frac{3}{5}}} \tag{6-87}$$

式中，h 为河道水深，m；b 为河宽，m；j 为计算时段。

将式（6-83）进行转换，可得

$$A=\left(\frac{n\chi^{\frac{2}{3}}}{S^{\frac{1}{2}}}\right)^{\frac{3}{5}}\cdot Q^{\frac{3}{5}} \tag{6-88}$$

将式（6-88）代入式（6-85）进行显式差分，并经过一系列变换，可得计算流量的牛顿迭代公式：

$$Q^{j+1}=Q^j-\frac{Q^j\frac{\Delta t}{\Delta x}+0.6\alpha\cdot(Q^j)^{\frac{3}{5}}-0.5\Delta t(q_i^j+q_i^{j-1})-\frac{\Delta t}{\Delta x}Q_{i-1}^j-\beta Q_i^{j-1}}{\frac{\Delta t}{\Delta x}+0.36\alpha(Q^j)^{-\frac{2}{5}}} \tag{6-89}$$

式中，i 为计算网格编号；α 和 β 为中间变量，可分别表示如下：

$$\alpha=\left(\frac{n\cdot(b+2h)^{\frac{2}{3}}}{S^{\frac{1}{2}}}\right)^{\frac{3}{5}} \tag{6-90}$$

$$\beta=\frac{3}{5}\alpha\left(\frac{Q_i^{n-1}+Q_{i-1}^{n}}{2}\right)^{-\frac{2}{5}} \tag{6-91}$$

为了建立网格单元在水平方向上的水力联系，将网格单元由左下角至右上角由小到大依次进行编码，并根据流向将各网格单元的下游网格单元也进行编码，从而能在计算过程中迅速找到下游网格，确保各网格单元的汇流量能顺利流入。

6.2.2 汇流参数确定

考虑到三峡库区大气–陆面–水文间的互馈作用受周边地形、气候条件、上下游水文联系等因素的影响，为减少范围边界带来的不确定性，本研究以整个长江上游为研究范围进行建模。模型汇流所需的参数包括计算网格上游累积汇流面积、河道坡度、宽度、深度与长度、曼宁糙率系数等。上游累积汇流面积、河长与河宽用于判断计算网格出流量；河道坡度、曼宁糙率系数用来计算河道汇流量。

6.2.2.1 上游累积汇流面积

上游累积汇流面积是径流从计算网格的上游进入该计算网格的汇流面积，反映了径流在流域中任一计算网格上的累积趋势。目前常用的计算方法有单流向法与多流向法，对于单流向法，径流只流向坡度最大的下游计算网格，而多流向法则是根据坡度的权重来分配至相邻的各个计算网格。有研究表明，多数情况下多流向法的汇流过程更接近实际情况，故而利用多流向法进行计算。如图 6-8 所示，任一计算网格的上游累积汇流面积可通过下游方向加权后的等高线长度分配到周围所有下游计算网格。L_1 和 L_3 为主方向上的有效等高线长，L_2 和 L_4 为对角方向的有效等高线长，主方向权重为 1/2，对角方向权重为$\sqrt{2}/4$，有效等高线长度为计算网格边长与方向权重的乘积：

$$L_1=L_3=\frac{1}{2}L \tag{6-92}$$

$$L_2=L_4=\frac{\sqrt{2}}{4}L \tag{6-93}$$

有效等高线长度之和 $L_{\rm sum}$ 为

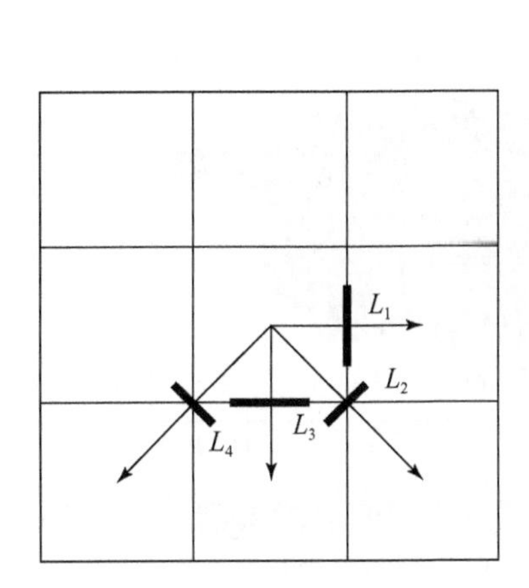

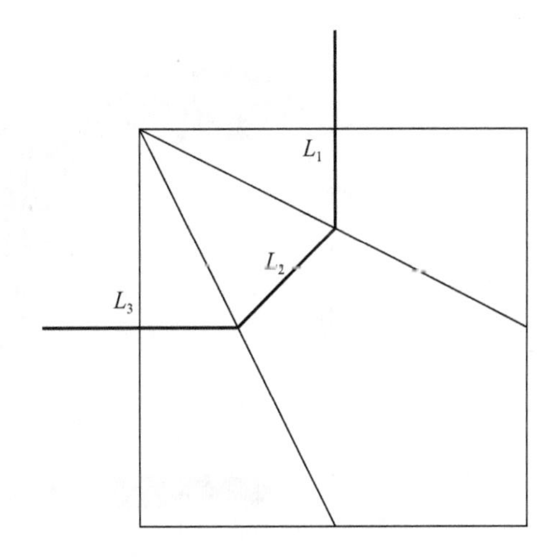

图 6-8 多流向汇流分配方法

$$L_{\text{sum}} = \sum_{i=1}^{n} L_i \tag{6-94}$$

由地形指数的定义可知:

$$\ln(\alpha/\tan\beta) = \ln(A/\sum_{i=1}^{n}(\tan\beta_i L_i)) \tag{6-95}$$

式中，α 为单位等高线的上游累积汇流面积，m^2；A 为计算网格的上游累积汇流面积，m^2；β 为计算网格与下游网格的坡度，可由下游方向各网格坡角的加权平均计算得出:

$$\tan\beta = \sum_{i=1}^{n}(\tan\beta_i L_i)/\sum_{i=1}^{n} L_i \tag{6-96}$$

计算网格每个下游方向上的累积汇流面积 A_i 可表示如下:

$$A_i = A(\tan\beta_i L_i)/\sum_{i=1}^{n}(\tan\beta_i L_i) \tag{6-97}$$

联立式（6-96）与式（6-97），可得

$$A_i = (\alpha/\tan\beta)(\tan\beta_i L_i) \tag{6-98}$$

根据式（6-98）可求出各下游计算网格的累积汇流面积，进而求出计算网格的上游累积汇流面积。长江上游各网格上游累积汇流面积如图 6-9 所示。

6.2.2.2 河道参数

汇流结果的好坏与河道的几何形状的准确性有着密切的关系，然而，在长江上游这样的大尺度研究中很难直接获取这些参数。因此，本研究利用经验公式制作了长江上游河宽与河深参数。参考 Getirana 等（2012）的研究，河道宽度可用

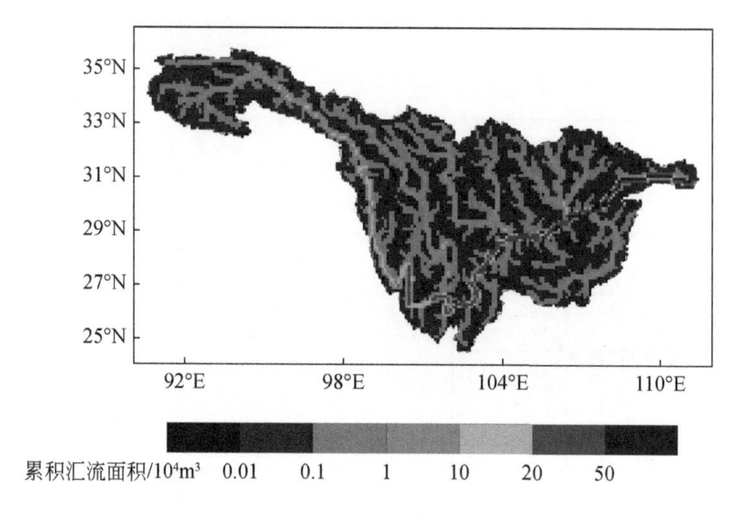

图 6-9　长江上游计算网格上游累积汇流面积

式（6-99）表示：

$$W=\max(10,\beta\times Q_{mean}^{0.5}) \tag{6-99}$$

式中，W 为河道宽度，m；Q_{mean} 为每个网格的年平均径流量，m^3/s，该数据可从全球径流数据中心获取；根据 Decharme 等（2012）的研究，β 取值为 20。

河道深度 H 可根据河道宽度 W 进行线性表达：

$$H=\max(2.0,\alpha\times W) \tag{6-100}$$

式中，H 为河道深度，m；α 为经验参数，取值 3.73×10^{-3}。

河道长度与坡度直接采用 Wu 等（2011）发布的基于全球主要河流追踪的水文数据集（Global Dominant River Tracing），该数据集利用全球 HydroSHEDS 高精度数据作为输入条件，能够匹配不同空间分辨率，并在全球水文模拟中得到广泛的应用。

长江上游河道参数如图 6-10 所示，从图 6-10 可以看出，干流河道较深，三峡库区可达 8m；上游河宽最大不超过 2000m；河长最短约 1080m，最长可达 40 400m，大多数网格单元河长为 15 000 ~ 20 000m；长江上游滩多流急，河道坡度较大，最大为 0.18，三峡库区川江段较为平缓，部分区域的坡度不到 1‰。

6.2.2.3　曼宁糙率系数

曼宁糙率系数是一个经验参数，本研究参考 Getirana 等（2012）的研究，认为曼宁糙率是与水深和土地覆被类型有关的函数，可根据式（6-101）进行计算：

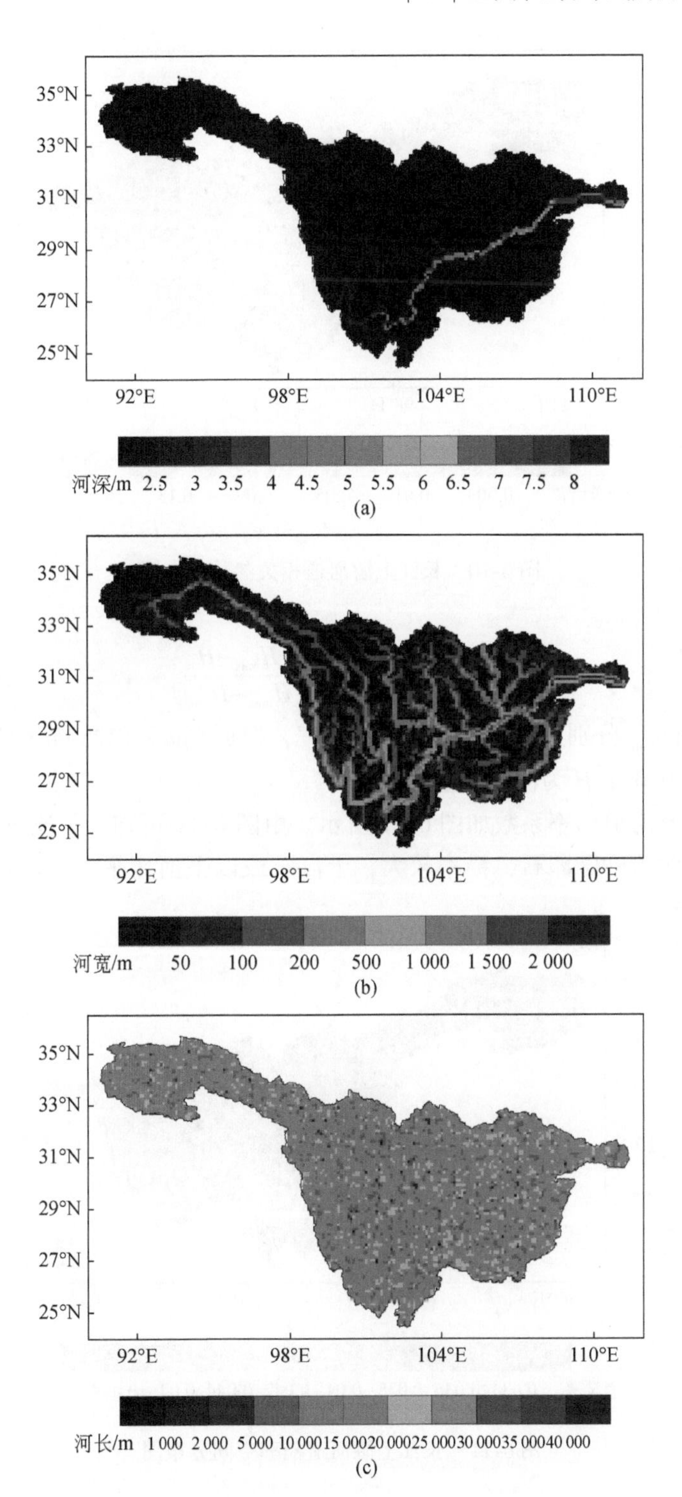

35°N
33°N
31°N
29°N
27°N
25°N
92°E
98°E
104°E
110°E
河深/m 2.5 3 3.5 4 4.5 5 5.5 6 6.5 7 7.5 8
(a)
河宽/m 50 100 200 500 1 000 1 500 2 000
(b)
河长/m 1 000 2 000 5 000 10 00015 00020 00025 00030 00035 00040 000
(c)

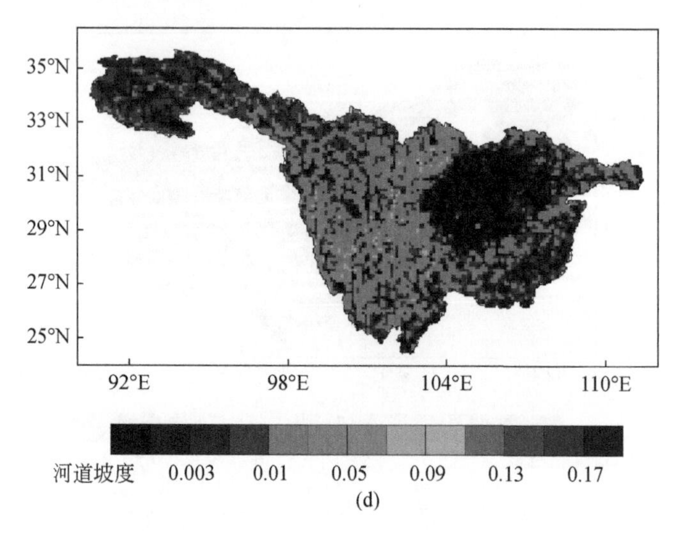

(d)

图 6-10　长江上游河道相关参数分布图

$$n=n_{\min}+(n_{\max}-n_{\min})\left(\frac{H_{\max}-H}{H_{\max}-H_{\min}}\right)^{\frac{1}{3}} \tag{6-101}$$

式中，$n_{\max}$和$n_{\min}$分别为最大糙率和最小糙率，根据 Chow（1959）的研究，$n_{\max}=0.05$，$n_{\min}=0.03$；H 为河道深度，m。

长江上游河道糙率系数如图 6-11 所示。由图 6-11 可知，干流石鼓以上及其他支流河床多为砂砾卵石，糙率较大，干流石鼓以下河床平整、河道较为顺直，糙率相对较小。

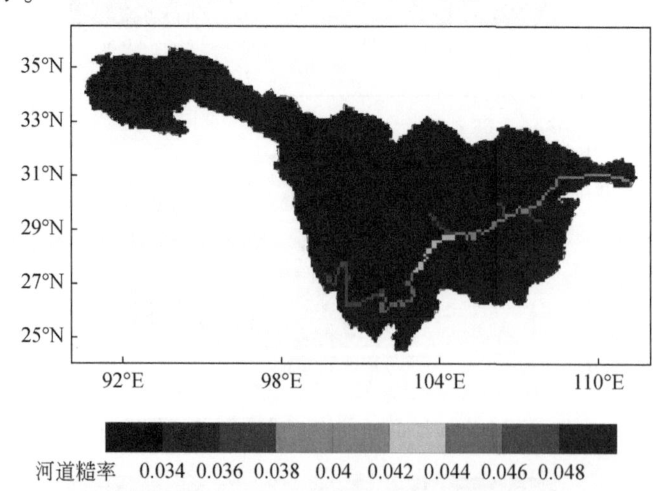

图 6-11　长江上游河道糙率空间分布图

6.3 取用水模块开发

6.3.1 取用水过程原理

在实际生活中，取用水包括“取水—输水—用水—耗水—回用—排水”等环节，由于陆面水文模拟通常面向大尺度，而取用水过程中的输水等过程涉及复杂精细的城市管网，因此本研究所讨论的取用水只包括取水、用水与排水的过程，其他环节忽略或做简化处理。参考 Zeng 等（2016）的研究，设计了如图 6-12 所示的取用水方案。

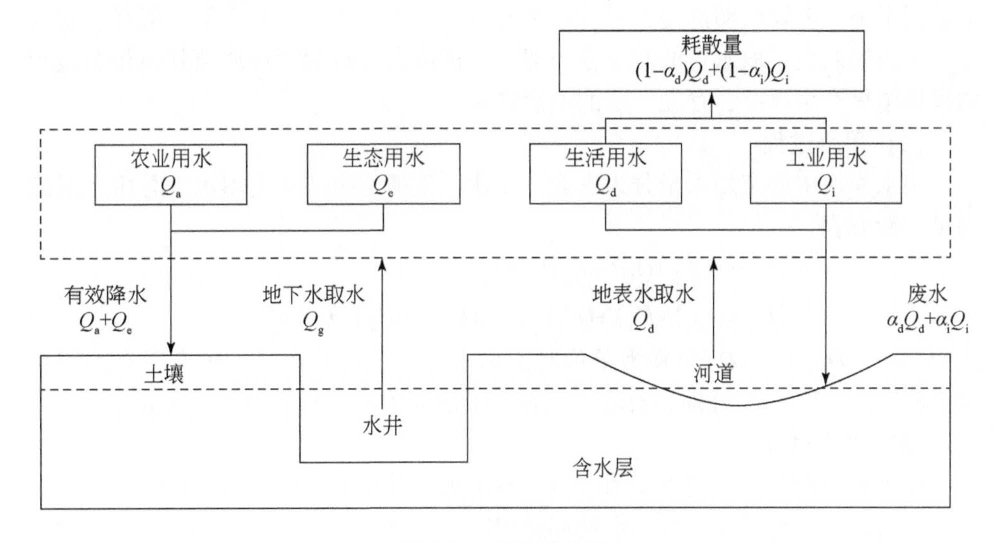

图 6-12 取用水方案

(1) 取水过程

取水模块假定从地表河流及地下水井取水，地下水直接取自该网格计算单元，而地表水优先考虑该网格，如果该网格储水量不能满足要求，则按照河网的拓扑结构，从相邻的网格取水。

地表取水过程可用式（6-102）表示：

$$S' = S - Q_s \times \Delta t \tag{6-102}$$

式中，Q_s 为单位时间内取用的地表水量；Δt 为取水时间；S 和 S' 分别为取水前与取水后的地表水量。

地下水取水后会导致地下水埋深增加，故地下取水过程可表示如下：

$$\begin{cases} d''=d'+\dfrac{Q_g\times\Delta t}{s} \\ W''=W'-Q_g\times\Delta t \end{cases} \tag{6-103}$$

式中，Q_g 为单位时间内地下水抽水量；s 为网格面积；d''和 d'分别为抽水后与抽水前地下水埋深；W''和 W'分别为抽水后与抽水前地下含水层的水量。

由于该方案未考虑水库与湖泊的调蓄作用，也未考虑管道的输水环节，相比实际的取水情况存在一定的偏差。对于平原区或盆地，用水量往往较大，有时会存在本网格或相邻网格储水量仍不能满足要求的情况。为确保水量平衡，对于此类情况，则按照该网格的最大可用水量取水，并记录网格在本时段的缺水量，若后续时段水量充足，可进行补充，否则将缺水量进行累积记录，并以月为单位检查各网格缺水量，若仍有网格缺水，则将缺水量转移至下游网格，直至各网格水量达到平衡。需要说明的是，尽管这种处理方法可以确保水量平衡，但在一定程度上人为地改变了取水量的时空分布情况，进而会导致后续径流及其他相关过程的模拟结果产生误差，存在一定的不确定性。

（2）用水过程

用水模块中假定用水量分为农业、工业、生活与生态 4 类用水。总用水量应满足平衡方程：

$$\begin{cases} Q_g=Q_aP_a+Q_iP_i+Q_dP_d+Q_eP_e \\ Q_s=Q_a(1-P_a)+Q_i(1-P_i)+Q_d(1-P_d)+Q_e(1-P_e) \end{cases} \tag{6-104}$$

式中，Q_a、Q_i、Q_d、Q_e 分别为单位时间内农业、工业、生活、生态用水的用水量；P_a、P_i、P_d、P_e 分别为农业、工业、生活、生态用水取用地下水的比例。

（3）排水过程

在排水过程中，假定农业用水与生态用水在使用后，以有效降水的形式直接进入土壤表层参与后续的自然水循环过程。

$$Q'_{top}=Q_{top}+Q_a+Q_e \tag{6-105}$$

式中，Q_{top}和 Q'_{top}分别为农业与生态取用水前后进入土壤的水量。

工业用水与生活用水则假定在经过使用后，一部分用水以蒸发的形式进行耗散返回到大气中，剩下部分以废水的形式流入河道，参与后续的自然水循环过程。

$$Q'_r=Q_r+\alpha_dQ_d+\alpha_iQ_i \tag{6-106}$$

$$E'=E+(1-\alpha_d)Q_d+(1-\alpha_i)Q_i \tag{6-107}$$

式中，α_d 与 α_i 分别为生活用水与工业用水效率；Q_r 与 Q'_r 分别为生活与工业用水前后的河道流量；E 与 E'分别为生活与工业用水前后的蒸发量。

6.3.2 用水量估算

本研究收集了长江流域内各省级行政单元自 1997 年以来的水资源公报与统计年鉴数据，包括各地级行政单元的总用水量及各类用水量、灌区面积、人口、GDP。此外，为了将行政单元数据空间栅格化，还收集了全球 10km 空间分辨率的灌区面积比例数据，六期 1km 人口密度数据（1980 年、1990 年、2000 年、2005 年、2010 年、2015 年）以及五期 1km GDP 数据（1995 年、2000 年、2005 年、2010 年、2015 年）。将灌区面积比例数据和人口密度数据插值成 0.1°空间分辨率数据，并结合各网格面积，得到各网格 0.1°空间分辨率的灌区面积和人口数据，将 1km GDP 数据统计得到 0.1°空间分辨率的 GDP 数据。各网格单元的农业、工业和生活用水分别根据式（6-108）~式（6-110）进行计算：

$$Q_{\mathrm{a}}=\frac{\mathrm{area}}{\mathrm{AREA}}\times Q_{\mathrm{A}} \tag{6-108}$$

$$Q_{\mathrm{i}}=\frac{\mathrm{gdp}}{\mathrm{GDP}}\times Q_{\mathrm{I}} \tag{6-109}$$

$$Q_{\mathrm{d}}=\frac{\mathrm{pop}}{\mathrm{POP}}\times Q_{\mathrm{D}} \tag{6-110}$$

式中，Q_{a}、Q_{i}、Q_{d} 分别为各网格单元的农业、工业和生活用水量，为便于模型直接读取，将单位直接转化为 mm/s；Q_{A}、Q_{I}、Q_{D} 分别为各网格单元所在地级行政单元的农业、工业和生活用水量，mm/s；area、gdp、pop 分别为各网格单元的灌区面积、GDP 和人口数；AREA、GDP、POP 分别为各网格单元所在地级行政单元的灌区面积、GDP 和人口数。

对于生态用水，则假设各网格单元生态用水占比等于其所在地级行政单元生态用水占比来进行分配。

为了验证估算数据的精度，将收集到的长江流域 1997 年以来的逐年用水量数据进行对比，结果如图 6-13 所示，二者的变化趋势基本一致，估算误差最大不超过±10%。因此，可以认为估算数据是准确的。由于收集到的数据有限，1997 年以前的用水数据则根据已有用水量的变化率进行估算。首先计算 1997 年以来用水量的逐年增长率，然后计算其多年平均增长率，按照该增长率计算出 1979 ~ 1996 年的用水量。

长江流域 1979 ~ 2018 年多年平均用水量见图 6-14，由图 6-14 可知，在长江三角洲（简称长三角）城市群、长江中游城市群、成渝城市群等人口多、经济发展迅速的地区用水量较多，各网格年均用水量在 1000 万 m^3 以上，长三角部分地区甚至可达 10 000 万 m^3 以上，而上游金沙江流域多为少数民族自治区，地广

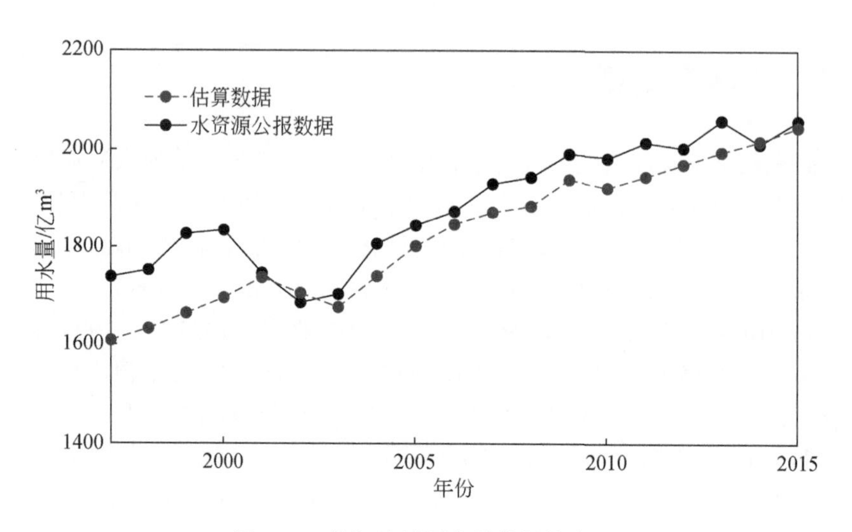

图 6-13　长江流域用水量数据的验证

人稀、工业落后、可利用耕地面积极少，故总用水量很少，各网格年均用水量不足 100 万 m^3。

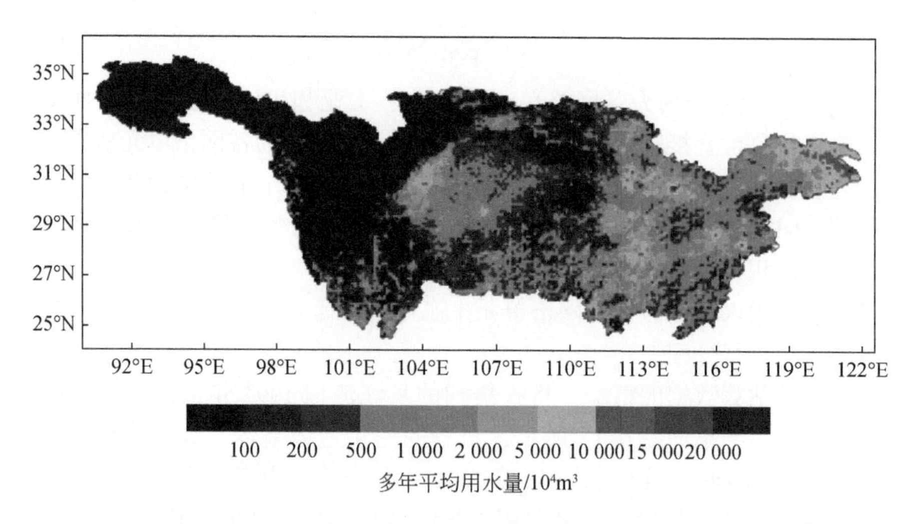

图 6-14　长江流域多年平均用水量的空间分布图

为了快速读取全球尺度长系列高分辨率用水量数据，在地球系统模式框架下采用单程序多数据（SPMD）方法实现海量数据的快速读取。SPMD 首先将取用水数据平均分发给每个中央处理器（CPU），各 CPU 读取相应的用水量数据，读取完毕后再统一汇聚并存放，如图 6-15 所示。

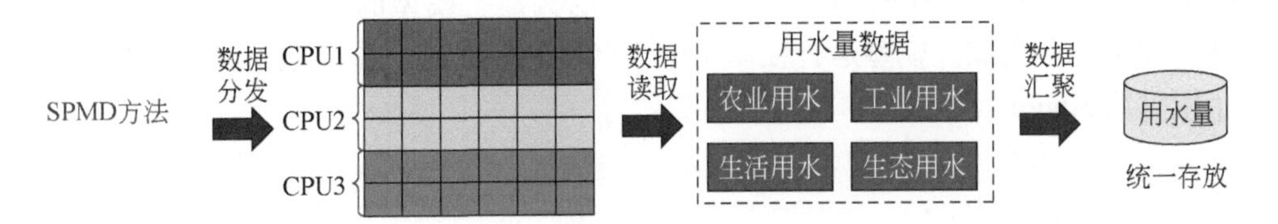

图 6-15　用水量数据的快速读取

6.4　模型耦合

在整个模型耦合过程中，耦合器 CPL7 扮演着十分重要的作用，耦合器的顶层驱动模块主要分为初始化、运行和结束 3 个主要的调用，与此相对应，各模块也有各自的初始化、运行和结束 3 个标准接口供顶层驱动来调用。耦合接口目前有模式耦合工具库（model coupling toolkit，MCT）和地球系统模式框架（earth system modeling framework，ESMF），默认情况下使用的是 MCT 接口。

在初始化阶段，顶层驱动首先为陆面模式 CLM、取用水以及汇流模块初始化 MPI 通信子和控制耦合时间的变量，然后通过调用 CLM、取用水以及汇流模块的初始化函数，分发这些 MPI 通信子和时间管理变量，初始化函数先进行相应的初始化工作，然后将自身的网格和剖分信息传递给顶层驱动，顶层驱动根据获得的所有网格和剖分信息来初始化重排器，通过读取离线生成的网格映射文件来获得映射权重（映射权重用于不同网格之间数据的插值）。

驱动模块在调用 CLM、取用水以及汇流模块的运行接口时，该接口包含多组物理场耦合参数 a2l 和 l2r，a2l 被传入运行接口，被用作 CLM 的大气驱动，而 l2r 则是 CLM 的积分结果，作为输出传递给取用水驱动模块（图 6-16）。在此之前驱动器首先会为 CLM 准备大气驱动数据，最初这些数据分布在耦合器进程上，为了能够被 CLM 直接使用，需要使用重排器将数据转化成分布在 CLM 进程上的排列方式；CLM 的运行函数接收这些边界条件，来驱动模式内部的数值方程，在耦合时间步长内进行积分，并计算出需要的物理场输出数据；同样最初的输出数据是分布在 CLM 进程上的，为了被顶层驱动使用，也需要通过重排器将它们映射到耦合器上。在结束阶段，驱动器调用 CLM 的结束接口，进行释放内存等收尾工作。CLM 的结束接口在顶层驱动中被调用 1 次，初始化接口在顶层驱动中被调用两次。

耦合模型在国家超级计算天津中心的“天河一号”HPC1 系统平台进行计算。该平台每个计算节点包含 2 个 CPU，CPU 型号为 Intel Xeon CPU E5-2690 v4@2.60GHz 14cores，共 28 个核心，内存 128GB。在该中心工程师的协助下，将

CLM4.5 成功移植到 HPC1 系统平台，模块的构建、模型的耦合及数据的前后处理均在该平台完成。模型运行使用5 个节点共140 个 CPU 核心进行计算，模拟一年用时约 30min。

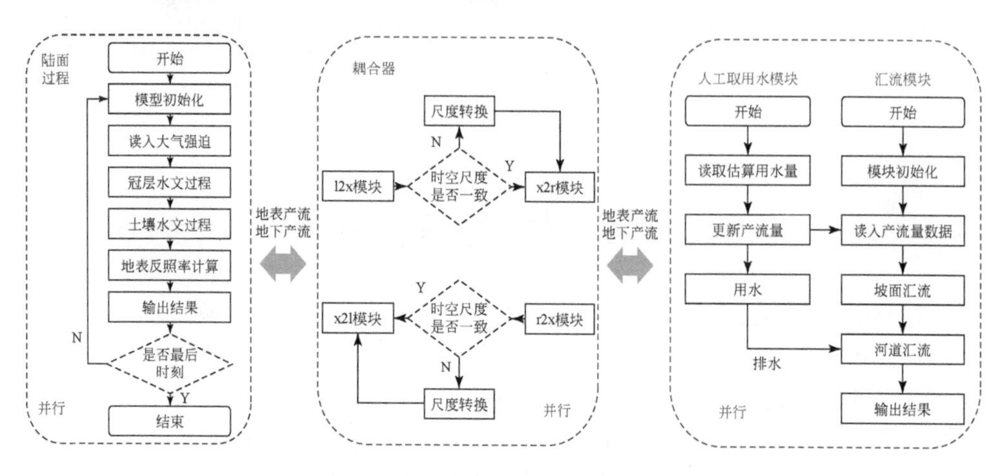

图 6-16 陆面-水文模型耦合过程

图 6-17 显示了耦合器中陆面过程与汇流过程的数据传递与尺度转换模块，其中，陆面过程的数据传递与尺度转换模块为原 CESM 已有模块，本研究按照陆面过程的数据传递与尺度转换模块的结构相应制作了汇流过程的数据传递与尺度转换模块。在本研究构建的陆面-水文耦合模式中，海洋模式 OCN、陆冰模式 ICE、海冰模式 GLC、海浪模式 WAV 处于 dead 状态（即不开启这些模式），大气模式 ATM 处于 data 状态，陆面模式通过 clm_cpl_l2x 模块和 rof_cpl_x2r 模块将

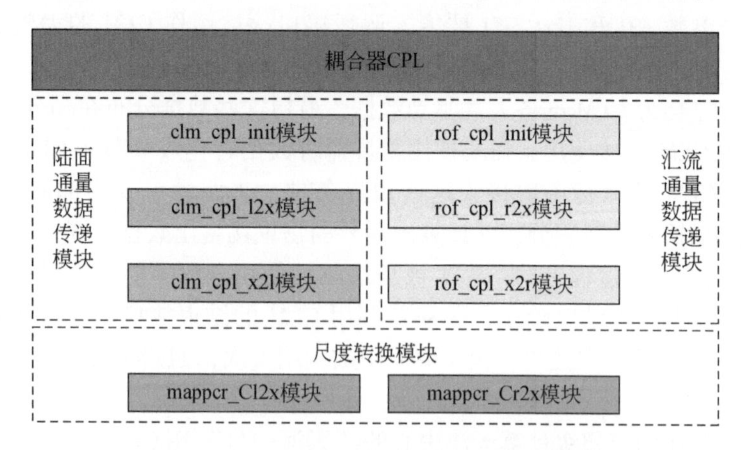

图 6-17 耦合器的数据传递与尺度转换模块

地表和地下产流量数据通量发送至汇流模块，汇流模块通过 rof_cpl_r2x 模块和 clm_cpl_x2l 模块将人工取用水后的地表产流量和地下产流量再发送至陆面模式，从而完成通量数据传递。

在每轮分量迭代开始前，耦合器将各分量模式在本轮迭代过程中需要的数据进行插值处理，然后保存在为各分量模式准备的数据结构中，最后将数据结构内的数据信息发往对应分量模式的进程。在分量的每轮迭代结束前，各分量模式进程首先进行分量内的数据同步与整合，然后由分量主进程将发往其他分量的数据转发至耦合器。在耦合器主程序内为各分量模式定义了用于数据中转的数据结构，这套数据结构作用于耦合模式进程从各分量接收及发送数据信息。在本研究构建的陆面-水文耦合模式中，陆面模式 CLM 通过 mapper_Ca2x 将陆面过程时空分辨率的地表地下产流量数据发送至耦合器，耦合器读取研究实例中陆面模式和汇流模块的网格划分状态信息，在耦合器对数据进行转发之前，调用 seq_map_map（）函数对地表地下产流量数据进行对应网格的数据插值，然后将数据发送至汇流模块，以便于坡面和河道汇流过程模拟，待汇流过程计算完毕后，通过 mapper_Cr2x 将结果反馈至陆面模式 CLM，至此完成耦合。

耦合模式的计算结构如图 6-18 所示。模式主要由模式代码文件和内核脚本文件构成。模式代码由 Fortran90 编写，主要包括大气模块、陆面模块、汇流模块、共享模块，以及模式运行所必备的工具箱模块。脚本文件主要由 perl 和 csh

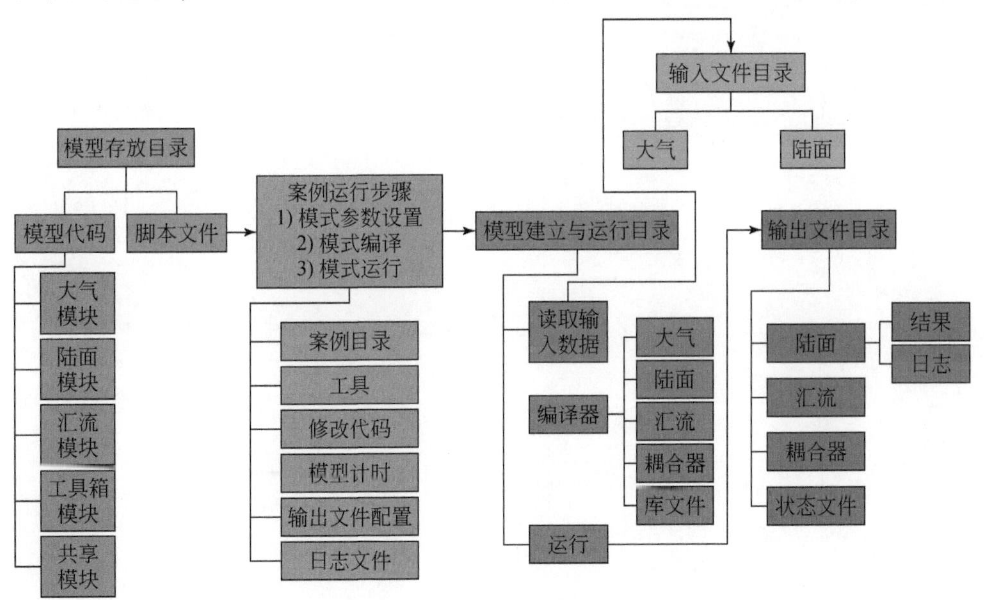

图 6-18　耦合模式的计算结构

编写，脚本文件主要控制模式的运行。模式运行主要包括模式参数设置、模式编译和模式运行三部分。模式设置主要包括编译路径、编译模块、初始场、输出变量的配置与修改。模式编译则是通过脚本程序调用模式代码进行编译，在此过程中，模式将逐个编译大气模块、陆面模块、汇流模块以及耦合器，并在预先设定好的输入文件目录读取输入数据，主要包括大气驱动数据和下垫面相关数据。模式以并行计算的方式运行，将案例提交至计算机后台进行数值模拟计算，模拟计算完毕后，会按照变量所属的类别，将变量分别存储在陆面和汇流输出文件目录。此外，模式还将每个案例的最终状态变量进行保存，以便进行多组模拟试验以及模式输出变量的诊断。

7 三峡库区陆面水文模型验证及应用

7.1 模型验证

7.1.1 站点尺度验证

站点尺度的验证主要是针对径流过程，本研究利用实测水文站点月径流量数据进行验证。为评估 CLM-DWC 模型径流模拟的效果，本研究选择纳什效率系数和相对误差作为评价指标。纳什效率系数反映了模拟值与观测值的匹配程度，越接近 1 表示模拟效果越好；相对误差反映了模型模拟值与实测值的平均偏差，值越小表示模拟效果越好。具体可用公式表示如下：

$$\mathrm{RE}=\frac{\sum_{i=1}^{N}(\mathrm{sim}_i-\mathrm{obs}_i)}{\sum_{i=1}^{N}\mathrm{obs}_i}\times 100\% \tag{7-1}$$

$$\mathrm{NSE}=1.0-\frac{\sum_{i=1}^{N}(\mathrm{sim}_i-\mathrm{obs}_i)^2}{\sum_{i=1}^{N}(\mathrm{obs}_i-\overline{\mathrm{obs}})^2} \tag{7-2}$$

式中，RE 为相对误差；NSE 为纳什效率系数；i 为水文要素的时间序列；N 为序列长度；sim 为模拟值；obs 为观测值。

图 7-1 是 CLM-DWC 模拟与实测水文站点的月径流过程的对比图。由图 7-1 可知，耦合模型可以较好地模拟长江上游各站点的径流过程，峰现时间吻合，但流量低值和高值均存在低估。表 7-1 列出了各水文站点月径流过程模拟的评价结果。总体来看，各站点模拟与实测径流过程有着较好的一致性，除小得石站 NSE 低于 0.8 以外，其余站点 NSE 均在 0.8 以上，RE 均不超过 15%，表明模型可以较好地反映长江上游的径流过程。

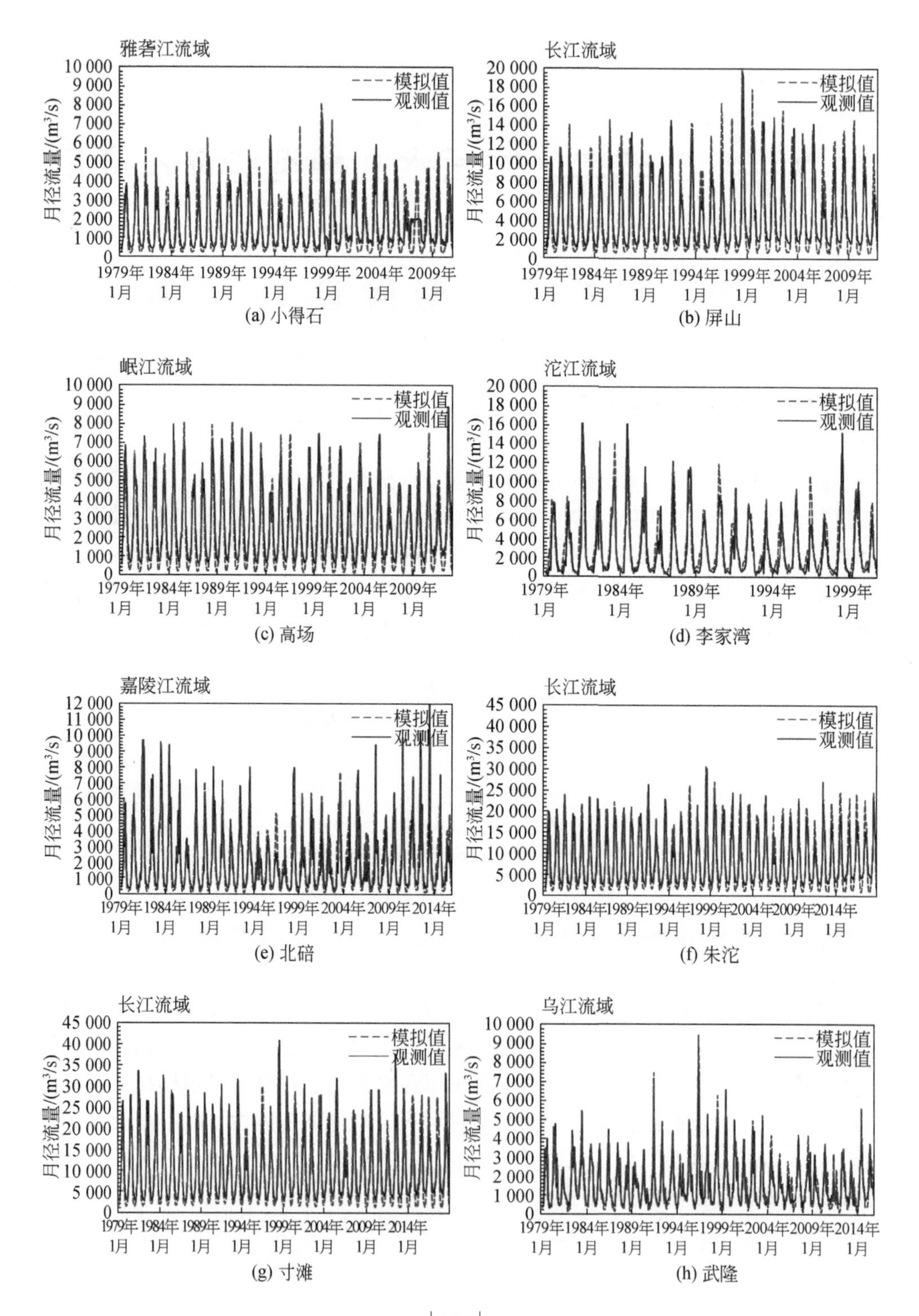

(a) 小得石 (b) 屏山

(c) 高场 (d) 李家湾

(e) 北碚 (f) 朱沱

(g) 寸滩 (h) 武隆

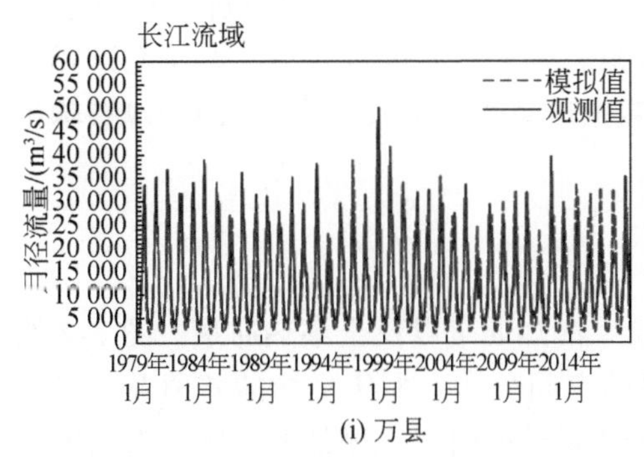

(i) 万县

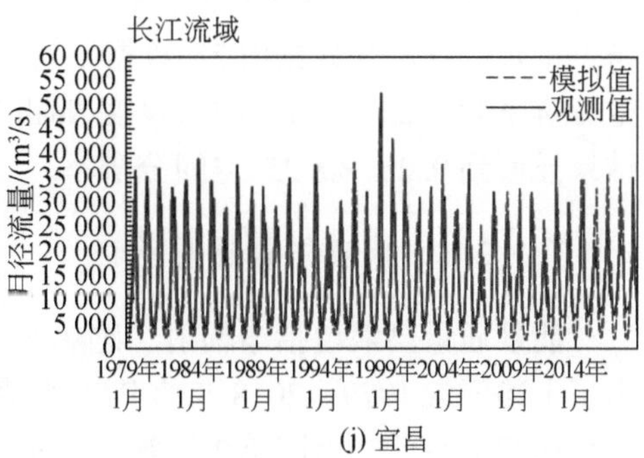

(j) 宜昌

图 7-1 长江上游主要控制站点模拟与实测径流过程对比图

表 7-1 长江上游干流及支流主要控制性站点径流过程模拟评价结果

站点	所属水系	NSE	RE/%
小得石	雅砻江	0. 77	-0. 4
屏山	上游干流	0. 83	-2. 2
高场	岷江	0. 86	-11. 9
李家湾	沱江	0. 81	10. 8
北碚	嘉陵江	0. 87	2. 8
朱沱	上游干流	0. 87	-4. 2
寸滩	上游干流	0. 90	-6. 6
武隆	乌江	0. 89	2. 8
万县	上游干流	0. 89	-6. 7
宜昌	上游干流	0. 90	-7. 1

7. 1. 2 空间尺度验证

空间尺度的验证主要是将陆-气间水分、能量交换过程的关键要素与相对应的时空尺度资料进行比较。本研究所使用的验证资料是全球陆面数据同化系统产品 GLDAS2. 0 版本，该产品利用 NASA 研发的陆面信息系统（LIS），整合了大量观测数据以驱动 Noah、Catchment、CLM 和 VIC 4 个陆面模式，在全球进行了高分辨率的离线模拟。其中，陆面模式 Noah 的输出变量空间分辨率最高，可达

0.25°×0.25°，其余3种模式仅提供1°×1°的空间分辨率；时间分辨率有3h、1d与1个月，月尺度数据由3h数据平均求得。为了便于进行验证，本研究选择时空分辨率为0.25°×0.25°的月尺度Noah数据产品作为对照，并将CLM-DWC输出结果插值到0.25°×0.25°空间分辨率。

7.1.2.1 地表能量通量验证

能量通量要素包括净辐射、感热通量、潜热通量以及土壤热通量。图7-2给出了上述要素1979~2018年多年平均值的空间分布、多年平均的差值及月尺度序列的相关系数。由图7-2可知，这4个要素模拟值与观测值的空间分布情况比较一致，净辐射在库首最高，可达70W/m^{2}以上，这与该地区较高的海拔和较为干燥的空气有关。感热通量与潜热通量的空间分布恰好相反，由于三峡水库建设运行后，库区形成大面积的水面，可蒸发的水量相对较大，容易发生汽化吸收热量，将大多数净辐射转化为了潜热。土壤热通量在能量平衡过程中占比较小，且空间差异性较小，其在模型中主要是根据地表能量平衡原理进行计算的。除感热通量外，净辐射、潜热通量和土壤热通量的空间相关系数较高，均在0.9以上，表明CLM-DWC模拟结果与GLDAS-Noah有较高的相似度，尤其在库首和库腹区域。由于本研究所使用的大气驱动数据CMFD与GLDAS-Noah不同，存在一定的偏差。此外，CLM-DWC和GLDAS-Noah两个模型的结构以及计算感热的参数化方案也有所不同，这也是造成感热通量相关性不高的一个原因。

由于地表能量平衡的分配在不同季节也有着较大差异，故而针对冬、夏两季开展验证。图7-3为冬、夏两季净辐射的多年平均空间分布图。由图7-3可知，CLM-DWC和GLDAS-Noah整体的空间一致性较好。在冬季，库首和库尾CLM-DWC模拟值要低于GLDAS-Noah，而库腹CLM-DWC模拟值高于GLDAS-Noah；在夏季，CLM-DWC模拟值均高于GLDAS-Noah，其中库腹偏高最多。从全年来看，两个模式净辐射的差距不大，绝对误差不超过10W/m^2。

图7-4是冬、夏两季感热通量的多年平均空间分布图。从空间分布来看，两者在冬季的一致性要好于夏季，夏季库区土壤湿度较大，地表吸收的净辐射更多地转为蒸发潜热，故夏季分配的感热通量较低。感热通量在整个库区大致呈由库首向库尾递减的分布特征。

图7-5反映了冬、夏两季潜热通量的多年平均空间分布，无论是哪个季节，两个模型模拟的潜热通量空间分布均较为一致，尤其在库腹和库尾，但CLM-DWC模拟值偏小。冬季蒸发量较小，潜热通量也较低；夏季潜热通量的空间分布特征与感热通量相反，与土壤湿度的分布相一致，主要还是与蒸发有关。

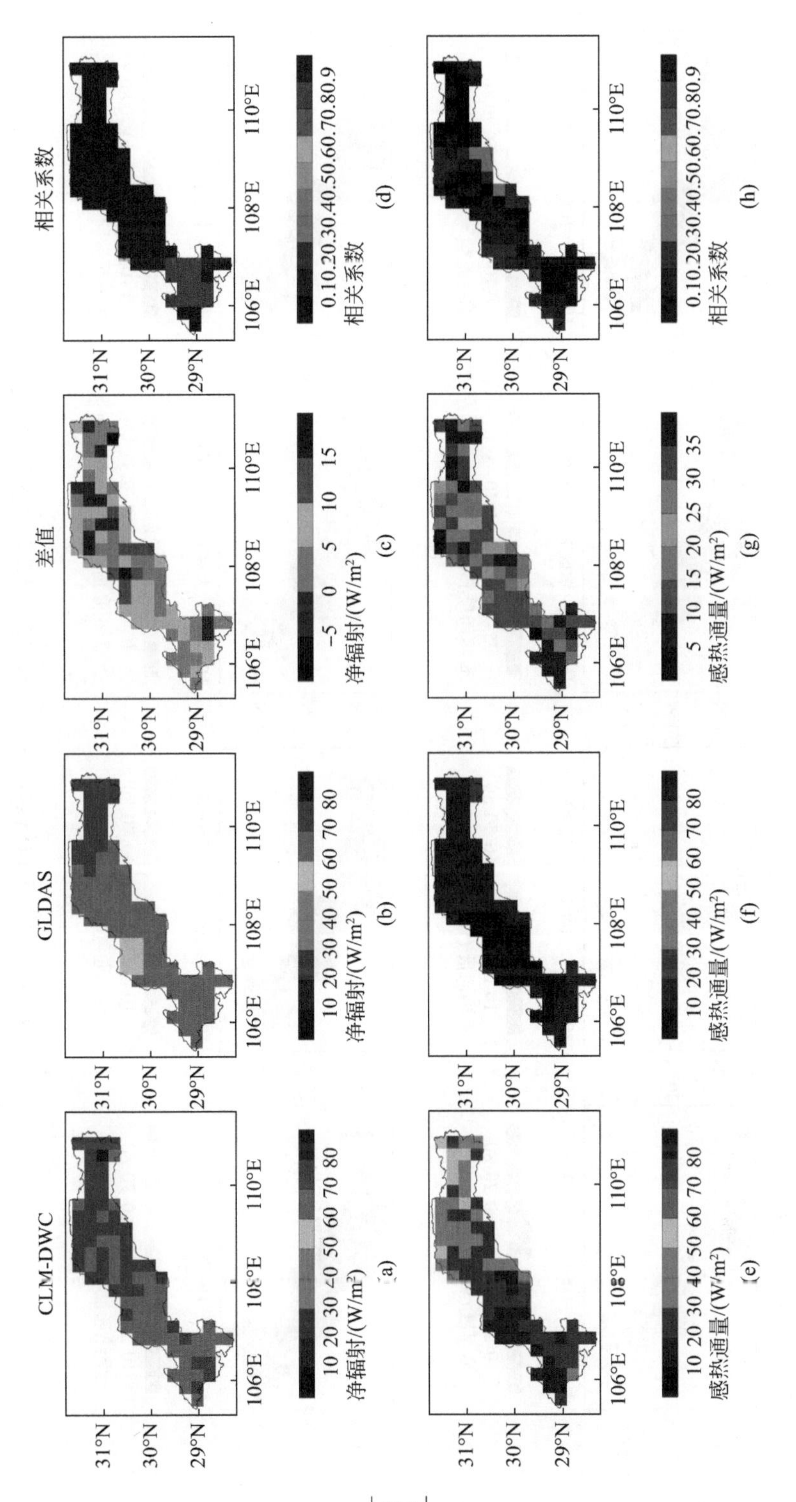
CLM-DWC
GLDAS
差值
相关系数
31°N
30°N
29°N
106°E
108°E
110°E
10 20 30 40 50 60 70 80
净辐射/(W/m²)
−5 0 5 10 15
0.10.20.30.40.50.60.70.80.9
5 10 15 20 25 30 35
感热通量/(W/m²)
(a)
(b)
(c)
(d)
(e)
(f)
(g)
(h)

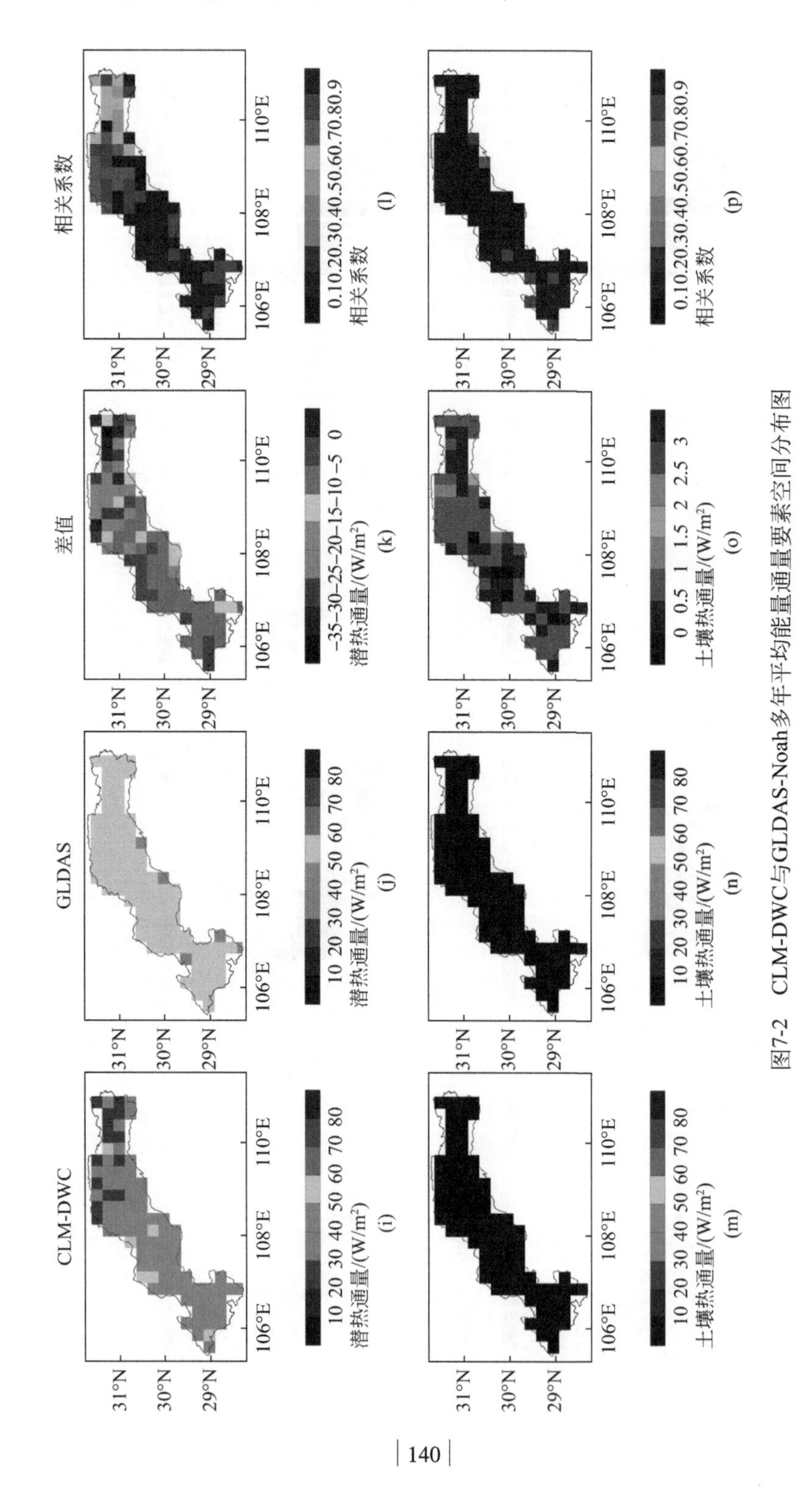

图7-2　CLM-DWC与GLDAS-Noah多年平均能量通量要素空间分布图

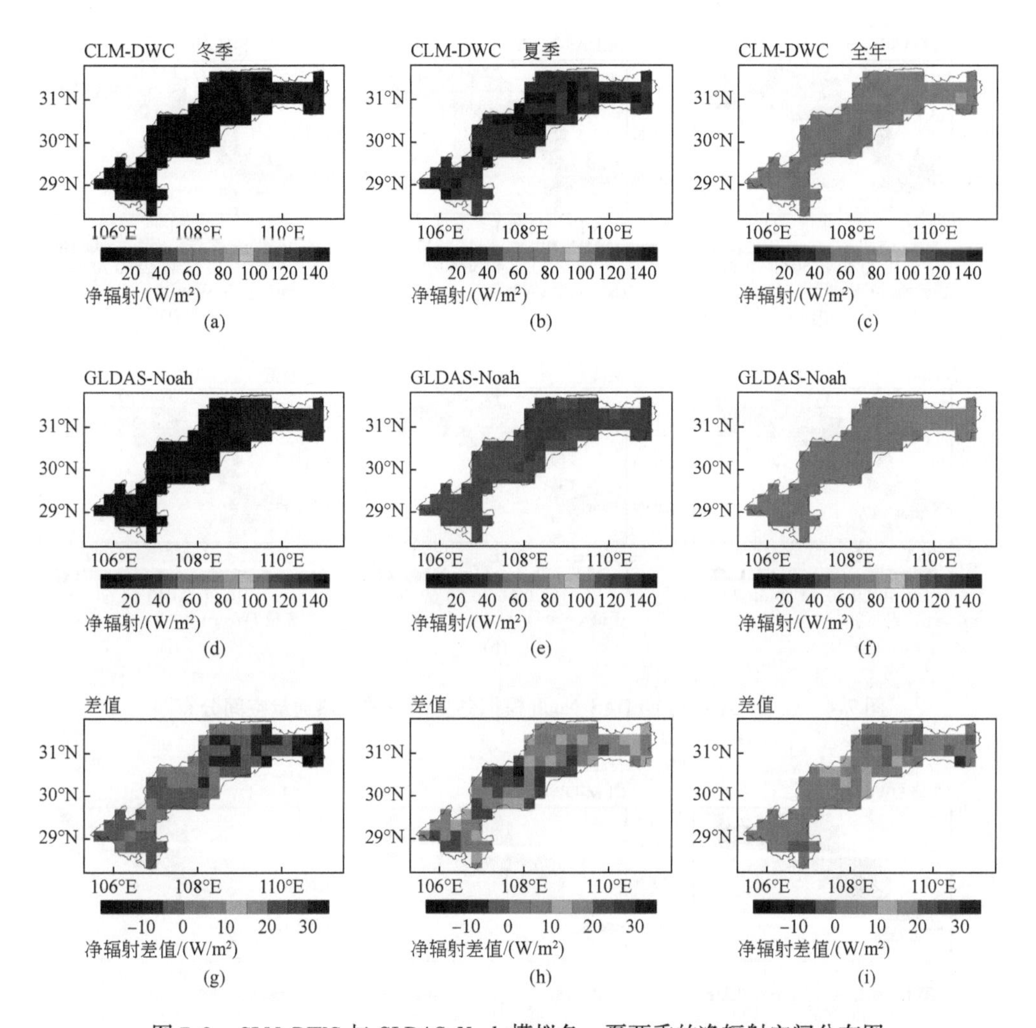

图 7-3 CLM-DWC 与 GLDAS-Noah 模拟冬、夏两季的净辐射空间分布图

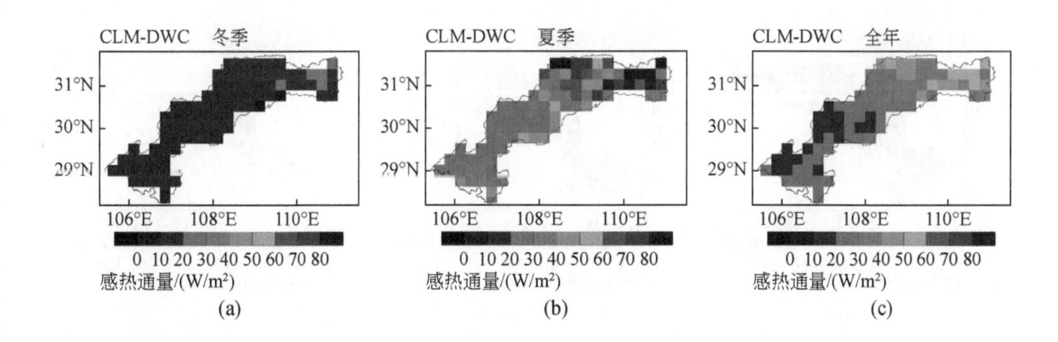

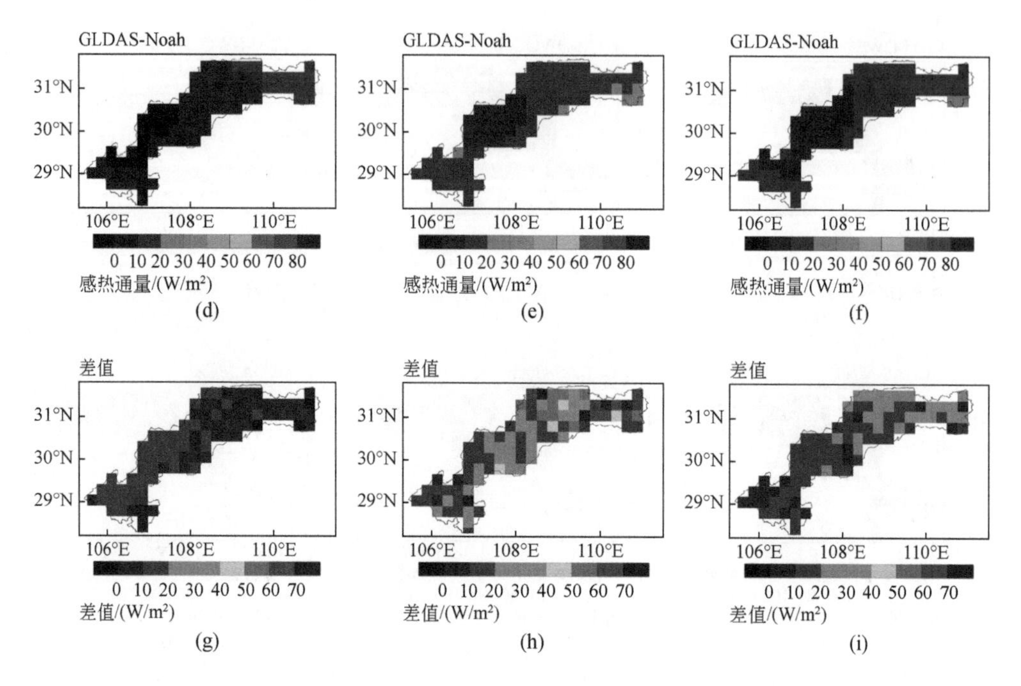

图 7-4　CLM-DWC 与 GLDAS-Noah 模拟冬夏两季的感热通量空间分布图

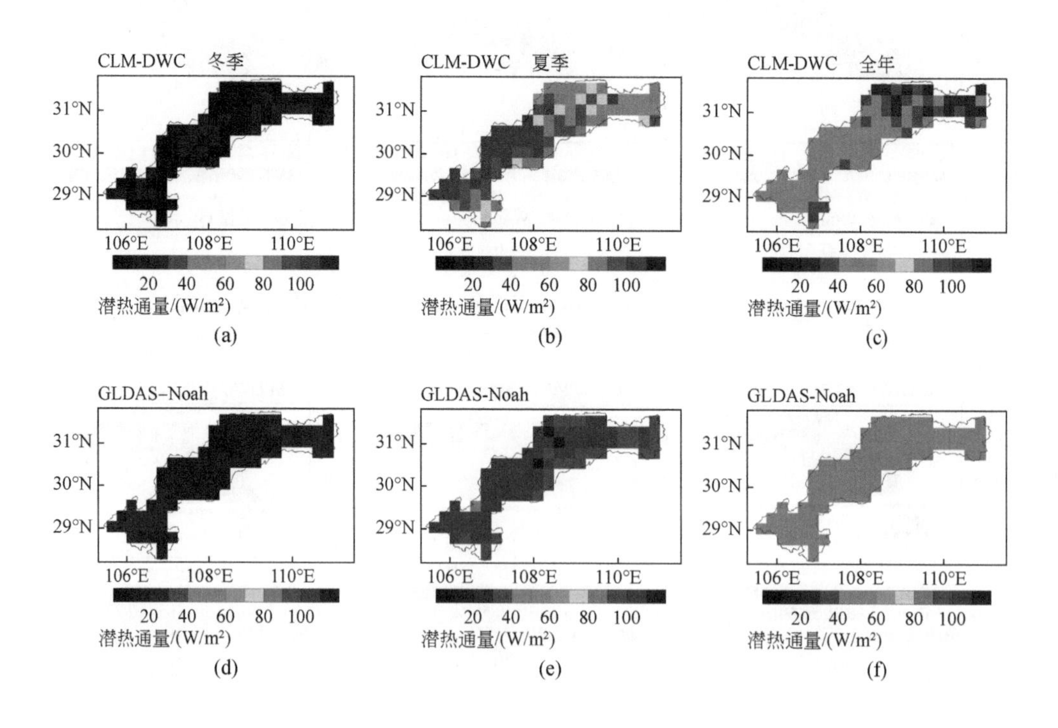

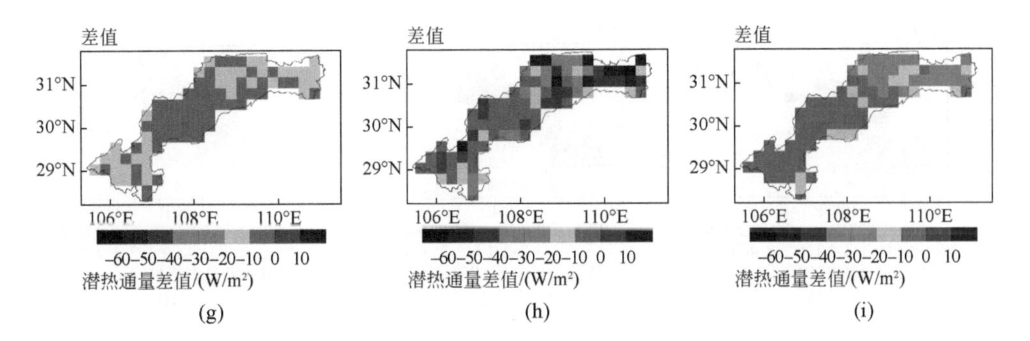

图 7-5　CLM-DWC 与 GLDAS-Noah 模拟冬夏两季的潜热通量空间分布图

图 7-6 则显示了冬、夏两季土壤热通量的多年平均空间分布，两个模型的空间分布有着较好的一致性，但 CLM-DWC 模拟值在冬季偏小，而在夏季和全年则偏大。土壤热通量受太阳辐射影响较大，冬季太阳辐射较弱，土壤热量以散失为主，故土壤热通量为负值；夏季太阳辐射较强，热量向下传输，土壤热通量均为正值。

总体来看，感热通量和潜热通量在冬、夏两季所起的作用不同，冬季以感热为主，夏季以潜热为主，由于净辐射在夏季很大，进而导致各能量分量也较冬季更大。CLM-DWC 在冬、夏两季对潜热通量的模拟效果最好，对净辐射和感热通量的模拟效果稍差。

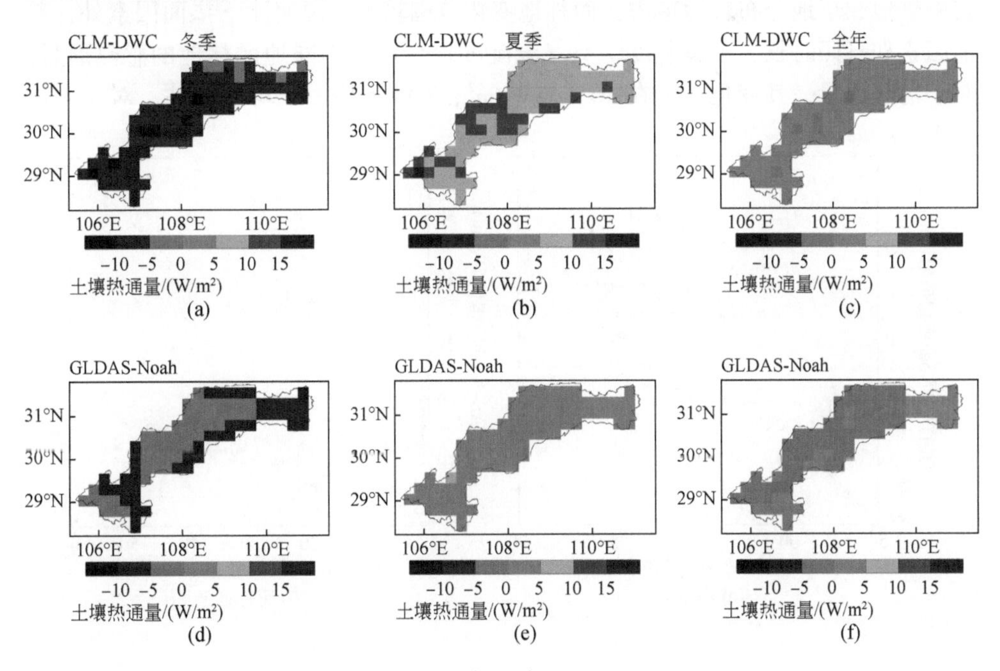

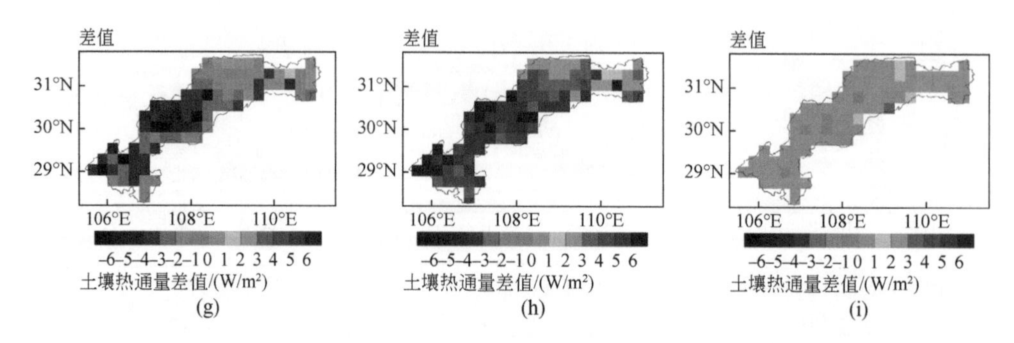

图 7-6　CLM-DWC 与 GLDAS-Noah 模拟冬夏两季的土壤热通量空间分布图

由于不同下垫面的水热特征不同、植被覆盖度与类型也不同，能量在不同下垫面上的分配也应具有空间差异性。因此，有必要验证在不同下垫面 CLM-DWC 对各能量过程要素的模拟效果。图 7-7 给出了不同下垫面两个模型模拟的各能量通量散点关系图。三峡库区范围内以耕地、林地、草地为主。整体来看，考虑所有下垫面，CLM-DWC 模拟的净辐射与实测值之间的确定性系数最高，为 0.64，但整体存在高估现象。感热通量和潜热通量的模拟值与实测值之间的确定性系数分别为 0.53 和 0.40，其中，感热通量存在高估现象而潜热通量存在低估现象。而土壤热通量的模拟效果相对较差。对于净辐射，不同的下垫面所吸收的净辐射量分布较为均匀，在 60～80W/m^2。对于感热通量，其变化范围在 15～37W/m^2，其中耕地和草地分布较为集中，而林地变化范围较大，说明除下垫面因素外，其他因素如日照时长、土壤湿度、空气温湿度也会影响不同地区林地的感热通量。对于潜热通量，其变化范围在 40～53W/m^2，3 种下垫面下均有低估。对于土壤

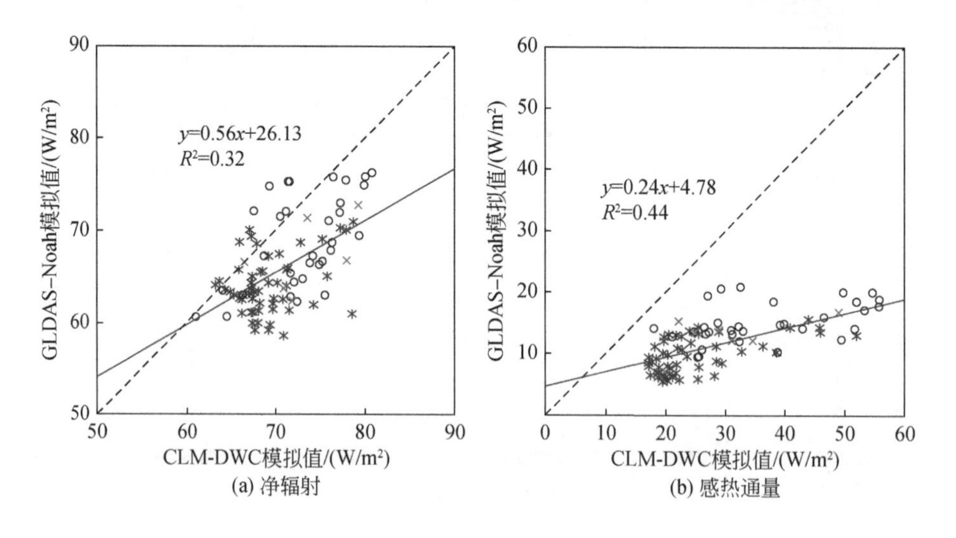

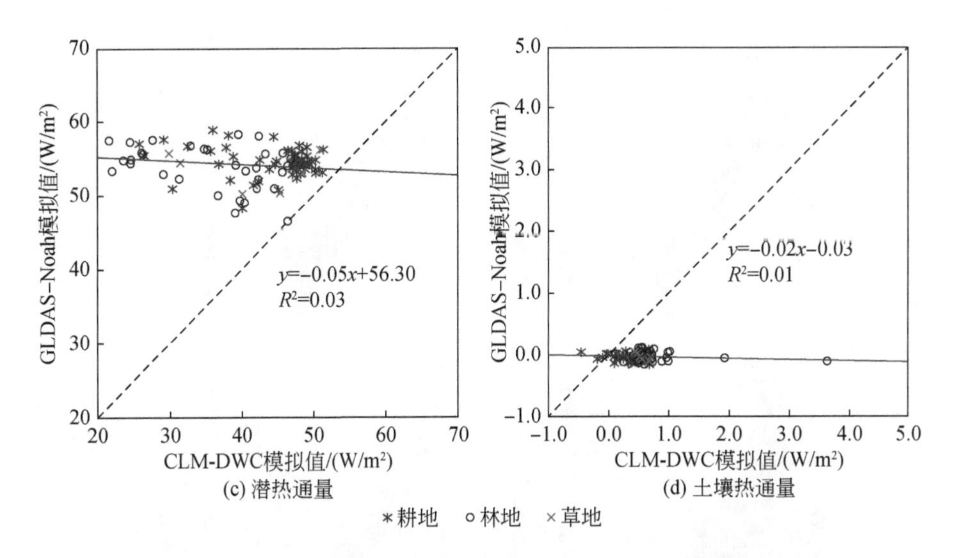

图 7-7 不同下垫面 CLM-DWC 和 GLDAS-Noah 模拟结果散点图

热通量，尽管模拟值与实测值之间的确定性系数很差，几乎没有相关性，但在地表能量的多年平均分配中，土壤热通量占比极小，其对能量分配过程的影响几乎可以忽略。

7.1.2.2 土壤水热通量验证

土壤温度和湿度是陆-气水热交换过程中的两个非常重要的物理量，土壤温度会影响植被生长与作物发育，改变蒸散发及地表能量分配，土壤湿度可以影响地表反照率、同样影响蒸散发过程，改变地表水分和能量的分配过程，甚至引起局地气候的变化。因此，有必要针对土壤温度和湿度进行验证。GLDAS-Noah 数据产品的温度和湿度包含了 0 ~ 10cm、10 ~ 40cm、40 ~ 100cm 以及 100 ~ 200cm 共 4 种土壤深度下的模拟结果，而 CLM-DWC 的土壤层则分为 10 层，为了便于比较，将 CLM-DWC 的模拟结果按照土壤层厚度进行加权平均，得到与 GLDAS-Noah 相对应深度的结果。

图 7-8 是不同土壤深度下土壤湿度月尺度模拟值与实测值的空间分布图。整体来看，模拟值与实测值在空间上均呈库尾和库腹高、库首低的分布特征。库尾和库腹土壤湿度绝大多数在 0.3mm^3/mm^3以上。在 10cm 和 40cm 土壤深度下土壤湿度空间分布高度一致，表明土壤湿度的空间分布在 40cm 以内受土壤深度影响不大，然而在 100cm 土壤深度下，库尾和库腹土壤湿度模拟值有增加的现象，库首土壤湿度模拟值有减少的现象；而在 200cm 土壤深度下，整个库区土壤湿度模

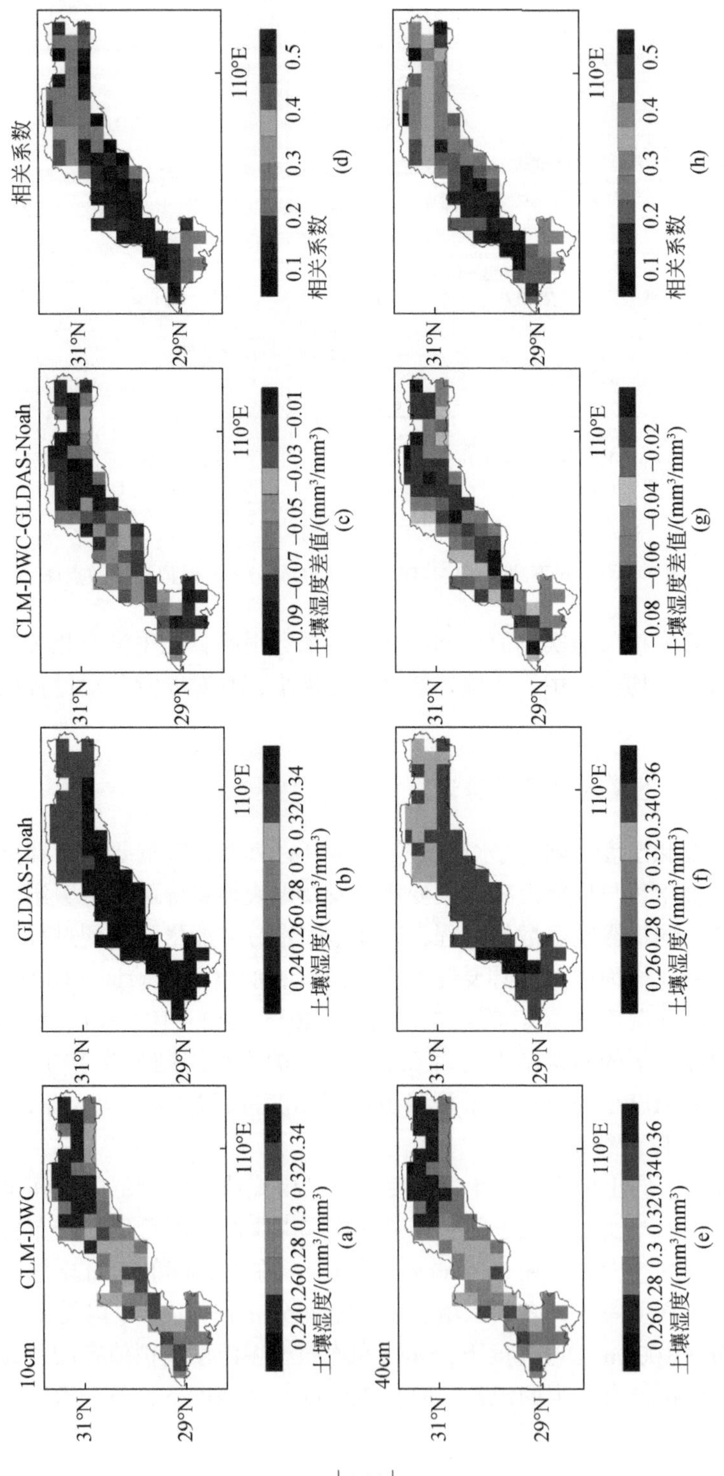
10cm
40cm
CLM-DWC
GLDAS-Noah
CLM-DWC-GLDAS-Noah
相关系数
31°N
29°N
110°E
0.24 0.26 0.28 0.3 0.32 0.34
土壤湿度/(mm³/mm³)
(a)
(b)
-0.09 -0.07 -0.05 -0.03 -0.01
土壤湿度差值/(mm³/mm³)
(c)
0.1 0.2 0.3 0.4 0.5
相关系数
(d)
0.26 0.28 0.3 0.32 0.34 0.36
土壤湿度/(mm³/mm³)
(e)
(f)
-0.08 -0.06 -0.04 -0.02
土壤湿度差值/(mm³/mm³)
(g)
(h)

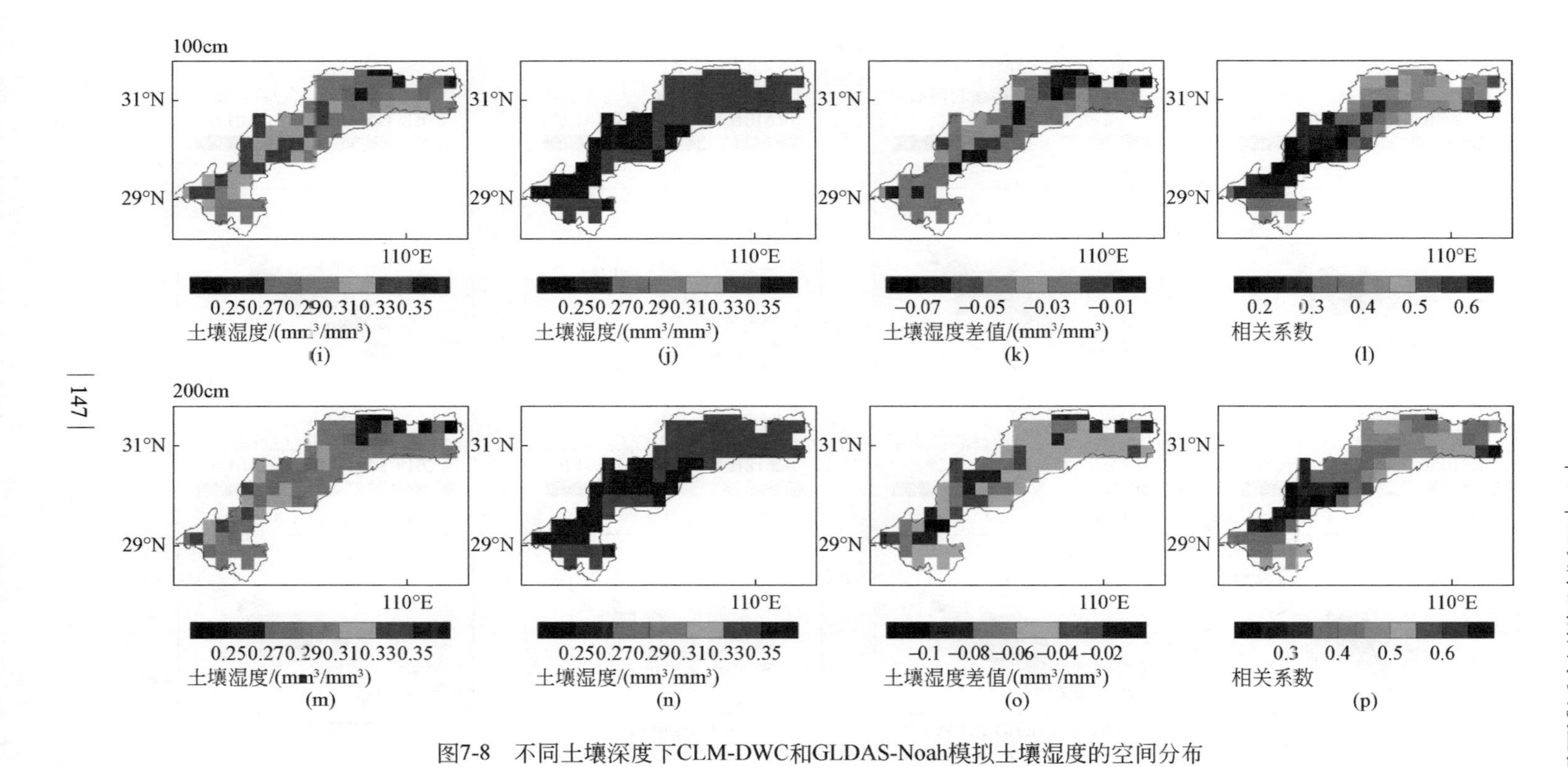

图7-8 不同土壤深度下CLM-DWC和GLDAS-Noah模拟土壤湿度的空间分布

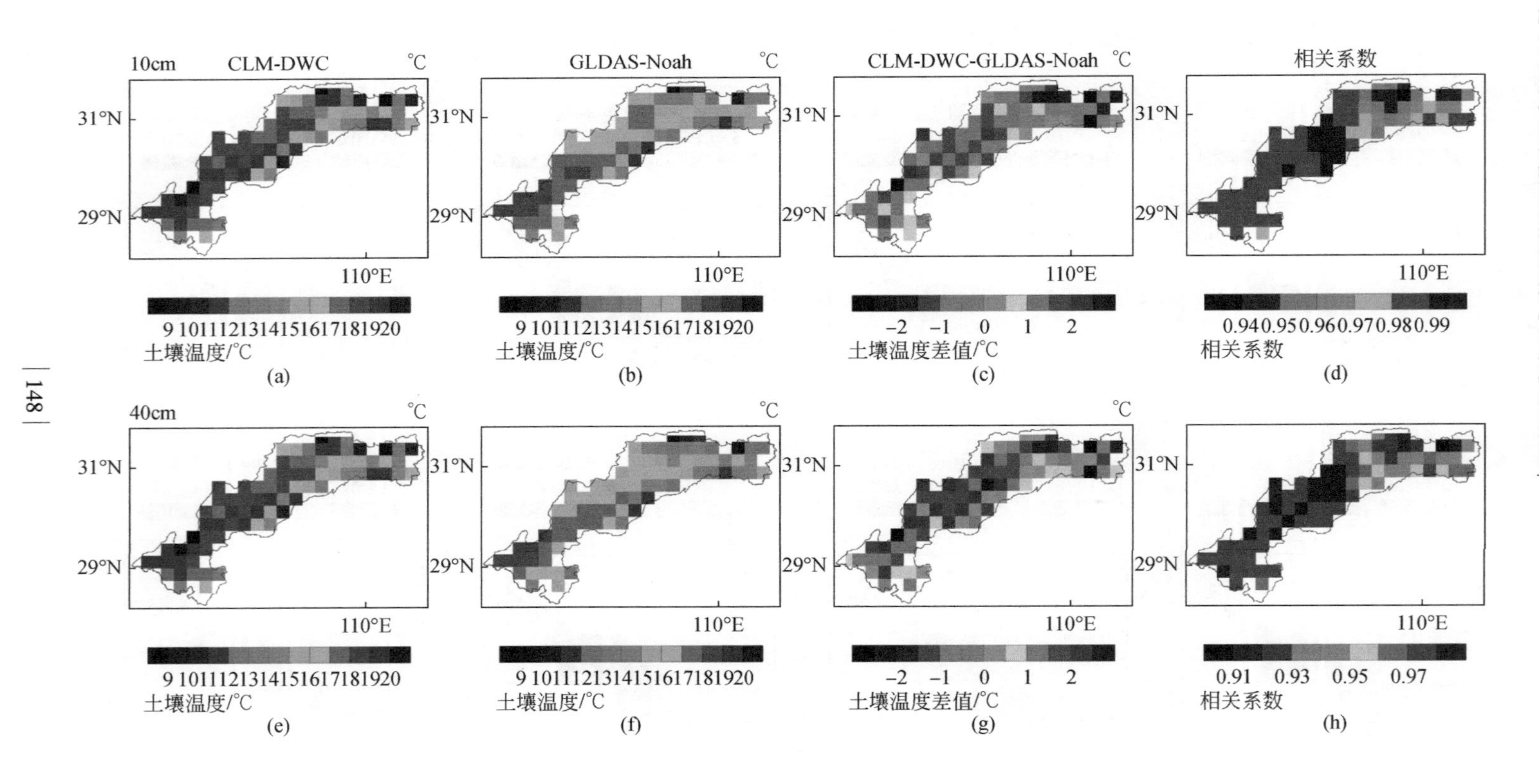
10cm
CLM-DWC
GLDAS-Noah
CLM-DWC-GLDAS-Noah
相关系数
°C
31°N
29°N
110°E
9 10111213141516171819 20
土壤温度/°C
(a)
(b)
−2 −1 0 1 2
土壤温度差值/°C
(c)
0.940.950.960.970.980.99
相关系数
(d)
40cm
(e)
(f)
(g)
0.91 0.93 0.95 0.97
(h)

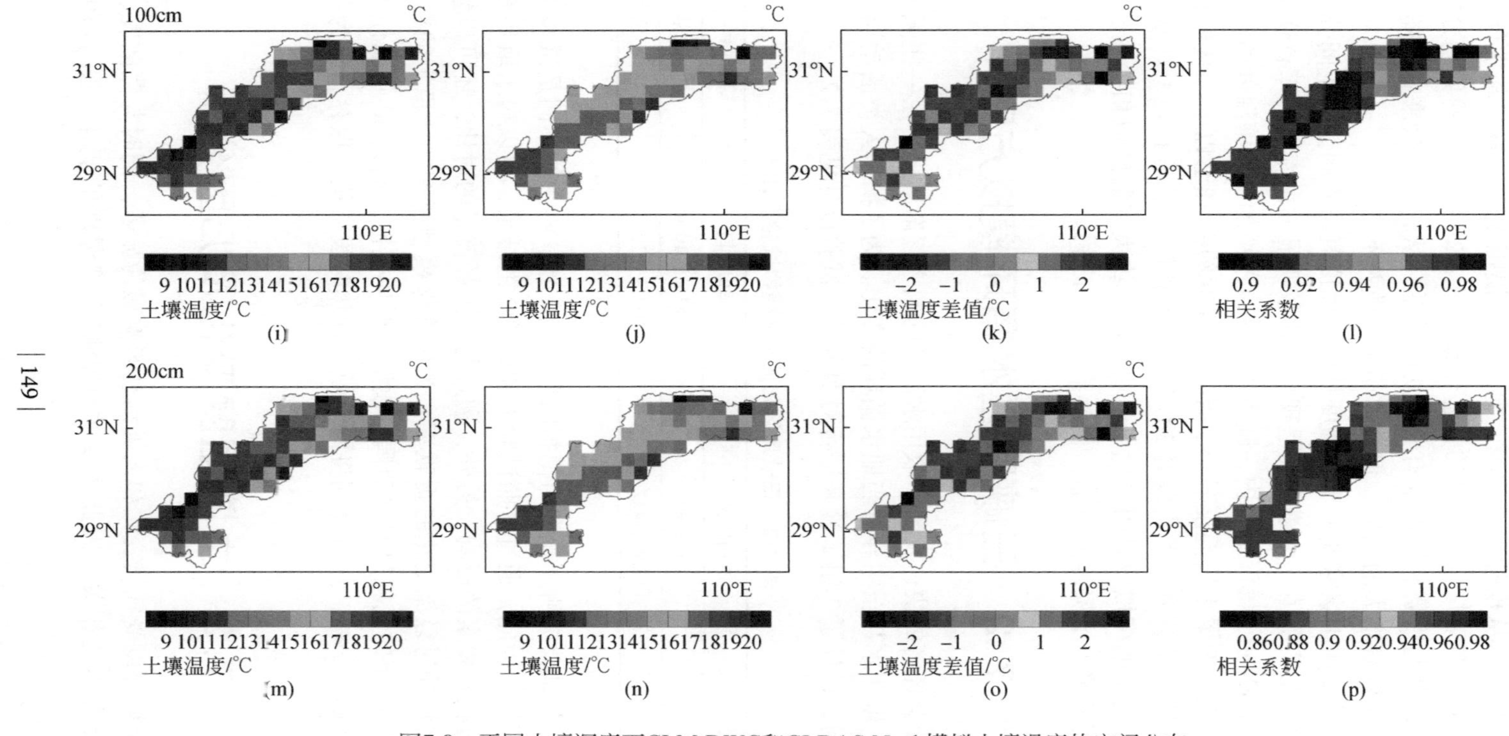

图7-9 不同土壤深度下CLM-DWC和GLDAS-Noah模拟土壤温度的空间分布

拟值均有所减少。从模拟偏差来看，整个库区模拟偏低，偏差基本处于-0.1 ~ 0.01mm³/mm³，且表层土壤湿度的偏差分布与图 7-2 潜热通量的偏差分布较为相似，表明蒸散发与表层土壤湿度有着密切的关系。从相关系数来看，随土壤深度增加，相关系数有增大的趋势，但整体相关系数并不高。

图 7-9 是不同土壤深度下土壤温度月尺度模拟值与实测值的空间分布图。无论是模拟值还是实测值，土壤温度呈现出了比较明显的由库尾向库首递减的趋势分布，且在 200cm 土壤深度以内，随着土壤深度的增加，土壤温度的空间分布没有明显的变化。库尾土壤温度较高，年平均温度约在 18℃以上。从模拟偏差来看，库尾模拟偏差较大，平均偏高 2℃左右，库首模拟偏低 1 ~ 3℃。从相关系数来看，土壤温度的模拟效果明显优于土壤湿度，绝大多数区域相关系数高达 0.9 以上，然而随着土壤深度的增加，相关系数有下降趋势。

7.2 三峡库区水循环模拟方案

随着社会经济的快速发展，取用水活动的频率逐渐增强，在一些强人类活动影响区域，取用水甚至主导着当地水循环的变化。为了揭示人类活动对陆面水文过程的影响，设计了 2 组试验来进行对照分析，试验设计见表 7-2。

表 7-2 三峡库区陆面水文模拟试验设计

试验编号	所用模型	模拟时段	是否考虑取用水
1	CLM-DWC	1981 ~ 2010 年	否
2	CLM-DWC	1981 ~ 2010 年	是

试验 1 与试验 2 所用模型与模拟时段完全一致，唯一的不同是试验 1 没有开启取用水模块。因此，通过对照试验 1 和试验 2 的结果，可以揭示取用水活动对陆面水文过程各要素的影响。另外，通过与实测径流量的对比，还可以量化气候变化和人类活动对径流变化的贡献率。为了确保模型能有一个稳定的初始状态，将 1981 ~ 1990 年的气象数据驱动耦合模型，循环模拟 5 遍共 50 年以使模型的各项初始条件达到平衡，然后分别将两组模型预热时段末状态保存，作为各自模拟的初始状态。

7.3 土壤湿度变化及归因分析

表层土壤湿度受气候变化和人类活动影响最为显著，同时与蒸散发、产流等陆面水文要素密切相关，因此主要关注表层土壤湿度的变化。图 7-10 显示了

1981～2010年多年平均表层土壤湿度及其变化和农业用水量的空间分布图。由图7-10（a）和（b）可知，三峡库区库腹和库尾的耕地处土壤湿度较大，基本在0.28～0.38mm³/mm³；库首海拔较高、湿度相对较低，从而土壤湿度较低，一般不超过0.26mm³/mm³。图7-10（d）是农业用水量的多年平均分布图，库区农业用水量并不大，绝大多数区域年均农业用水量不超过30mm，甚至一半以上的区域年均农业用水量不超过10mm。模型在考虑了农业灌溉用水后，明显改变了土壤湿度状态，如图7-10（c）所示，库区内绝大多数区域土壤湿度增加0～0.008mm³/mm³，在农业用水量较大的区域，土壤湿度可增加0.02mm³/mm³以上，与图7-10（d）中的农业用水量大的区域相对应。然而，部分网格土壤湿度

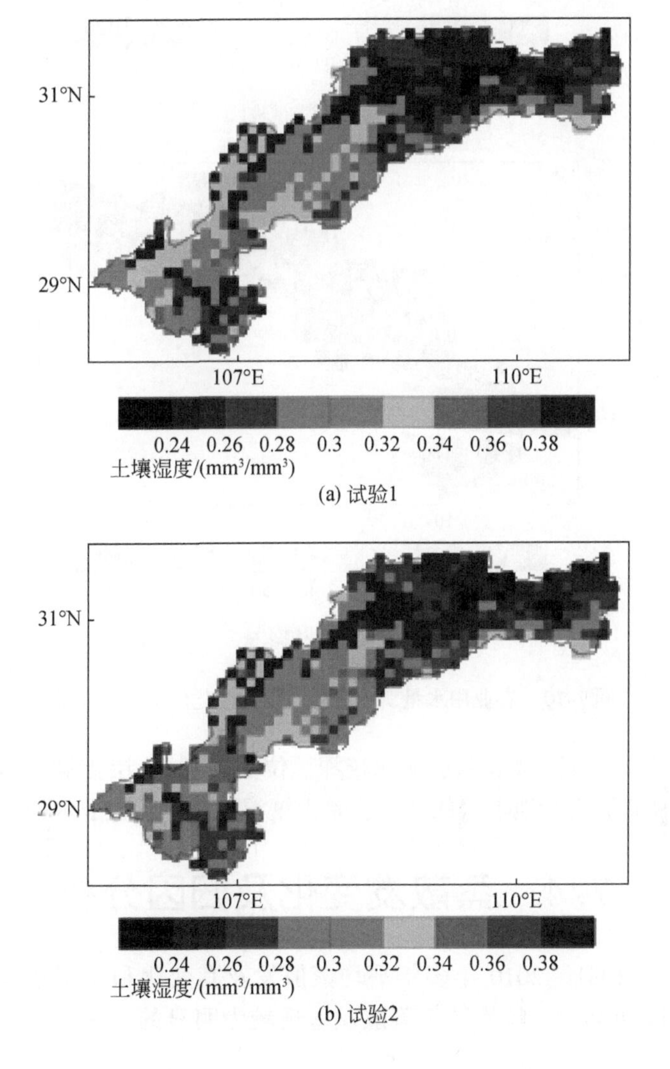

(a) 试验1

(b) 试验2

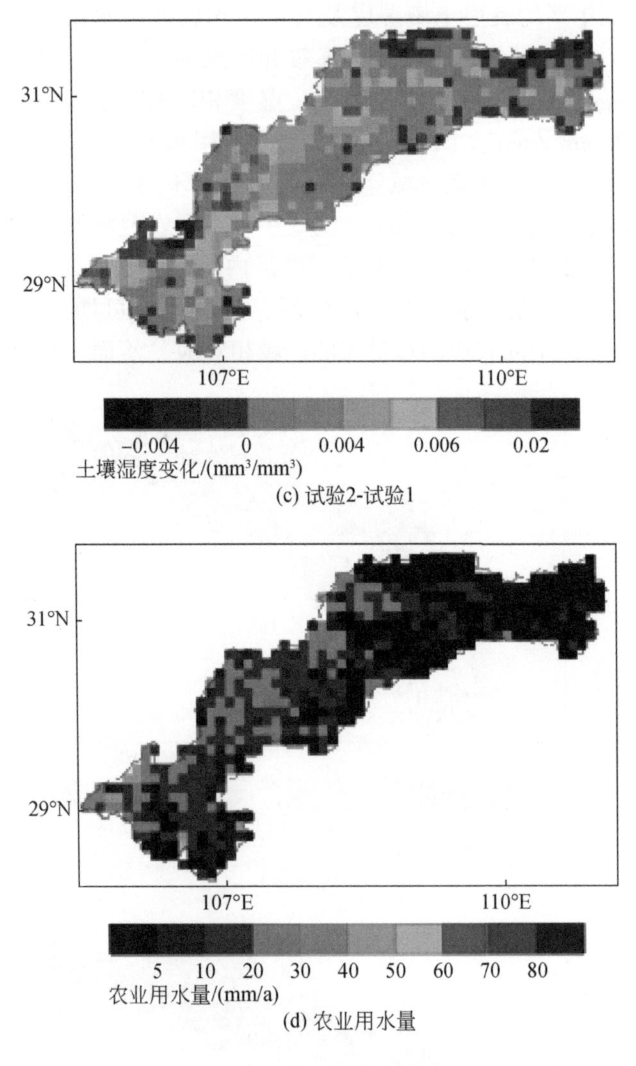

(c) 试验2-试验1

(d) 农业用水量

图 7-10 农业用水量、土壤湿度及其变化的空间分布图

存在减少的现象，该区域地下水埋深较深、位于模型 10 层土壤层以下，土壤底层以重力排水的形式对地下水的补给，是土壤湿度减少的主要原因。

7.4 蒸散发变化及归因分析

图 7-11 是 1981 ~ 2010 年多年平均蒸散发及其变化和总用水量的空间分布图。由图 7-11 可知，三峡库区年蒸散发呈现较为明显的由库首向库尾递减的分

布特征，年蒸散发量在400～600mm。图7-11（d）显示了多年平均总用水量的空间分布，与图7-10（d）农业用水量空间分布一致，库腹和库尾在50mm以上，重庆市更是在300mm以上。如图7-11（c）所示，考虑取用水后，流域绝大多数区域蒸散发增加0～3mm，在用水量较大的区域蒸散发增加5mm以上，大量的农业灌溉导致进入土壤表层的水分增加、土壤湿度增大，这是蒸散发增加的主要原因，除农业用水外，工业用水中的输水蒸发以及生态环境用水中的河湖水体蒸发同样导致蒸散发增加。此外，与图7-10（c）土壤湿度变化情况一致，部分地区表层土壤湿度的降低导致蒸散发的减少。

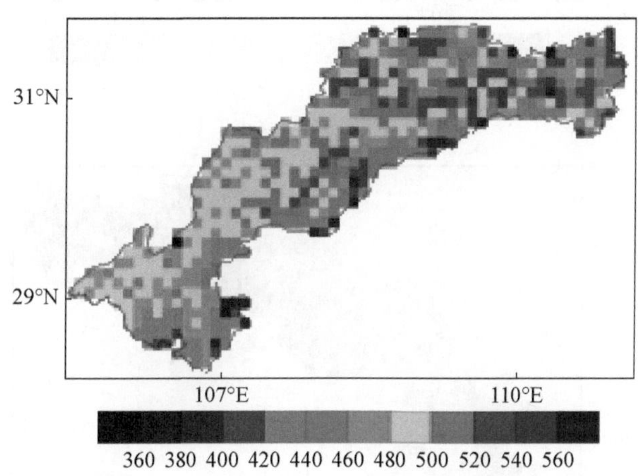

(a) 试验1

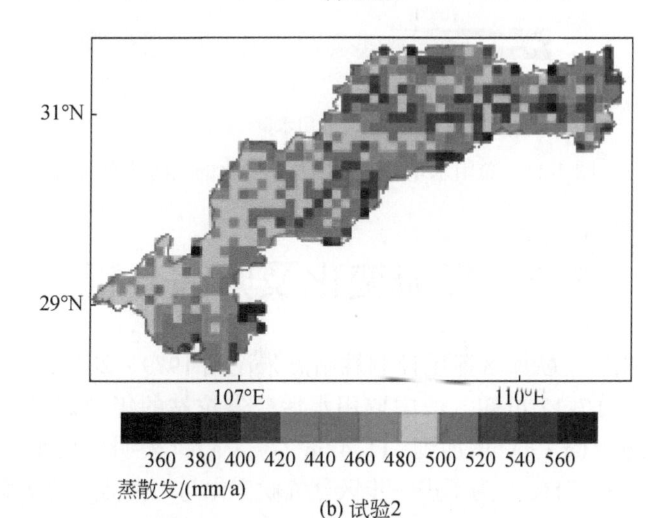

(b) 试验2

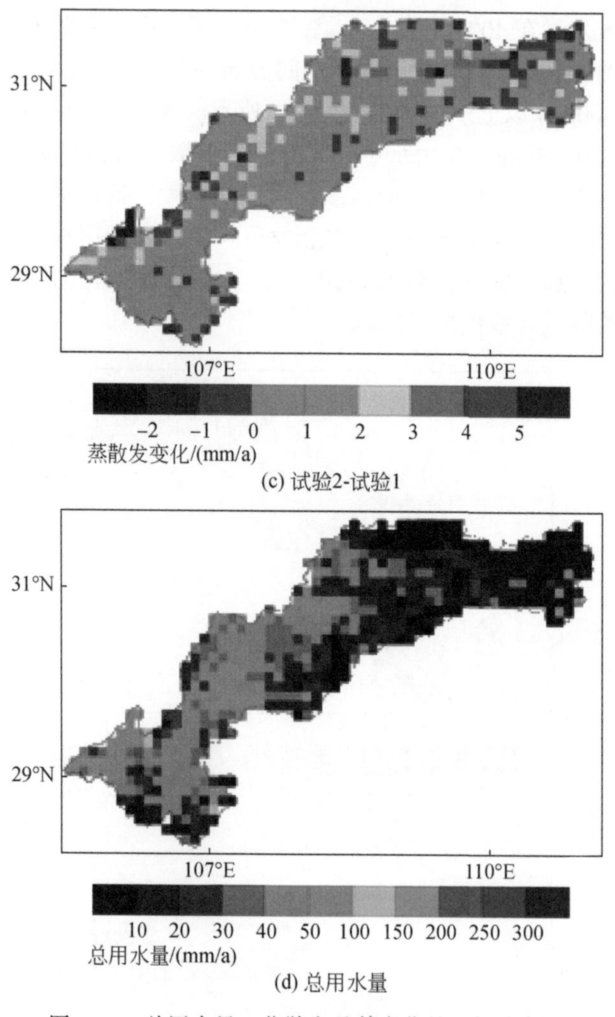

(c) 试验2-试验1

(d) 总用水量

图 7-11　总用水量、蒸散发及其变化的空间分布图

7.5　径流变化及归因分析

图 7-12 给出了三峡库区库尾控制性站点朱沱站 1979～2015 年两组试验下的年径流过程，由图 7-12 可知，考虑取用水后，朱沱站的年径流量变化速率有所增加，由−6.11m^3/(s・a) 增加到−11.42m^3/(s・a)，表明取用水导致年径流量变化速率加快了 86.91%。为了进一步区分气候变化与人类活动的影响，将 1979～2015 年朱沱站实测年径流量的变化也画在图中，实测年径流量以 14.19m^3/(s・a) 的速率减少。

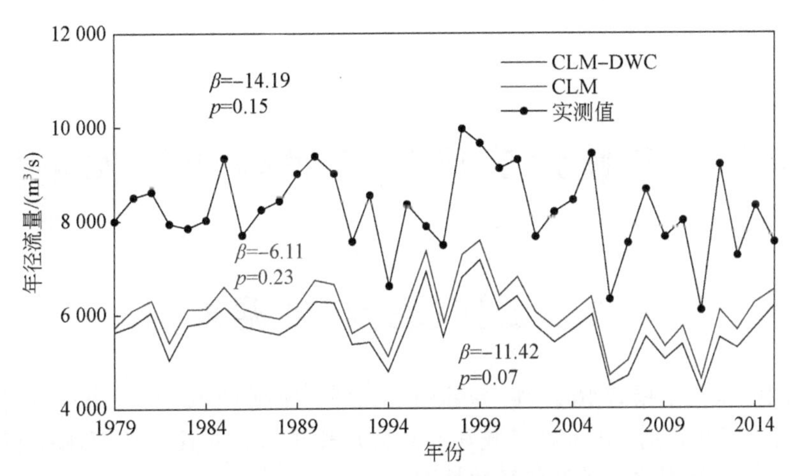

图 7-12　朱沱站实测与两组试验下模拟的年径流量变化趋势

β 为径流的变化趋势；p 为变化趋势的显著性检验 p 值

本研究认为实测径流量的变化是气候变化、土地利用变化和取用水活动的综合影响结果，试验 1 模拟径流的变化是气候变化所导致的结果，而试验 2 模拟径流量的变化是气候变化和取用水共同作用的结果。因此，可以通过对比各组结果来分离出各项因素对径流量变化的贡献率。表 7-3 列出了各项因素对三峡库区内所有水文站点径流量变化的贡献率，由于各站点实测资料系列长度不一，为了便于统一分析，将时间序列统一选定为 1979～2012 年。

表 7-3　1979～2012 年各项因素对三峡库区各水文站点径流变化的贡献率

站点	气候变化		取用水		土地利用变化		径流量总变化
	值 /(m^3/s)	贡献率 /%	值 /(m^3/s)	贡献率 /%	值 /(m^3/s)	贡献率 /%	值 /(m^3/s)
朱沱	-11.0	132.5	-4.8	57.8	7.5	-90.3	-8.3
寸滩	-20.2	101.0	-3.2	16.0	3.4	-17.0	-20.0
万县	-27.4	48.9	-4.2	7.5	-24.4	43.6	-56.0

由表 7-3 可知，对于朱沱和寸滩，气候变化和取用水活动导致径流量减少，土地利用变化导致径流量增加，其对径流量的变化也有着不可忽视的作用。对于万县站，气候变化、取用水活动和土地利用变化均导致径流量减少，其中气候变化和土地利用变化的贡献率大致相当。需要说明的是，这 3 个站点月径流过程模拟相比于实测值整体偏低，导致这些站点的各项因素的变化及贡献率存在一定的误差，未来仍需改进模型模拟效果，减小不确定性。

8 三峡水库区域气候效应及作用机制

8.1 试验设计与数据来源

利用区域气候模式 RegCM4 与陆面水文耦合模型 CLM-DWC 进一步耦合，进行三峡库区 50km 到 10km 双层嵌套的高分辨率模拟，对比分析有水库和无水库情景下的库区及周边区域气候变化情况。

8.1.1 模型配置与试验设计

RegCM4 是由意大利国际理论物理中心开发的区域气候模式。本研究中的 RegCM4 模型参数化主要是基于 Gao 等（2017）的模型参数配置，详细信息见表 8-1。为了分析库区气候效应，本研究设计了 4 组试验，每组试验的积分时间均为 1989 年 10 月 ~ 2012 年 12 月，其中 1989 ~ 1990 年的数据作为模型初始化，1991 ~ 2012 年的数据用于分析气候效应。

表 8-1　RegCM4 模型方案配置

方案	设置描述
区域 1	50km 分辨率，中心点 35°N、115°E，网格数：200（Lon）×130（Lat）
区域 2	10km 分辨率，中心点 30°N、108°E，网格数：130（Lon）×110（Lat）
垂直分层（顶层气压）	18 层（1hPa）
行星边界层方案	Holtslag
积云对流方案	Emanuel
陆面过程	NCAR CLM4. 5
长短波辐射方案	NCAR CCM3
侧边界条件	ERA-Interim
模拟期	1989 年 8 月 ~ 2012 年 12 月（24 年）
分析期	1991 年 1 月 ~ 2012 年 12 月（22 年）

试验 1（RG_R50）的模拟范围包括整个东亚地区，水平分辨率为 50km。模拟运行所需的初始场和每 6h 更新一次的侧边界驱动场使用的是 ERA-Interim 再分析数据。试验 2（RG_R10）中，范围覆盖了三峡水库及周边地区，水平分辨率为 10km，初始和侧边界条件由试验 1 得到。试验 3（RG_R10_L1）和试验 4（RG_R10_L2）中将三峡水库地区［三峡大坝（宜昌）至重庆的长江段］的下垫面部分或全部替换成水面。三峡大坝（宜昌）至重庆的长江段共有 48 个网格下垫面类型被修改，约占 10km 分辨率计算网格总数的 0.3%。试验 1 主要用来为试验 2 ~ 试验 4 提供初始场和侧边界条件。试验 2 与试验 3 和试验 4 的差异被视为三峡水库引起的气候效应。试验 3 和试验 4 用于分析库区面积与气候效应之间关系。

依据 CLM4.5 土地利用类型对需要修改的 48 个格点进行统计，发现修改区内土地类型仅有城市单元和植被功能类型单元（表 8-2）。其中，城市单元占 48 个网格总面积的 7.9%，植被面积占总面积的 92.1%。对植被类型进一步分类可以得到 6 种植被功能类型，分别是温带常绿针叶乔木、温带落叶阔叶乔木、温带阔叶落叶灌木、C3 非极地草、C4 草以及玉米/谷物，以上 6 种植被功能类型分别占 48 个网格总面积的 6.1%、6.3%、9.6%、3.0%、3.8% 以及 63.3%。

当三峡水库蓄水位达到最高 175m 时，将形成一个长 600km 以上、宽 1 ~ 2km、总面积 1084km^{2}的人工湖泊。在修改下垫面的过程中，通过增加水体单元的面积比例，同时减少植被功能类型中占比最大的玉米/谷物类型相等的面积比例，以满足 CLM4.5 土地利用类型 100% 的总比例。在湖泊方案 1（RG_R10_L1）中设置每个网格中 20% 的面积比例为水面，然后缩减植被功能类型中的玉米/谷物 20% 面积比例，修改后湖泊总面积将达到 960km^2，与实际的 1084km^{2}接近。同时，作为对比参照，设置了湖泊方案 2（RG_R10_L2），将每个网格中 100% 的面积比例设置为湖泊，修改后的湖泊面积将达到 4800km^2，为水面方案 1 中面积的 5 倍，修改参数见表 8-3。

8.1.2 观测数据预处理

为了验证模型对库区气候的模拟性能，采用吴佳和高学杰（2013）开发的 CN05.1 观测数据集，该数据集包含地表气温和降水数据。CN05.1 是基于 2416 个中国气象观测站得到的，并且该数据集已经广泛用于气候模式的模拟性能评估分析。本研究将 CN05.1 逐日观测数据利用双线性插法插值到 RegCM4 的模拟的 50km 和 10km 计算网格中心，以便于后续的比较分析。

表 8-2　48 个网格修改前土地利用类型情况

（单位:%）

编号	城市	植被						编号	城市	植被					
		1	7	10	13	14	17			1	7	10	13	14	17
1	9	0	0	0	0	0	91	25	0	16	8	23	2	2	49
2	5	0	3	0	0	0	92	26	4	0	0	6	4	5	81
3	4	2	3	0	0	0	91	27	10	0	0	1	6	6	77
4	9	0	0	0	0	0	91	28	8	0	0	11	1	7	73
5	5	0	3	0	0	0	92	29	5	0	0	11	7	7	70
6	7	0	0	0	0	3	90	30	4	0	8	11	5	6	66
7	26	0	0	0	0	0	74	31	5	7	9	11	0	5	63
8	19	0	0	0	0	0	81	32	4	7	10	11	4	5	59
9	9	0	6	0	0	0	85	33	4	8	11	12	3	5	57
10	12	0	4	0	0	0	84	34	4	23	13	25	3	3	29
11	9	4	6	0	0	0	81	35	2	21	12	26	3	3	33
12	6	6	5	0	0	2	81	36	9	7	10	12	0	4	58
13	2	7	2	0	5	5	79	37	10	7	10	12	0	4	57
14	6	7	0	0	1	4	82	38	5	3	10	13	7	7	55
15	12	7	0	0	0	6	75	39	4	5	10	14	7	7	53
16	5	4	6	0	7	7	71	40	4	6	11	16	8	8	47
17	4	4	6	0	7	7	72	41	0	10	13	18	8	8	43
18	4	2	5	0	7	7	75	42	0	12	15	21	8	8	36
19	2	2	3	2	4	4	83	43	2	15	17	23	8	8	27
20	15	0	0	0	0	0	85	44	2	17	19	26	8	8	20
21	27	0	0	20	0	0	53	45	4	18	18	26	6	7	21
22	45	0	0	0	0	0	55	46	0	20	17	29	6	6	22
23	8	0	0	5	0	0	87	47	2	21	16	28	5	5	23
24	32	4	0	23	0	0	41	48	4	23	15	27	3	4	24

表 8-3　土地利用类型修改前后参数对照表　　　　（单位：%）

土地利用类型		原始	水面方案 L1	水面方案 L2
城市		7.9	7.9	0
湖泊		0	20	100
湿地		0	0	0
冰川		0	0	0
植被功能类型	温带常绿针叶乔木	6.1	6.1	0
	温带落叶阔叶乔木	6.3	6.3	0
	温带落叶阔叶灌木	9.6	9.6	0
	C3 非极地草	3.0	3.0	0
	C4 草	3.8	3.8	0
	玉米/谷物	63.3	43.3	0

8.1.3　水汽通量和水汽通量散度

水汽输送通量定义为单位时间内所流过单位面积的水汽质量。在垂直积分过程中，以地面气压为积分的下边界，以 300hPa 为积分的上边界。水汽输送的纬向（Q_u）和经向（Q_v）计算公式如下：

$$Q_u = -\frac{1}{g}\int_{P_s}^{P_t} q(x,y,p,t)u(x,y,p,t)\,\mathrm{d}p \tag{8-1}$$

$$Q_v = -\frac{1}{g}\int_{P_s}^{P_t} q(x,y,p,t)v(x,y,p,t)\,\mathrm{d}p \tag{8-2}$$

式中，q 为比湿；x 和 y 分别为网格纬度和经度；p 为气压；t 为时间；u 和 v 分别为纬向和经向风；P_s 和 P_t 分别为地表气压和积分顶层气压；Q_u 和 Q_v 分别为纬向水汽和经向水汽，其正值表示各自的传输方向向北和向东。

水汽通量散度定义为单位时间内从该体积汇入或辐散的水汽净含量，该物理量主要由区域周界上的水汽通量决定。散度为正值表示该区域为水汽源区，水汽向四周溢散；散度为负值表示该区域为水汽汇集区，散度计算式如下：

$$\mathrm{Div} = \left(\frac{\partial(uq)}{\partial x} + \frac{\partial(vq)}{\partial y}\right) \tag{8-3}$$

8.2 三峡库区气候效应评估

8.2.1 三峡库区气候模拟性能评估

泰勒图是能够综合对模拟数据和观测数据的标准差、均方根误差、相关系数以及相对偏差进行评估的工具，采用归一化标准差比率、空间相关系数以及相对偏差绘制气温和降水泰勒图，模拟值越接近横轴 REF 处，则表明模拟数据与观测数据越接近。

如图 8-1 所示，50km 分辨率的气温模拟结果中，年平均气温的空间相关系数为 0.98，归一化标准差比率为 1.15，存在 2℃左右的暖偏差，夏季空间相关系数为 0.99，归一化标准差比率为 1，约有 2.1℃暖偏差；冬季空间相关系数为 0.94，归一化标准差比率为 1.27，存在 1℃左右的暖偏差。而在 10km 分辨率的模拟结果中，年平均气温空间相关系数由 0.98 降至 0.97，归一化标准差比率由 1.15 降至 0.97，暖偏差由原来的 2℃升至 3℃，夏季空间相关系数由 0.99 降至 0.97，归一化标准差比率由 1 降至 0.92，相对偏差超过 3℃；冬季空间相关系数没有太大变化，归一化标准差比率由 1.27 降至 0.19，暖偏差在 2℃左右。总体来看，在 50km 和 10km 分辨率下的 RegCM4 对气温具有较好的模拟效果，模拟的气温的空间分布特征和标准差与观测结果较接近，但 10km 分辨率的模拟结果较 50km 分辨率具有更大的偏差。

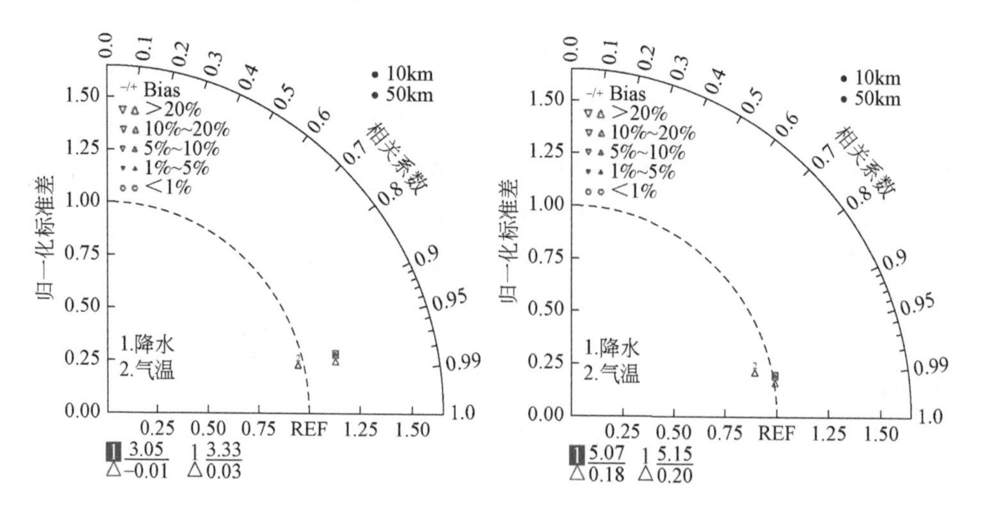

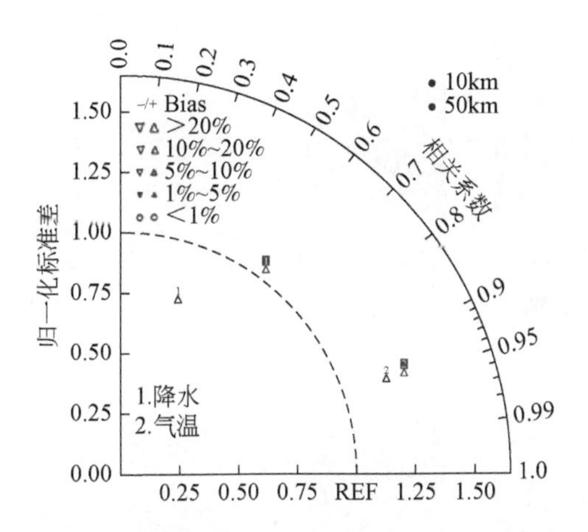

图 8-1　50km 和 10km 分辨率模拟的年均、夏季以及冬季降水和气温泰勒图

如图 8-1 所示，50km 分辨率的降水模拟结果中，年平均降水的空间相关系数仅为-0.01，归一化标准差比率为 3.05，相对偏差在 35% 以上，其中，夏季空间相关系数为 0.18，归一化标准差比率为 5.07，相对偏差超过 34%；冬季空间相关系数为 0.6，归一化标准差比率为 1.06，相对偏差在 5% 以内。而在 10km 分辨率的降水模拟结果中，模拟与观测的年平均降水空间相关系数由 -0.01 升至 0.03，归一化标准差比率由 3.05 升高至 3.33，相对偏差则由 35% 升高至 73%，其中，夏季空间相关系数由 0.18 升高至 0.2，归一化标准差比率由 5.07 升高至 5.15，相对偏差由 34% 升高至 63%；冬季空间相关系数由 0.6 降至 0.29，归一化标准差比率由 1.06 降至 0.69，相对偏差由 4.8% 升高至 19.6%。总体来看，50km 分辨率较 10km 分辨率对降水的模拟效果略好，但 RegCM4 对降水的整体模拟效果较差，从夏季和冬季的模拟效果比较中发现，RegCM4 对冬季降水有一定的模拟能力。

图 8-2 显示了 1991 ~2012 年的 CN05.1 与 RegCM4（RG_R50 和 RG_R10）在夏季和冬季的 2m 气温以及二者的偏差。如图 8-2（d）和（j）所示，观测的夏季和冬季气温在大巴山和巫山等地形较高的山区较低，而在四川盆地较高。RG_R50 和 RG_R10 均能够较好地模拟出夏季和冬季气温的空间分布格局，由图 8-2 可知，模拟与观测的气温空间分布特征基本一致。在 RG_R50 中，夏季库区大部分地区存在 1 ~2℃的暖偏差，仅在大巴山和巫山之间的库区中部地区存在 0.5℃以内的冷偏差［图 8-2（c）］；而冬季在大巴山和巫山地区普遍存在 1 ~3℃的冷偏差，其余地区依然存在 1 ~2℃的暖偏差。在 RG_R10 中，模拟的夏季气温暖偏差普遍在 3℃左右，大巴山和巫山一带的冷偏差在 2℃以内；冬季大部分地区仍然存在 3℃左右的暖偏差，但在长江北岸的大巴山山脉和沿着长江南岸的大娄

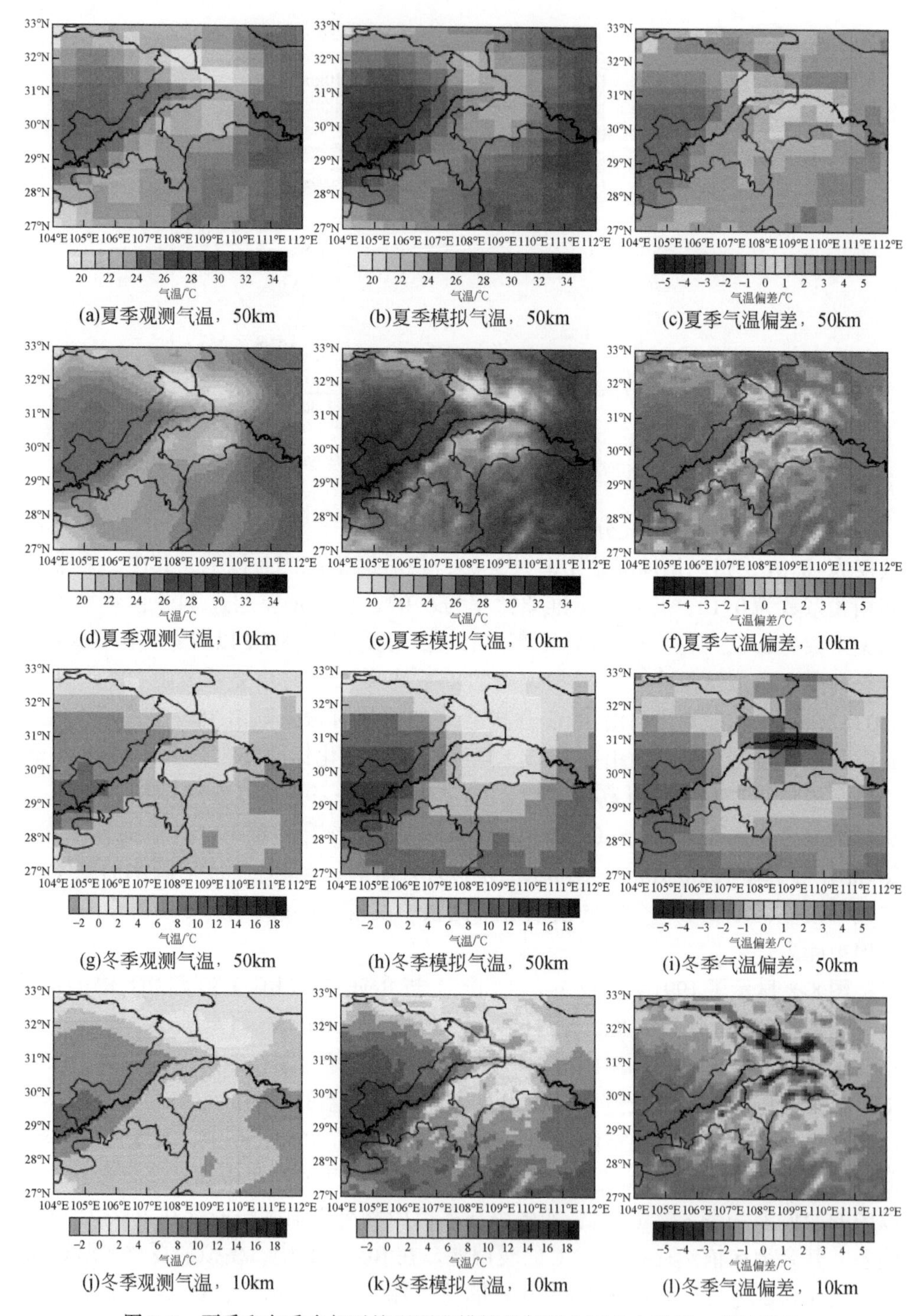

(a)夏季观测气温，50km (b)夏季模拟气温，50km (c)夏季气温偏差，50km

(d)夏季观测气温，10km (e)夏季模拟气温，10km (f)夏季气温偏差，10km

(g)冬季观测气温，50km (h)冬季模拟气温，50km (i)冬季气温偏差，50km

(j)冬季观测气温，10km (k)冬季模拟气温，10km (l)冬季气温偏差，10km

图 8-2　夏季和冬季多年平均观测和模拟的气温空间分布以及二者的偏差

山-方斗山-巫山山脉冷偏差达到4℃左右。整体上看，RG_R10较RG_R50模拟的气温在山区存在更大的冷偏差，而在海拔较低的盆地或平原地区存在更大的暖偏差，但10km分辨率的模拟可获取比50km分辨率模拟更为细致的气温空间变化特征。

图8-3显示了1991～2012年CN05.1和RegCM4（RG_R50和RG_R10）在夏季和冬季期间的多年平均降水量及二者的偏差的空间分布。如图8-3（d）和（j）所示，三峡库区降水集中在夏季，夏季降水中心分布在大巴山和巫山等地形较高的山区，尤其是长江南岸巫山山脉以南（湖南与湖北交界处）降水量最多，夏季降水量在600～800mm；冬季降水量呈现由东南向西北递减的分布特征，库区降水量一般在25～75mm，冬季降水中心主要在湖南省中东部地区，降水量在200～250mm。RG_R50能够模拟得到大巴山和巫山以南（湖南与湖北交界处）夏季的两个主要降水中心，同时在西北松潘高原、西南云贵高原以及东南雪峰山等山区也出现了较大的降水，这些山区高原降水量普遍超过1000mm，而在四川盆地以及库区东南部海拔较低的地区低估降水量20%～30%；在冬季RG_R50能够模拟出降水量由东南向西北梯级递减的空间分布，但湖南中东地区模拟降水量在150～200mm，较观测的降水量低20%左右，西北地区模拟降水量在75～100mm，较观测的降水量高出60%以上。与RG_R50相比，RG_R10模拟的降水

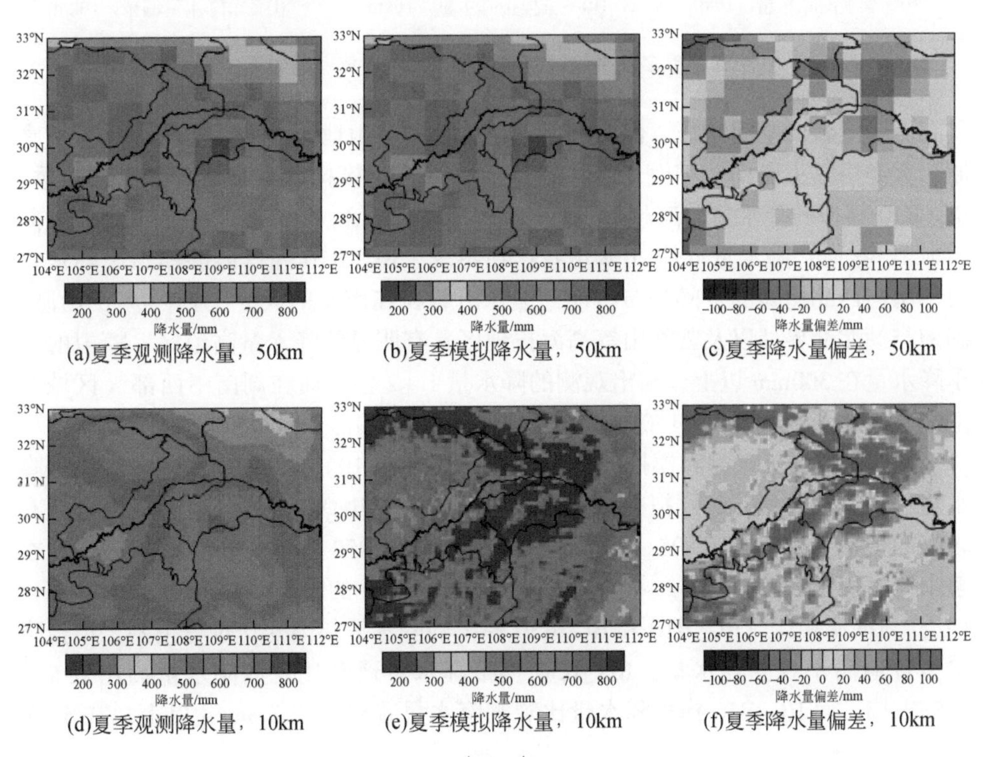

(a)夏季观测降水量，50km (b)夏季模拟降水量，50km (c)夏季降水量偏差，50km

(d)夏季观测降水量，10km (e)夏季模拟降水量，10km (f)夏季降水量偏差，10km

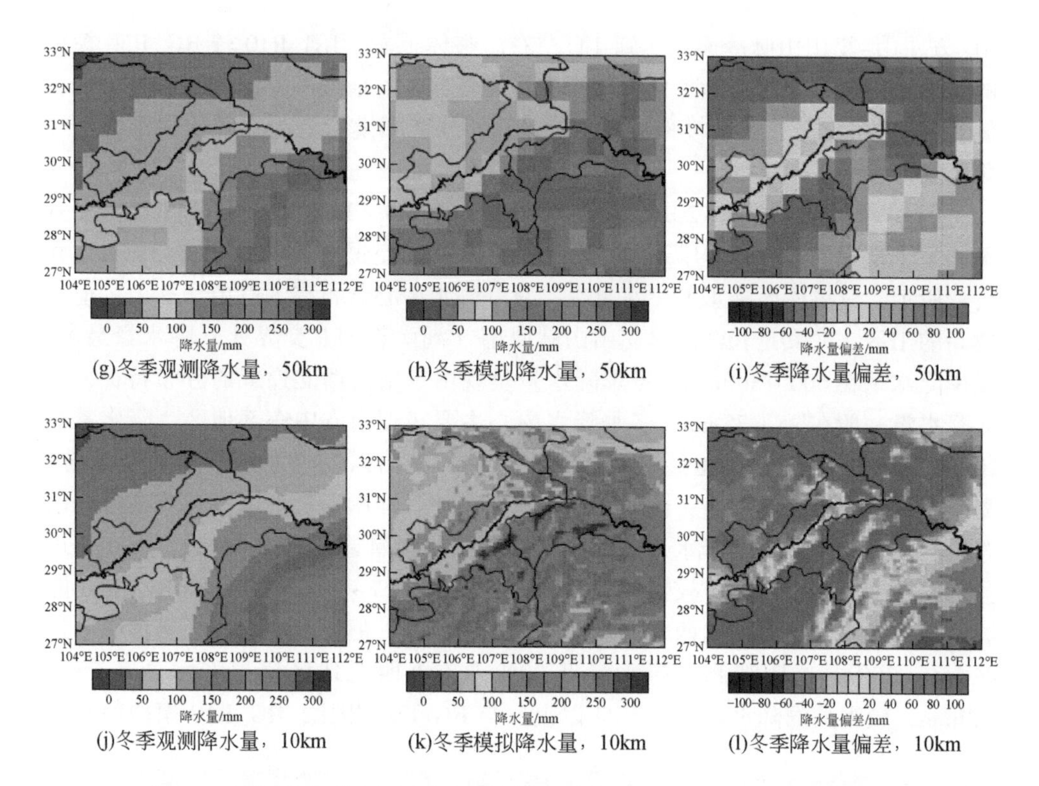

(g)冬季观测降水量，50km (h)冬季模拟降水量，50km (i)冬季降水量偏差，50km

(j)冬季观测降水量，10km (k)冬季模拟降水量，10km (l)冬季降水量偏差，10km

图 8-3 夏季和冬季多年平均观测和模拟降水的空间分布以及二者的偏差

具有更为细致的空间特征，但对环绕四川盆地的高山地区（如松潘高原、云贵高原、大娄山、大巴山、巫山、雪峰山等）的降水量模拟存在高估现象。在夏季，RG_R10 模拟的降水量普遍超过观测的降水量 1 ~ 2 倍，而在地势较低的平原地区（如四川盆地）降水量低估 20% 左右；在冬季，RG_R10 同样能够模拟出降水量由东南向西北递减的空间分布特征，但在沿着长江南岸的大娄-方斗-巫山山脉、湖南与湖北交界处以及雪峰山等高海拔地区具有明显的降水量高值区，模拟的冬季降水量在 300mm 以上，高出观测的降水量 1 ~ 2 倍，而在湖南中西部（区域东南部）降水量仅为 100 ~ 150mm，较观测的降水量偏低 20% ~ 60%。

图 8-4 显示了观测和模拟的（RG_R50 和 RG_R10）区域平均的 2m 气温和降水量年内变化过程。从模拟的年内变化过程来看，RegCM4 对气温和降水量具有较好的模拟效果。与 CN05.1 观测数据相比，RG_R50 和 RG_R10 模拟的气温在整个年内过程中普遍存在 2 ~ 3℃暖偏差，且 RG_R10 的暖偏差高出 RG_R50 0.5 ~ 1℃；与气温相比，RG_R10 和 RG_R50 模拟的降水量年内变化过程稍差，模拟降水量普遍高于观测降水量，RG_R50 模拟降水量通常比观测降水量高出 0.5 ~ 1.5mm/d，而 RG_R10 模拟降水量比观测降水量普遍高出 2mm/d 以上，在 5 ~ 6

月甚至高出观测降水量 4mm/d，仅冬季降水量高估程度较小。

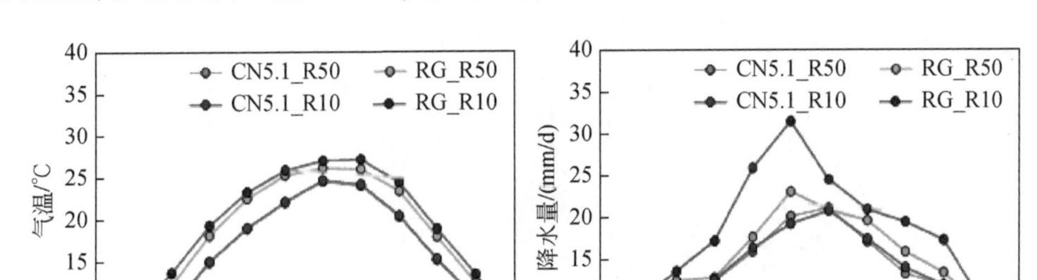

图 8-4　模拟和观测的 48 个修正点在 50km 和 10km 分辨率下的平均 2m 气温和降水量年内变化特征

总体来看，利用 RG_R50 结果驱动 RegCM4 进行 RG_R10 双层嵌套模拟能够再现三峡库区的主要气候学特征。与 RG_R50 相比，尽管在 RG_R10 模拟中存在较大的偏差，例如气温普遍存在暖偏差，降水量被普遍高估。但 RG_R10 可以获取比 RG_R50 更为细致的空间变化特征，同时对于年内变化过程也具有一定的模拟能力，能够捕捉到气温和降水量空间分布的主要特征。

8.2.2　三峡水库对水循环及能量平衡过程要素的影响

通过对比无水面（RG_R10）和有水面（RG_R10_L1 和 RG_R10_L2）模拟结果之间的差异（定义为有水面−无水面），可以发现水库对库区及周边区域气候存在影响。图 8-5 ~ 图 8-8 分别给出了有水面（RG_R10L1 和 RG_R10_L2）与无水面之间的 2m 平均气温、感热通量、降水量以及蒸发在春季（MAM）、夏季（JJA）、秋季（SON）以及冬季（DJF）差异的空间分布，黑点（‘•’）表示该区域要素通过了 90% 的 T 检验，为了避免 T 检验样本中天气事件的影响，T 检验采用 5 天滑动平均所得样本进行计算。同时，图 8-9（a）~（d）和（e）~（h）分别给出了水面（RG_R10_L1 和 RG_R10_L2）引起的库区平均气温、降水量、蒸发以及感热通量差异的年内及日内变化过程，并在表 8-4 和表 8-5 中给出了相应变化的统计量。

三峡水库对库区平均气温、感热通量、降水量以及蒸发的影响具有明显的季节性和空间特征，其影响区集在库区（48 个修改网格）及周边区域。如图 8-5 所示，RG_R10_L1 和 RG_R10_L2 均可以观察到平均气温在库区内有一定程度的变化，尤其在 RG_R10_L2 变化幅度较大。整体上看，水库对于库区平均气温的

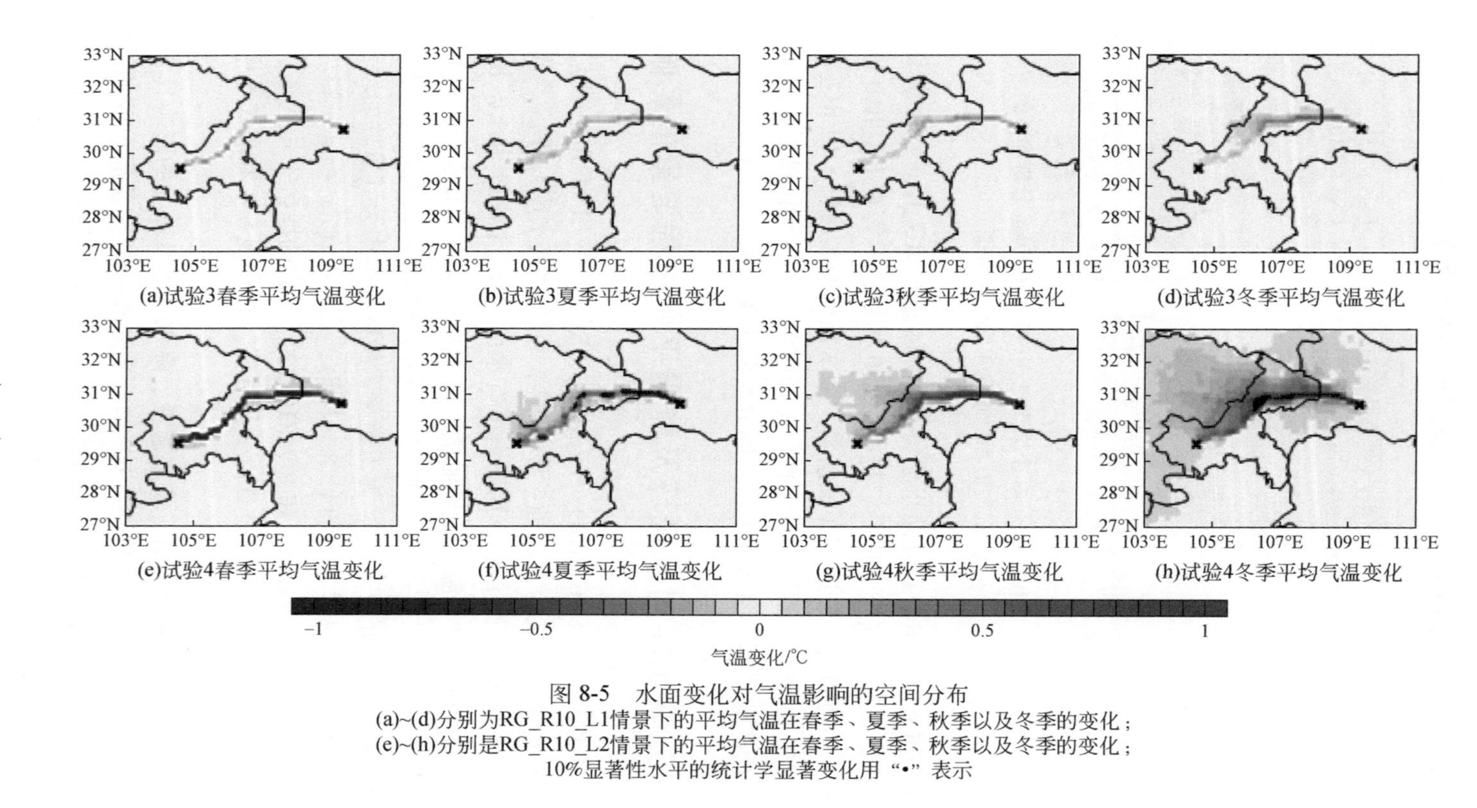

图 8-5　水面变化对气温影响的空间分布

(a)~(d)分别为RG_R10_L1情景下的平均气温在春季、夏季、秋季以及冬季的变化；
(e)~(h)分别是RG_R10_L2情景下的平均气温在春季、夏季、秋季以及冬季的变化；
10%显著性水平的统计学显著变化用"•"表示

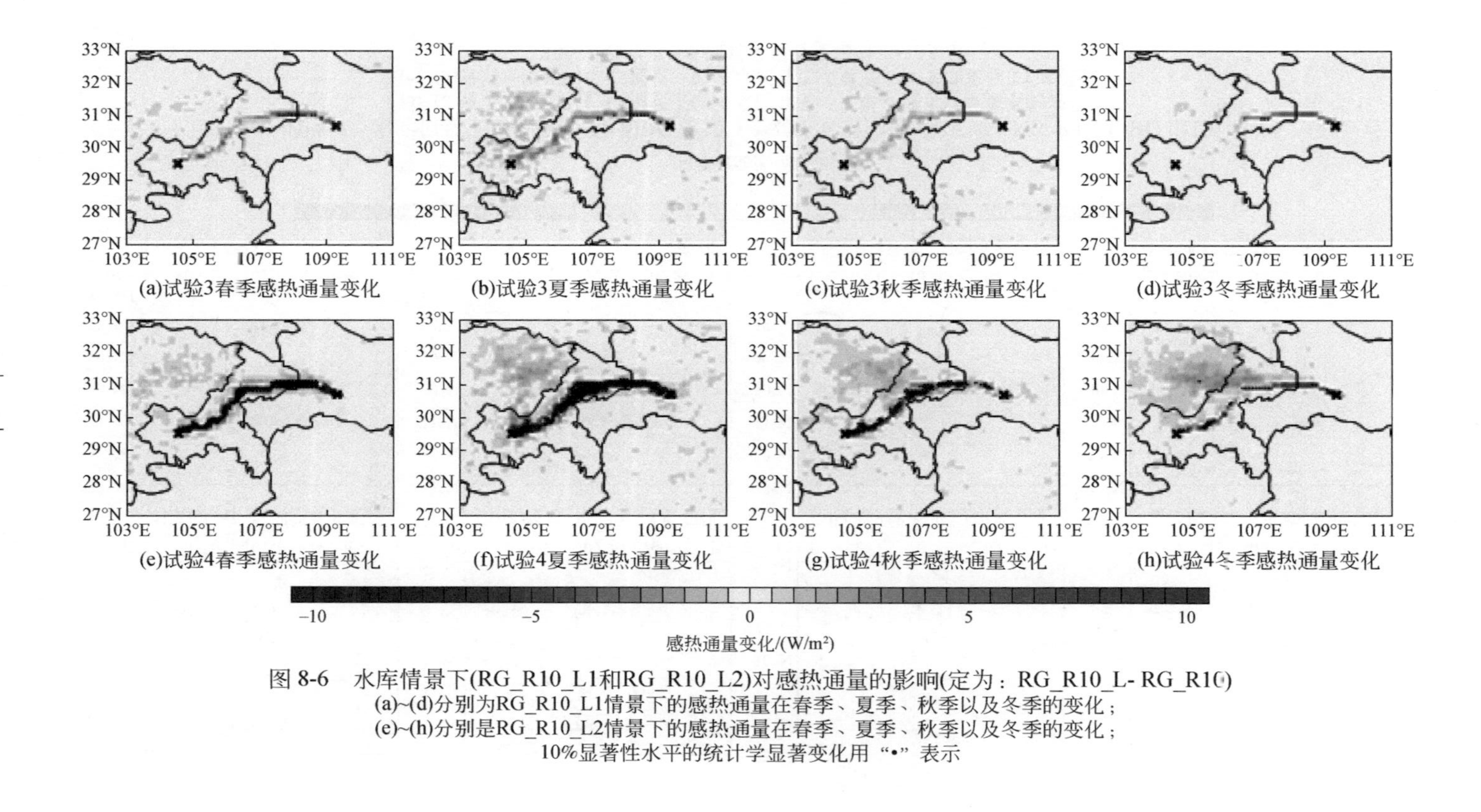

图 8-6　水库情景下(RG_R10_L1和RG_R10_L2)对感热通量的影响(定为：RG_R10_L- RG_R10)
(a)~(d)分别为RG_R10_L1情景下的感热通量在春季、夏季、秋季以及冬季的变化；
(e)~(h)分别是RG_R10_L2情景下的感热通量在春季、夏季、秋季以及冬季的变化；
10%显著性水平的统计学显著变化用“•”表示

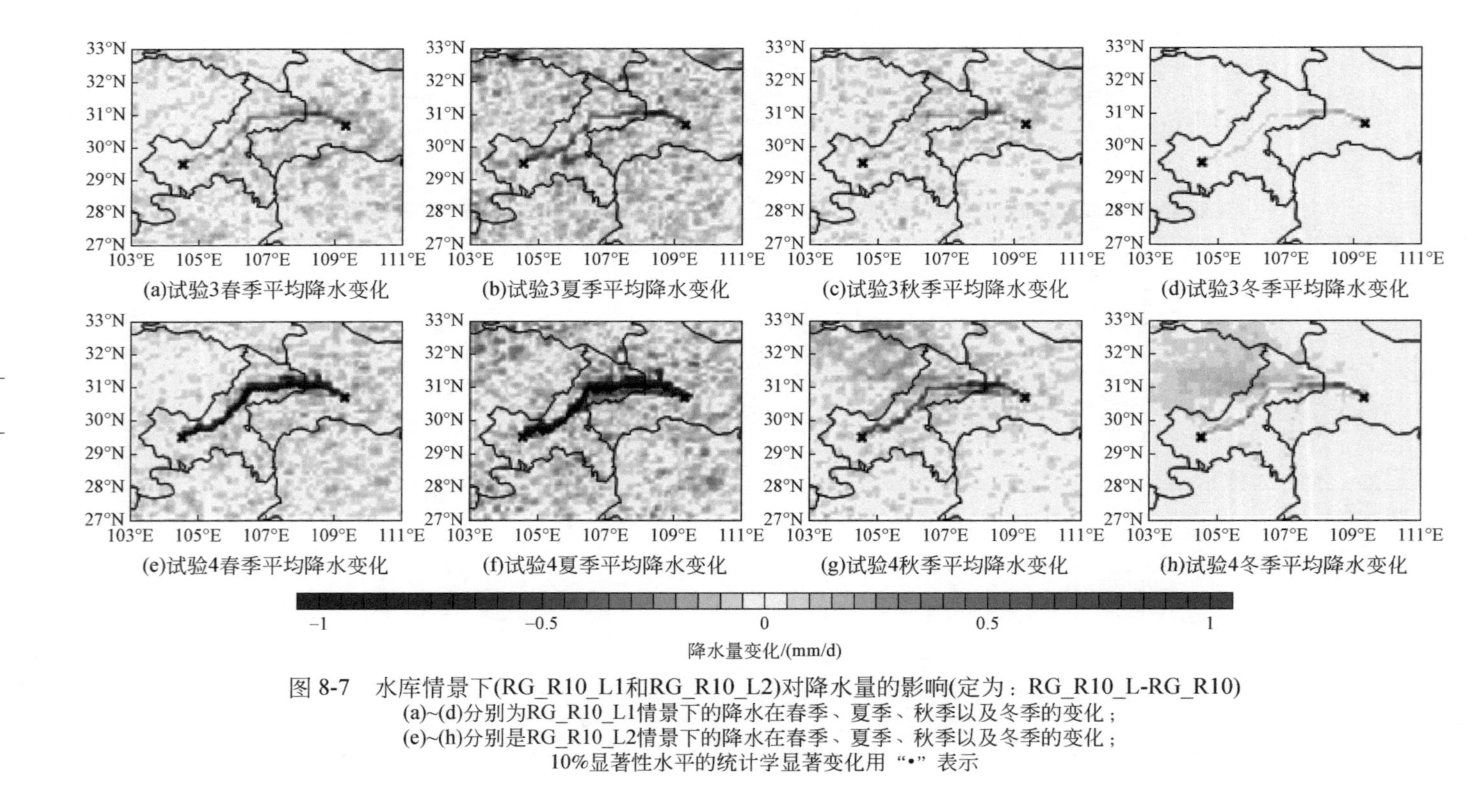

图 8-7 水库情景下(RG_R10_L1和RG_R10_L2)对降水量的影响(定为：RG_R10_L-RG_R10)

(a)~(d)分别为RG_R10_L1情景下的降水在春季、夏季、秋季以及冬季的变化；

(e)~(h)分别是RG_R10_L2情景下的降水在春季、夏季、秋季以及冬季的变化；

10%显著性水平的统计学显著变化用“•”表示

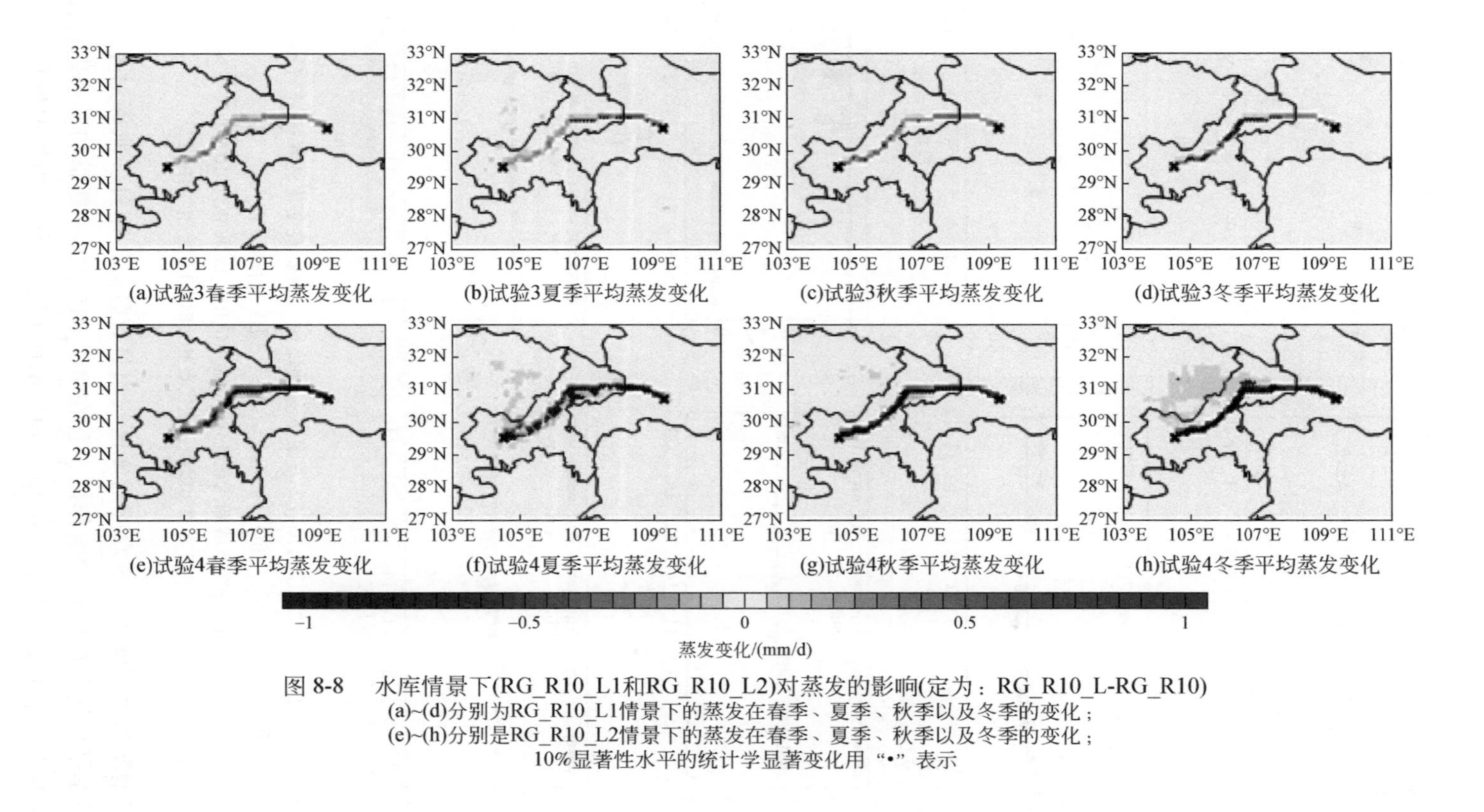

图 8-8 水库情景下(RG_R10_L1和RG_R10_L2)对蒸发的影响(定为：RG_R10_L-RG_R10)
(a)~(d)分别为RG_R10_L1情景下的蒸发在春季、夏季、秋季以及冬季的变化；
(e)~(h)分别是RG_R10_L2情景下的蒸发在春季、夏季、秋季以及冬季的变化；
10%显著性水平的统计学显著变化用“•”表示

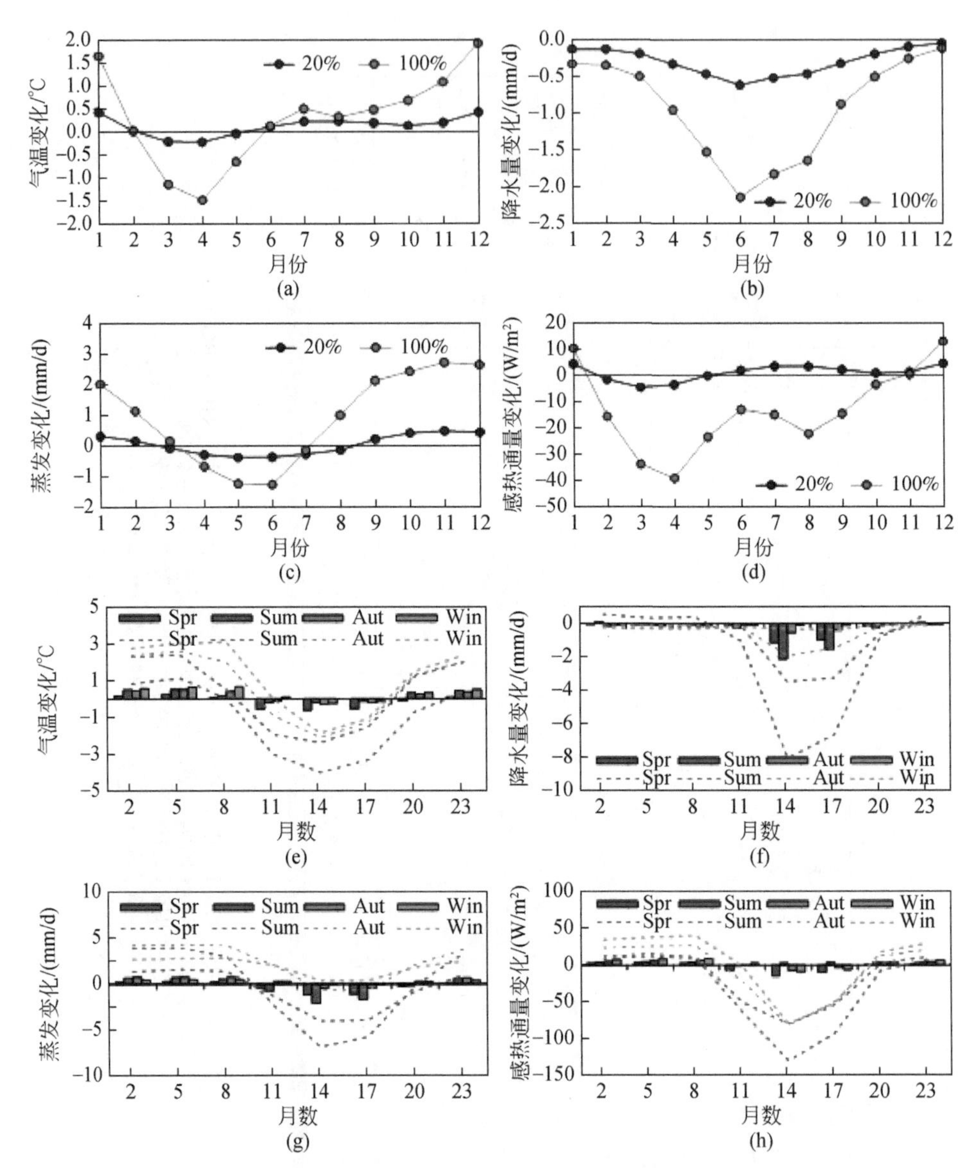

图 8-9 RG_R10_L1 和 RG_R10_L2 方案下三峡库区气象要素变化的年内［(a)~(d)和日内(e)~(h)］循环过程

(a)~(d)中深灰线和浅灰线分别代表 RG_R10_L1 和 RG_R10_L2；

(e)~(h)中直方图和虚线分别代表 RG_R10_L1 和 RG_R10_L2

影响以增温为主，除了春季水库对库区气温具有降温作用外，水库对夏季、秋季以及冬季平均气温均具有增温作用，且在 RG_R10_L2 中夏季和冬季库首段增温通过 90% 显著性检验。RG_R10_L1（RG_R10_L2）全年平均气温增加了 0.12℃

(0.29℃)，其中，RG_R10_L1（RG_R10_L2）在冬季增温幅度最大，达到0.29℃（1.2℃），而夏季和秋季也分别增加了0.19℃（0.32℃）和0.17℃（0.75℃），仅在春季平均气温降低0.16℃（1.09℃）。进一步分析平均气温的日变化过程发现，水库对白天气温具有较强的冷却作用，对夜间气温具有较强的增温作用，气温日较差减小。从季节上来看，春季以白天的降温作用为主，而其余季节以夜间的增温作用为主，其中，RG_R10_L1（RG_R10_L2）在春季、夏季、秋季以及冬季的白天气温分别降低了0.46℃（2.75℃）、0.04℃（1.15℃）、0.08℃（0.73℃）以及0.02℃（0.34℃），而夜间气温分别增加了0.15℃（0.58℃）、0.41℃（1.79℃）、0.44℃（2.24℃）以及0.58℃（2.82℃）。

表8-4　两种湖泊方案下三峡库区水循环及能量平衡过程要素在各季节多年平均变化量

季节	气温		降水量		蒸发		感热通量	
	20%	100%	20%	100%	20%	100%	20%	100%
春季	-0.16	-1.09	-0.32	-0.99	-0.25	-0.59	-2.69	-32.16
夏季	0.19	0.32	-0.52	-1.86	-0.26	-0.14	2.98	-16.71
秋季	0.17	0.75	-0.19	-0.54	0.36	2.42	1.48	-5.84
冬季	0.29	1.20	-0.09	-0.25	0.29	1.92	2.42	2.59
年平均	0.12	0.30	-0.28	-0.91	0.04	0.90	1.05	-13.03

表8-5　两种湖泊方案下三峡库区水循环及能量平衡过程要素在白天与夜间多年平均变化量

要素	白昼	春季		夏季		秋季		冬季	
		20%	100%	20%	100%	20%	100%	20%	100%
气温/℃	白天	-0.46	-2.75	-0.04	-1.15	-0.08	-0.73	-0.02	-0.34
	夜间	0.15	0.58	0.41	1.79	0.44	2.24	0.58	2.82
降水量/mm	白天	-0.60	-1.88	-1.06	-4.16	-0.28	-0.96	-0.09	-0.26
	夜间	-0.03	-0.08	0.02	0.47	-0.10	-0.11	-0.09	-0.24
蒸发/mm	白天	-0.74	-2.49	-1.17	-3.76	-0.04	0.73	0.12	1.19
	夜间	0.25	1.32	0.66	3.55	0.76	4.12	0.48	2.71
感热通量/(W/m^2)	白天	-7.89	-73.15	2.07	-45.52	-2.31	-35.21	-2.33	-28.68
	夜间	2.57	9.37	3.92	12.25	5.29	23.92	7.46	35.24

如图8-6所示，与库区2m气温相比，湖面显热通量受到库区水域面积变化的影响更明显，但影响区域仍集中在库区以及周边岸线。RG_R10_L1中库区全年的感热通量平均增加了约1.05W/m^2，而RG_R10_L2中全年的感热通量平均降低了13.03W/m^2。从季节上来看，RG_R10_L1中库区的感热通量在春季减少了

2.69W/m^2，而在夏季、秋季以及冬季分别增加了2.98W/m^2、1.18W/m^{2}以及2.42W/m^2，且这些变化仅在库区中部至库首段的部分区域通过90%显著性检验；而RG_R10_L2中库区的感热通量仅冬季增加了2.59W/m^2，春季、夏季以及秋季分别减少了32.16W/m^2、16.71W/m^{2}以及5.84W/m^2，且这些变化在库区及周边岸线多数通过了90%显著性检验。进一步分析感热通量的日循环过程发现，除RG_R10_L1的夏季外，RG_R10_L1和RG_R10_L2的其他季节白天感热通量会有所减少，而夜间感热通量有所增加。其中，RG_R10_L1（RG_R10_L2）在春季、夏季、秋季以及冬季的白天感热通量变幅分别为-7.89W/m^2（73.15W/m^2）、2.07W/m^2（-45.52W/m^2）、-2.31W/m^2（-35.21W/m^2）以及-2.33W/m^2（-28.68W/m^2），而夜间感热通量变幅分别为2.57W/m^2（9.37W/m^2）、3.92W/m^2（12.25W/m^2）、5.29W/m^2（23.92W/m^2）以及7.46W/m^2（35.24W/m^2）。

如图8-7（a）~（d）所示，RG_R10_L1中沿着重庆—宜昌的整个长江河道中的全年降水量都存在微弱的减少趋势，但这种变化未通过显著性检验。而在RG_R10_L2中［图8-7（e）~（h）］，降水量明显减少，尤其夏季降水量显著（通过90%显著性检验），春季次之（通过90%显著性检验）。值得注意的是，RG_R10_L2夏季在108°E~110°E的长江干流南岸（巫山一带）沿着东西走向有一条明显的增雨带，部分网格点的降水量增加通过90%的T检验。整体上看，RG_R10_L2中库区降水量的变化量约为RG_R10_L1中的3倍，RG_R10_L1（RG_R10_L2）年平均降水量减少了0.28mm/d（0.91mm/d），其中夏季减少最多为0.52mm/d（1.86mm/d），而春季、秋季以及冬季分别减少0.32mm/d（0.99mm/d）、0.19mm/d（0.54mm/d）以及0.09mm/d（0.25mm/d）。从降水量日循环过程来看，降水量减少集中在白天下午14：00~17：00，夜间降水量的变化微弱。在白天，RG_R10_L1（RG_R10_L2）的夏季降水量减少了1.06mm/3h（4.16mm/3h），而春季、秋季以及冬季分别减少了0.6mm/3h（1.88mm/3h）、0.28mm/3h（0.96mm/3h）以及0.09mm/3h（0.26mm/3h）。在夜晚，RG_R10_L1（RG_R10_L2）的夏季降水量增加了0.02mm/3h（0.47mm/3h），春季、秋季以及冬季分别减少了0.03mm/3h（0.08mm/3h）、0.1mm/3h（0.11mm/3h）、0.09mm/3h（0.24mm/3h）。

如图8-8所示，在春季和夏季，RG_R10_L1和RG_10_L2模拟的沿着重庆—宜昌的整个长江河道中的蒸发减少（RG_R10_L2中通过90%显著性检验），而在秋季和冬季河道中的蒸发增加（RG_R10_L2中通过90%显著性检验）。整体上看，RG_R10_L1（RG_R10_L2）年平均蒸发增加了0.04mm/d（0.9mm/d）。其中，秋季增加最多为0.36mm/d（2.42mm/d），其次冬季增加了0.29mm/d（1.92mm/d），而春季和夏季分别减少了0.25mm/d（0.59mm/d）、0.26mm/d

(0.14mm/d)。从蒸发日循环过程来看，春季和夏季白天下午14：00～17：00蒸发都有较大程度减少，而秋季下午减少程度微弱，冬季下午有轻微增加。在白天，RG_R10_L1（RG_R10_L2）的春季和夏季以及秋季蒸发分别减少了0.74mm/3h（2.49mm/3h）、1.17mm/3h（3.76mm/3h）以及0.04mm/3h（0.73mm/3h），而冬季增加了0.12mm/3h（1.19mm/3h）。在夜间，所有季节的蒸发都较大幅度增加，RG_R10_L1（RG_R10_L2）的秋季夜间蒸发增加得最多，增幅达到了0.76mm/3h（4.12mm/3h），春季、秋季以及冬季分别减少了0.25mm/3h（1.32mm/3h）、0.66mm/3h（3.55mm/3h）、0.48mm/3h（2.71mm/3h）。

8.2.3 三峡水库对水分迁移和环流的影响

图8-10为10km分辨率下，白天（14：00）和夜间（2：00）无湖泊方案下（RG_R10）水汽通量的垂直剖面图及两种湖泊方案下（RG_R10_L1和RG_R10_L2）水汽通量的差异。由图8-10可知，RG_R10_L1和RG_R10_L2两种方案下水汽差异（ΔW）在白天和夜间均有变化，且RG_R10_L2中的ΔW明显大于RG_R10_L1。从季节上看，ΔW在夏季变化程度最大，其次是春季，在冬季变化程度最小。在白天，不同季节600～800hPa下以ΔW增加为主，800～925hPa下以ΔW减少为主（均未通过显著性检验）。如图8-10（e）、(f）所示，夜间ΔW在垂直高度上的变化与白天相似，仅在900～925hPa的近地表有所差别。与白天900～925hPa处ΔW减少相反，夜间ΔW在900～925hPa处有较大幅度的增加，且在RG_R10_L2的夏季中通过了显著性检验（仅在925hPa处），RG_R10_L1的夜间ΔW在925hPa处虽然也有轻微增加，但未通过显著性检验。如图8-10（a）、(d）所示，无湖泊方案下近地表不同季节的水汽变幅在0.15～1.3kg/(m·s)，而

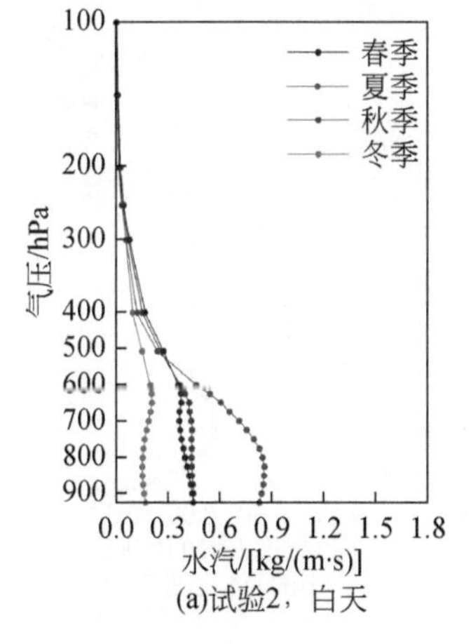

(a)试验2，白天

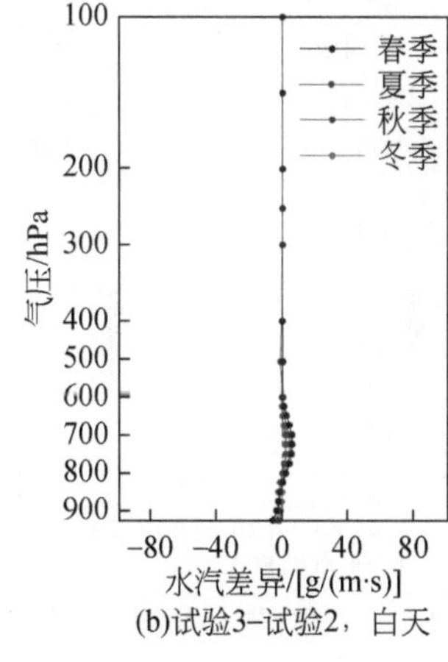

(b)试验3-试验2，白天

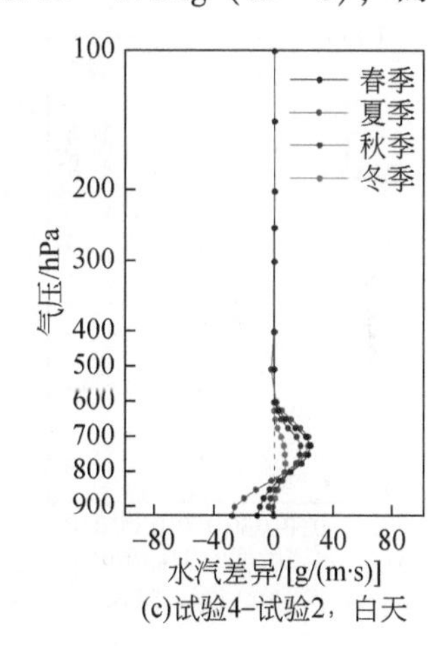

(c)试验4-试验2，白天

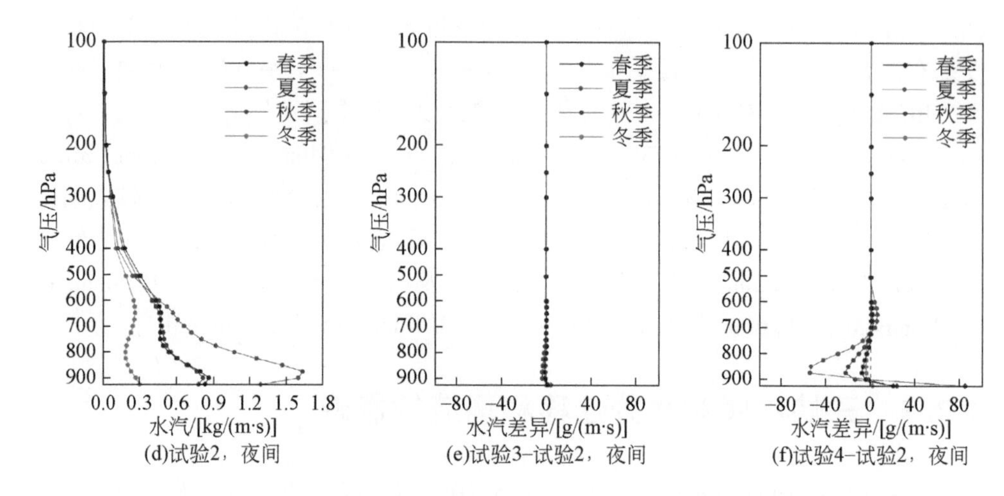

图 8-10 白天和夜间多种方案下的水汽垂直剖面及其变化

（a）RG_R10 方案白天的水汽垂直剖面；（b）RG_R10_L1 与 RG_R10 方案的水汽差异；（c）RG_R10_L2 与 RG_R10 方案的水汽差异；（d）~（f）与（a）~（c）相同，但为夜间结果；黑点表示通过 95% 显著性检验的变化值

RG_R10_L1 中的水汽在近地表处（925hPa）白天减少和夜间增加幅度均不足 5g/(m·s)，即使在影响程度较大的 RG_R10_L2 中夏季夜间变幅也仅为 81g/(m·s)，总体来看，库区水汽变化十分微弱。

图 8-11 为 10km 分辨率下，白天（14：00）和夜间（2：00）无湖泊方案下（RG_R10）水汽散度的垂直剖面图及两种湖泊方案下（RG_R10_L1 和 RG_R10_L2）水汽散度的差异。由图 8-11 可知，除 RG_R10_L1 夜间方案外，RG_R10_L1 和 RG_R10_L2 的散度变化（ΔDiv）在 600 ~ 1000hPa 高度大多都通过了 95% 显

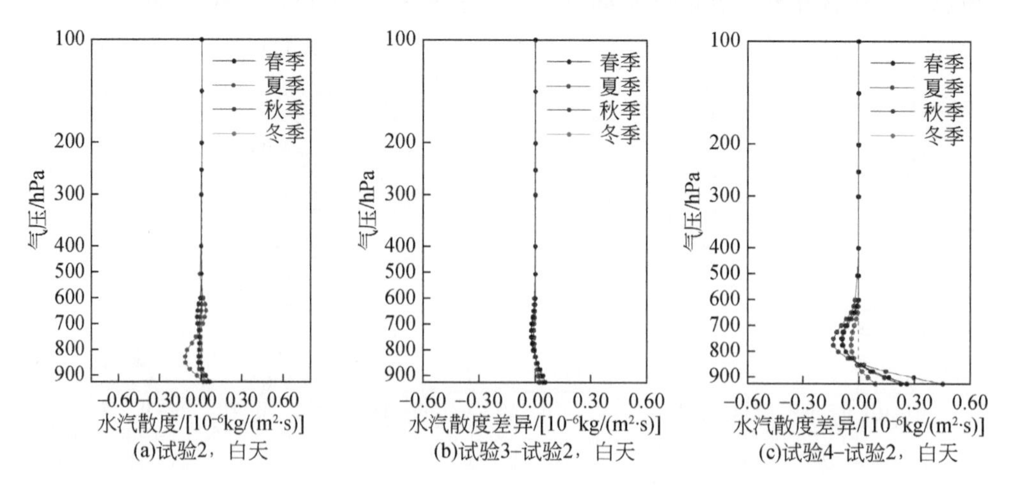

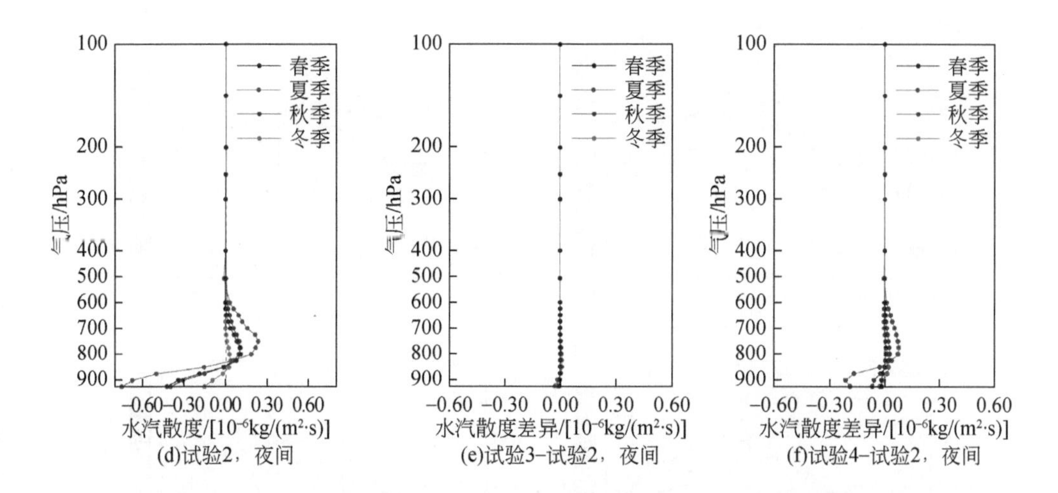

图 8-11　白天和夜间多种方案下的水汽散度垂直剖面及其变化

（a）RG_R10 方案白天的水汽散度垂直剖面；（b）RG_R10_L1 与 RG_R10 方案的水汽散度差异；（c）RG_R10_L2 与 RG_R10 方案的水汽散度差异；（d）~（f）与（a）~（c）相同，但为夜间结果；黑点表示通过 95% 显著性检验的变化值

著性检验。RG_R10_L2 中 ΔDiv 的变化程度远大于 RG_R10_L1，RG_R10_L1 中的 ΔDiv 仅有极微弱的变化。如图 8-11（b）和（c）所示，在白天，RG_R10_L1 和 RG_R10_L2 的 ΔDiv 在 800 ~ 925hPa 高度处显著增加（通过 95% 显著性检验），在 600 ~ 800hPa 处显著减少（通过 95% 显著性检验），且夏季变化幅度最大。如图 8-11（e）和（f）所示，在夜间，ΔDiv 变化与白天的变化特征相反，ΔDiv 在 600 ~ 800hPa 处增加，在 800 ~ 925hPa 处减少，且在 RG_R10_L2 中通过了 95% 显著性检验。与无湖泊的白天和夜间散度场相比［图 8-11（a）、（d）］，RG_R10_L1 中的散度变化对原始散度场在近地表的白天水汽辐散和夜间水汽辐合有十分微弱的增强作用，但几乎没有改变库区水面垂向原有的散度场格局。而在 RG_R10_L2 中，水面效应的程度增大，使得 RG_R10_L2 中的散度变化对原始散度场有较大的影响，改变了白天库区水面垂向原有的散度场格局，形成稳定的下层水汽辐散（800 ~ 925hPa）及上层水汽辐合（600 ~ 800hPa）。RG_R10_L2 中夜间库区水面垂向原有的散度场格局没有发生改变，但在水库效应的影响下，原有的下层水汽辐合（800 ~ 925hPa）和上层水汽辐散（600 ~ 800hPa）的程度得到进一步增强。

为了进一步了解水汽通量及其散度的空间变化特征，本研究选择了垂直方向上水汽和散度正负差异较为明显的 700hPa 及 850hPa 处进行水平空间的分析，并在图 8-12 ~ 图 8-15 中分别给出了 RG_R10_L1 和 RG_R10_L2 方案在白天（14：00）和夜间（2：00）差异的空间分布，黑点表示通过 95% 显著性检验的变化值。

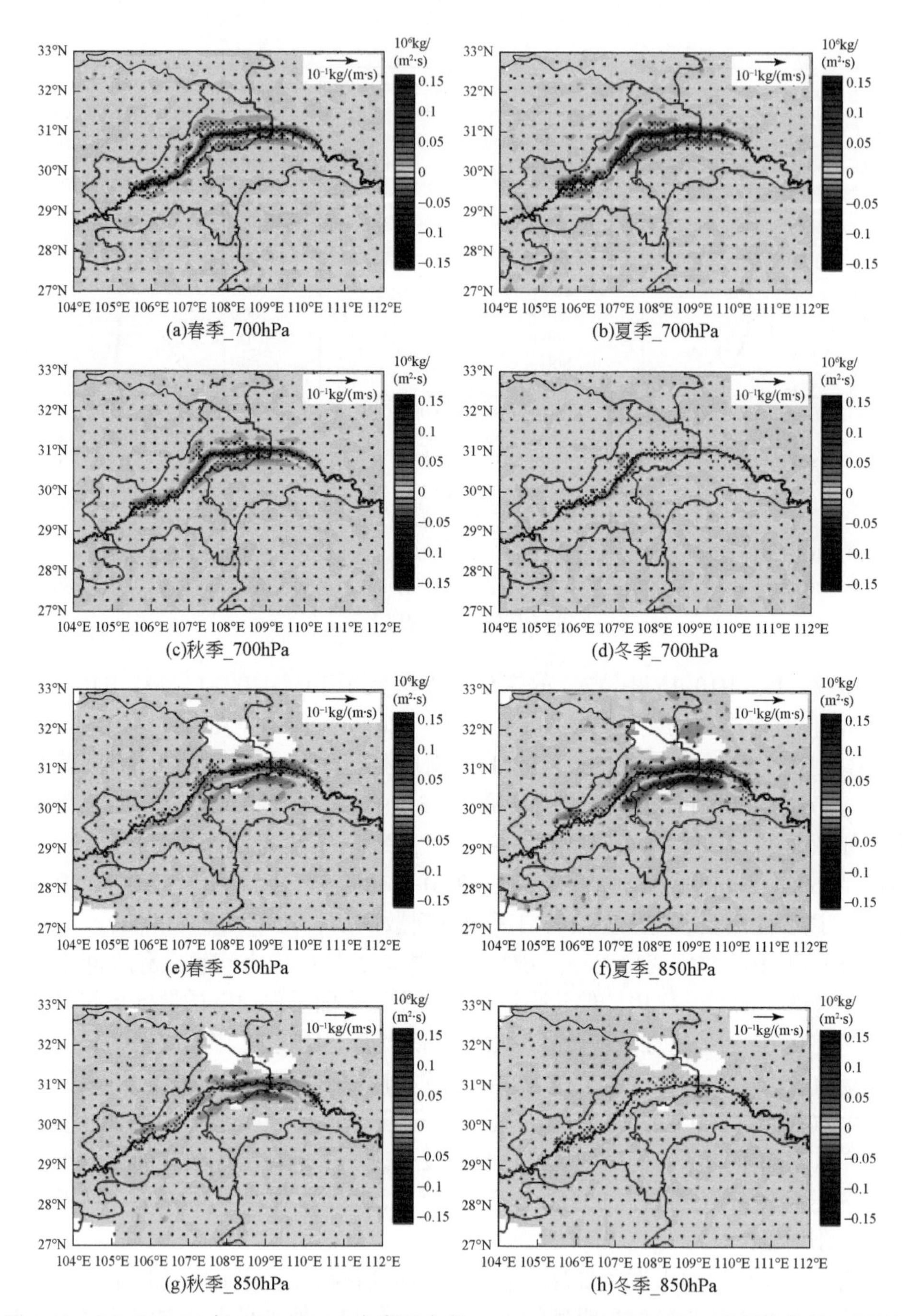

图 8-12 RG_R10_L1 与 RG_R10_L2 方案下白天 14：00 700hPa 和 850hPa 的散度差异（阴影）和水汽差异（矢量箭头）空间分布

黑点表示通过 90% 显著性检验的变化值，空白表示海拔超过 1500m 的区域

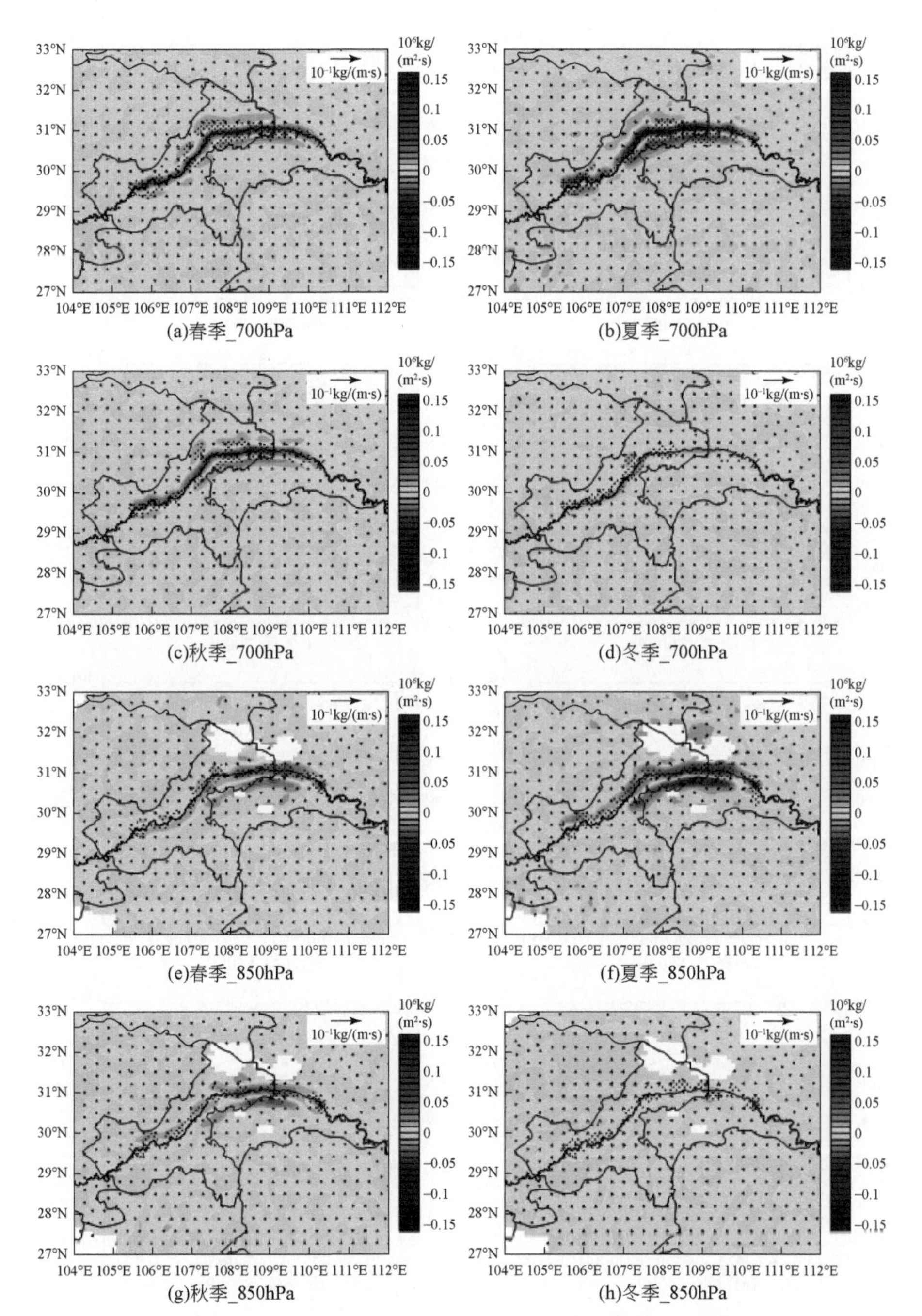

图 8-13　RG_R10_L2 与 RG_R10 方案下白天 14：00 700hPa 和 850hPa 的散度差异（阴影）和水汽差异（矢量箭头）空间分布

黑点表示通过 90% 显著性检验的变化值，空白表示海拔超过 1500m 的区域

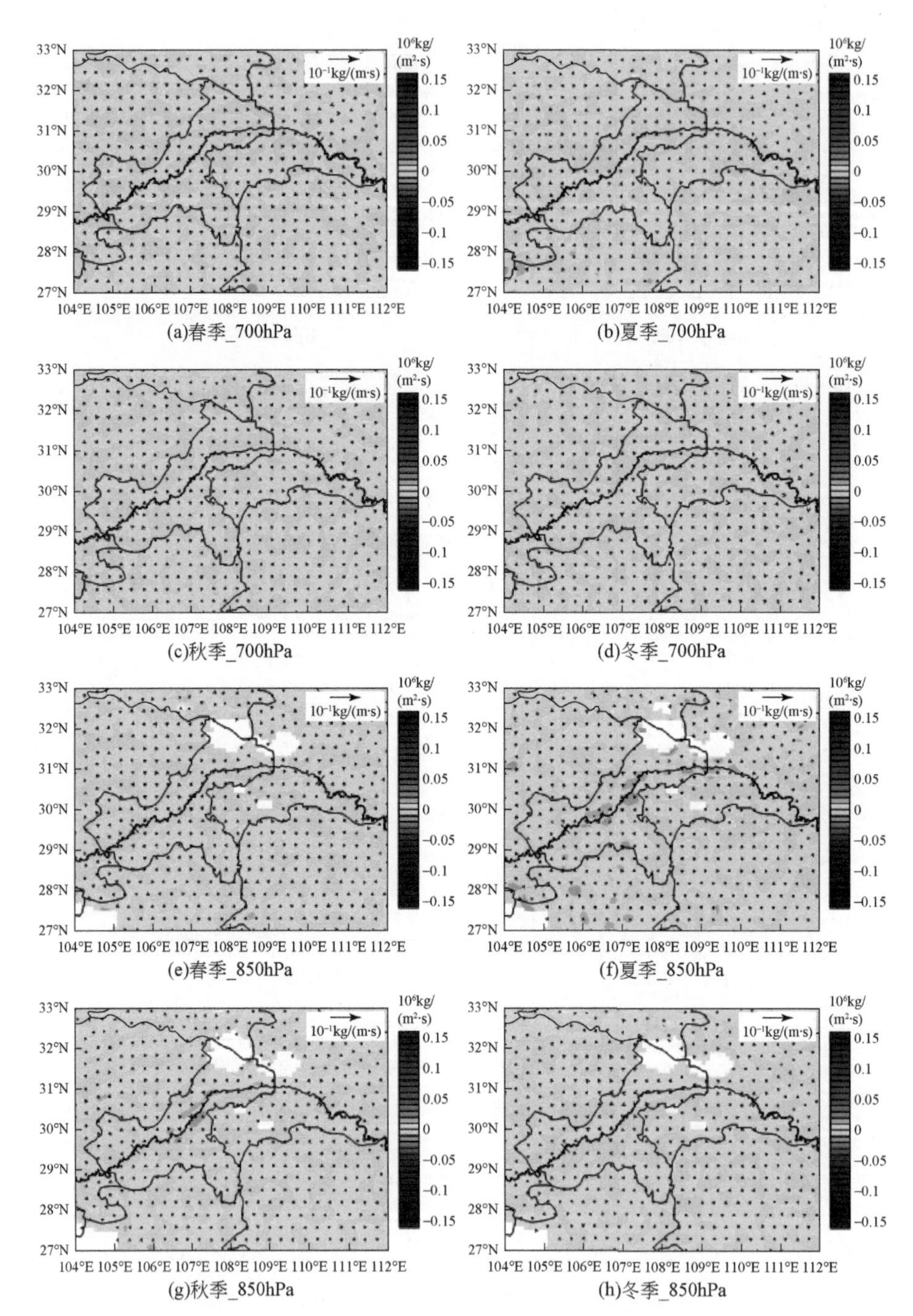

图 8-14　RG_R10_L1 与 RG_R10 方案下夜间 2：00 700hPa 和 850hPa 的散度差异（阴影）和水汽差异（矢量箭头）空间分布

黑点表示通过 90% 显著性检验的变化值，空白表示海拔超过 1500m 的区域

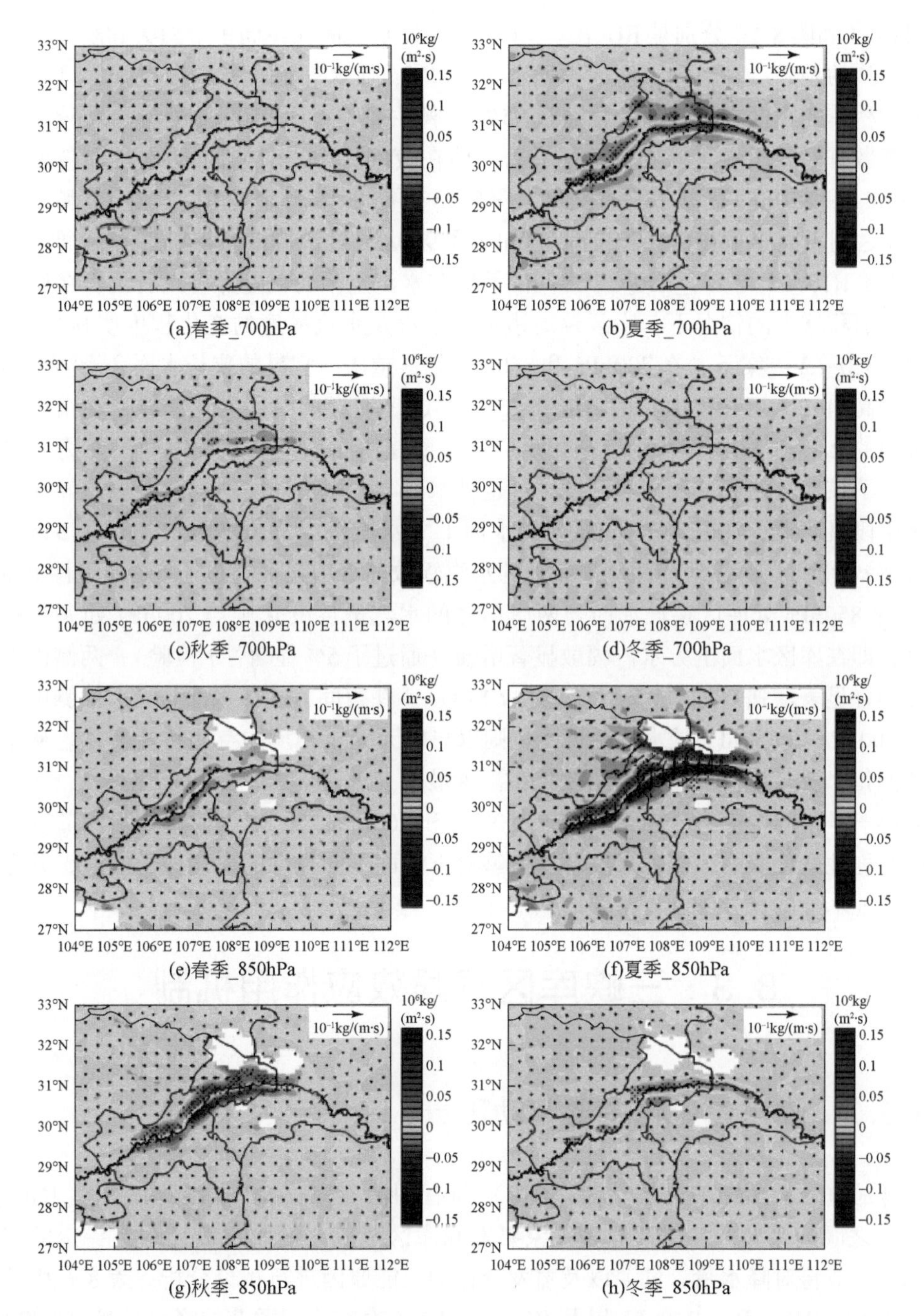

图 8-15 RG_R10_L2 与 RG_R10 方案下夜间 2：00 时 700hPa 和 850hPa 的散度差异（阴影）和水汽差异（矢量箭头）空间分布

黑点表示通过 90% 显著性检验的变化值，空白表示海拔超过 1500m 的区域

图8-12和图8-14分别是RG_R10_L1与RG_R10之间在不同季节白天和晚上散度及水汽的差异。在白天，库区水面上方700hPa处水汽辐合有轻微增强，且在春季和秋季的库区中段处的变化通过95%显著性检验；而850hPa处春季和秋季水汽辐散有轻微增强，但变化并不显著。而在夜间，RG_R10_L1的水汽和散度在700hPa和850hPa处几乎没有变化。图8-13和图8-15分别是RG_R10_L2和RG_R10之间不同季节在白天和夜间700hPa和900hPa处散度及水汽的差异。通过对比RG_R10_L1与RG_R10_L2之间的散度和水汽空间变化差异可以看出，在库区水面面积增大的情况下，库区及周边范围水汽及水汽散度的变化程度明显增强。RG_R10_L2方案下，在700hPa和850hPa处，重庆—宜昌的狭长水面和沿河道两侧的高山（大巴和巫山）的ΔW和ΔDiv形成了明显的空间变化差异，在山体与水面的ΔW和ΔDiv变化则完全相反，这主要是由于山地和水面之间的热力差异改变了该地区的环流和相对湿度，且这种水面与两岸山体间的空间变化差异在库区中段最明显。在白天700hPa处的水面上方水汽辐合显著增强（通过了5%显著性t检验），而在河道两侧岸线处的水汽辐散显著增强（通过了5%显著性t检验）；850hPa处库区狭长水面与两岸山体的水汽散度变化则与700hPa处完全相反，即在库区水面上方水汽辐散显著增强（通过了5%显著性t检验），两侧山体处辐合显著增强（通过5%了显著性t检验）。在夜间，库区水面与湖岸两侧山体在700hPa和850hPa处水汽散度变化则以与白天完全相反的空间特征变化。从季节变化来看，水汽散度的空间变化在夏季最大（通过了5%显著性t检验），冬季最小，且夜间效应大于白天效应。850hPa和700hPa之间水汽输送和水汽散度的反对称性变化表明，局地尺度环流能够对下垫面不同程度的变化做出响应，并且对局地水分的再分配起着重要的调节作用。

8.3 三峡库区气候效应作用机制

8.3.1 降水量变化主要驱动因素

通过分析无湖泊方案（RG_R10）与有湖泊方案（RG_R10_L1、RG_R10_L2）之间的差异，发现近地表气象要素和库区范围内的水汽循环均有一定的变化，本节将对降水量、气温以及蒸发变化的可能原因进行讨论分析。表8-6中给出了RG_R10、RG_R10_L1以及RG_R10_L2方案在不同季节的降水总量（TPR）和有湖泊方案与无湖泊方案之间的降水组分差异，同时还给出了对流降水（CPR）对TPR的相应贡献比例。

由表 8-6 可知，无水面情景（RG_R10）库区年平均降水量为 4.1mm/d，CRP 占 TRP 的 56.3%。其中，降水量最多的夏季平均降水总量为 6.8mm/d，CRP 占 TRP 的 90%，而降水量最少的冬季平均降水总量为 1.2mm/d，CRP 占 TRP 的 28.5%。在有水面情景下，RG_R10_L1、RG_R10_L2 全年降水量分别减少 0.3mm/d 和 0.9mm/d，ΔCRP 对 ΔTRP 的贡献分别达到了 72.8% 和 62%，表明 TPR 的减少很大一部分来自 CPR。值得注意的是，虽然在 RG_R10_L1、RG_R10_L2 中降水量均有变化，但 RG_R10_L1 库区范围内年降水量仅减少约 7%，RG_R10_L2 降水量减少达到 22%，RG_R10_L1 降水量受水库影响程度很小。从季节上看，RG_R10_L1、RG_R10_L2 在春季和夏季的 ΔTRP 几乎完全来源于 ΔCPR，而冬季 ΔCRP 对 ΔTRP 的贡献较少。以上分析表明，RegCM4 模拟的夏季降水受对流活动影响明显，而冬季降水模式则与夏季不同，受对流活动的影响较小，夏季对流活动的强弱直接影响该地区雨季降水的变化。

表 8-6　3 种方案下各季节降水总量、有无湖泊方案之间降水组分的差异以及对流降水对于降水总量的贡献　（单位：mm/d）

季节	平均 TPR			ΔTPR	
	RG_R10	RG_R10_L1	RG_R10_L2	RG_R10_L1	RG_R10_L2
春季	4.6(63.8)	4.3(61.1)	3.6(54.3)	-0.3(100.1)	-1.0(96.8)
夏季	6.8(90.0)	6.2(89.1)	4.9(86.3)	-0.5(100.8)	-1.9(99.8)
秋季	3.8(43.1)	3.6(41.0)	3.3(39.5)	-0.2(77.5)	-0.5(54.0)
冬季	1.2(28.5)	1.1(29.0)	1.0(33.0)	-0.1(13.0)	-0.3(-2.4)
年平均	4.1(56.3)	3.8(55.0)	3.2(53.3)	-0.3(72.8)	-0.9(62.0)

湿静能（MSE）是一个由混合比、温度以及位势高度计算得到的热力学变量。通过 MSE 的大小以及差异可以判断大气的稳定程度，进而反映库区对流活动的变化情况。图 8-16 为无湖泊方案下（RG_R10）库区各季节在白天的多年平均湿静能、经向风速以及垂直速度在 109°E ~ 111°E 纬向平均后的垂直剖面图及与有湖泊方案（RG_R10_L1 和 RG_R10_L2）间的差异。如图 8-16（a）、（d）、（g）、（j）所示，MSE 在夏季最大，而在冬季最小，表明在夏季大气稳定程度较低，而在冬季大气稳定程度较高。从图 8-16（b）、（e）、（h）、（k）可以看到，RG_R10_L1 中长江河道（31°N 位置）垂直方向上 800 ~ 950hPa 处的 MSE 普遍减少，同时还存在垂直方向净向下的垂直速度，但整体变化幅度微弱，同样的变化也发生在 RG_R10_L2 中，但其变化程度明显增强。水体对白天气温冷却，造成水面大气下沉，进而抑制对流活动，这种对流抑制现象仅在 RG_R10_L2 夏季

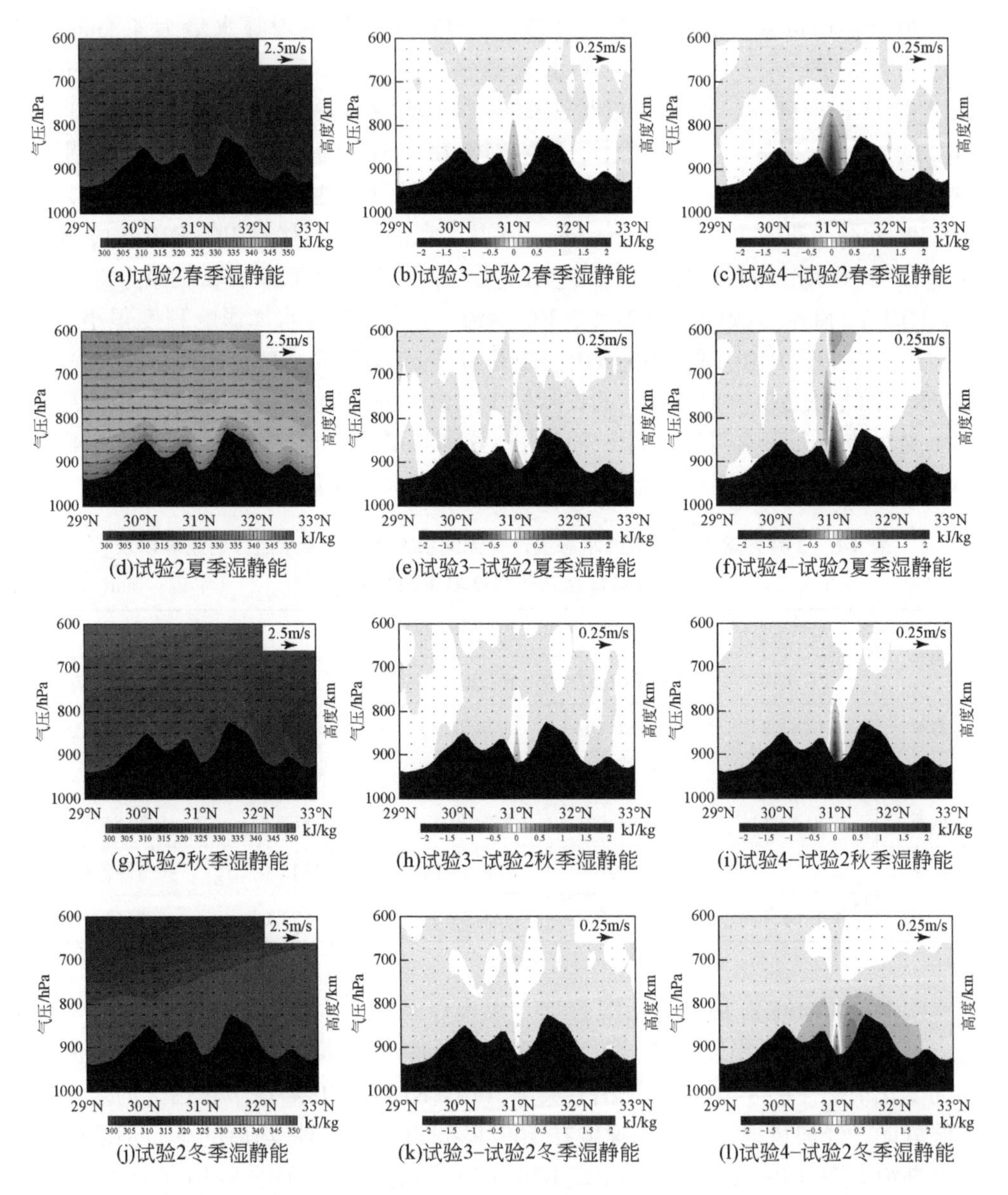

图 8-16 RG_R10 在春、夏、秋和冬季白天 14：00 时经向环流（矢量箭头由垂直运动和经向风合成）和 MSE（阴影）的纬向垂直截面图及其与 RG_R10_L1 和 RG_R10_L2 的差异

黑点表示通过 90% 显著性检验的变化值，黑色阴影区域表示地形，垂直风速被放大 10 倍，三峡库区处于 31°N 的谷值

850～950hPa 通过了 90% 显著性检验。如图 8-16（f）所示，在 RG_R10_L2 中，夏季水面较强的气温冷却作用使得水面与陆地之间的温差变大，在水面上方大气下沉运动的共同作用下，在河道南岸山体与库区之间产生一个顺时针的异常气压梯度。异常气压梯度加强了河道垂直方向上的低层（850hPa 以下）水汽的辐散，以及南岸的水汽辐合。同时，由于夏季白天蒸发的显著减少，夏季低层水汽含量也减少。降水动力条件的不足以及水汽含量的减少对长江河道降水量的显著减少起到了积极的贡献。与之相反，由于低层水汽辐合以及水汽含量的增加，共同促使南岸降水量显著增加。值得注意的是，虽然冬季潜热释放增加，且冬季的 MSE 在河道两岸增加较多，大气稳定程度有所改变，即便如此，冬季库区及周边降水量并没有明显增加。这是因为冬季降水模式与夏季不同，且冬季本身水汽含量较低，大气稳定程度较高，这种程度的变化不足以引起降水量发生明显变化。

图 8-17 为无湖泊方案下（RG_R10）库区各季节在夜间的多年平均湿静能、经向风速以及垂直速度在 109°E～111°E 纬向平均后的垂直剖面图及与有湖泊方案（RG_R10_L1 和 RG_R10_L2）间的差异。从图 8-17（b）、（e）、（h）、（k）可以看到，RG_R10_L1 中长江河道（31°N 位置）垂直方向上 900～950hPa 处的 MSE 有微弱增加，垂直速度无明显变化。而在 RG_R10_L2 中，850～950hPa 处的 MSE 有较大程度的增加，尤其在夏季和冬季（通过了 90% 显著性检验），同时秋季和冬季 700～800hPa 处 MSE 存在微弱的减少。由于水体夜间的增温作用使得库区水面大气产生了微弱的向上运动，这种微弱的上升运动在秋季和冬季 RG_R10_L2 方案下 900～950hPa 处能够较为明显地观察到。同样，水体的夜间增温作用使得水面与北岸山体之间的温度差异变大，在水面上方的大气上升运动的共同作用下，库区与河道北岸山体之间产生一个顺时针的异常气压梯度。异常气压梯度加强了河道垂直方向上的低层（850hPa 以下）水汽的辐合，以及北岸的水汽辐散。

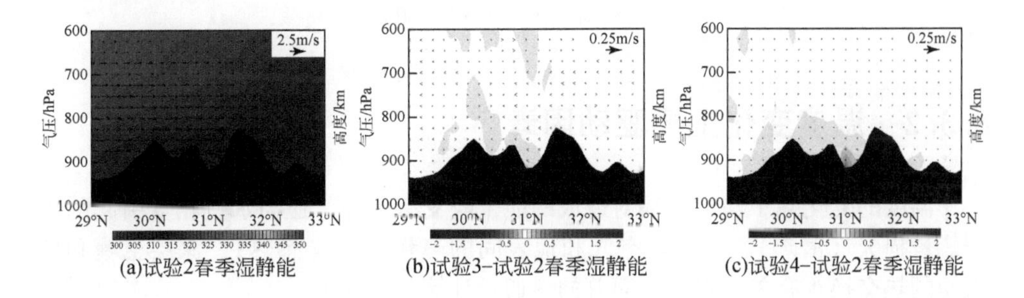

(a)试验2春季湿静能　(b)试验3–试验2春季湿静能　(c)试验4–试验2春季湿静能

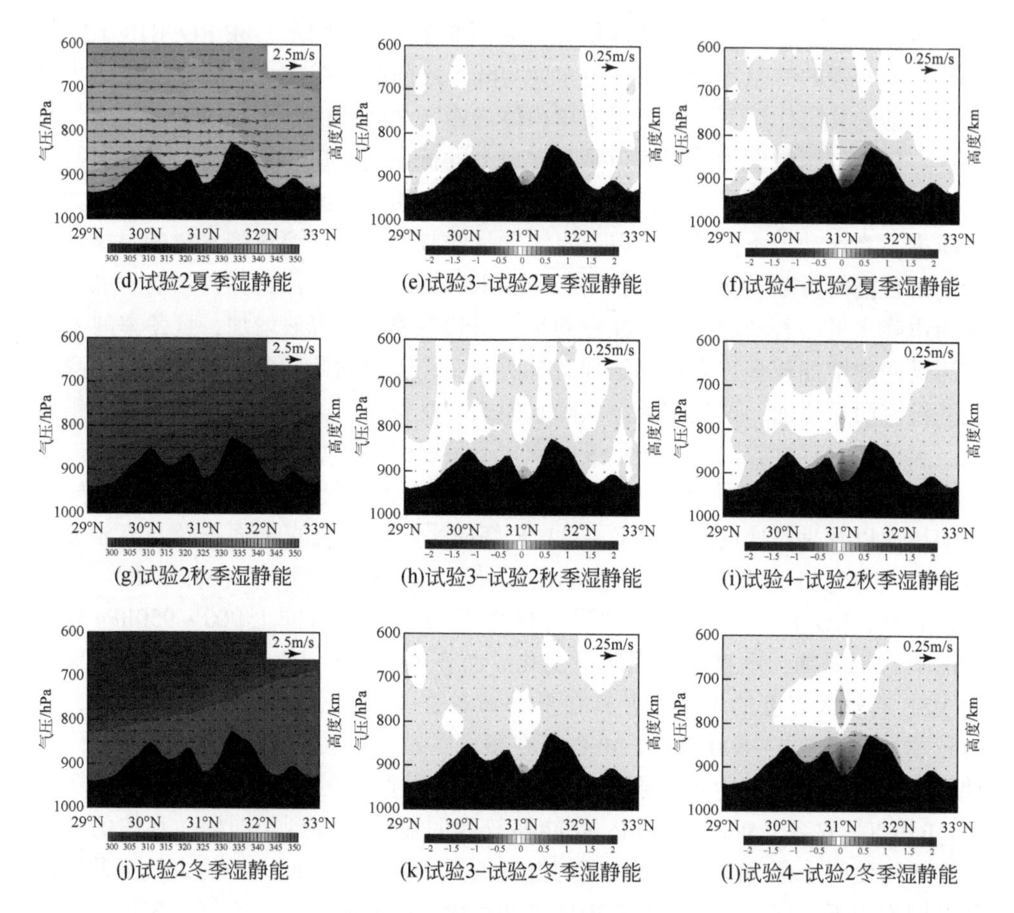

图 8-17 RG_R10 在春、夏、秋和冬季夜间 2：00 时经向环流（矢量箭头由垂直运动和经向风合成）和 MSE（阴影）的纬向垂直截面图及其与 RG_R10_L1 和 RG_R10_L2 的差异

黑点表示通过 90% 显著性检验的变化值，黑色阴影区域表示地形，垂直风速被放大 10 倍，三峡库区处于 31°N 的谷值

8.3.2 温度变化主要驱动因素

温度的变化除了与地表辐射造成的能量收支有关外，还与水汽相变引起的地表能量损失（潜热）、近地表空气和地表间的热量交换（感热）、深层土壤和地表间的热交换等有关，水面表面总的热通量计算公式如下：

$$Q = SW_{net}\downarrow - LW_{net}\uparrow - LHF\uparrow - SHF\uparrow - G\downarrow \tag{8-4}$$

式中，Q 为流入水面表面的总热通量（向下）；SW_{net}为地表净短波辐射通量（向下）；LW_{net}为净长波辐射通量（向上）；LHF 为地表感热通量（向上）；SHF 为地表潜热通量（向上）；G 为地热通量。由于 G 量级较小，本研究主要分析了等式右侧前四项因子，同时给出净辐射 R_n（向下）的计算式：

$$R_n = SW_{net} - LW_{net} \quad (8\text{-}5)$$

表 8-7 中给出了有湖泊方案（RG_R10_L1、RG_R10_L2）与无湖泊方案（RG_R10）间各月能量通量收支差异，包括年内各月潜热通量、感热通量、净辐射以及水面的总热通量差异。从年平均变化来看，与无湖泊方案（RG_R10）相比，RG_R10_L1 和 RG_R10_L2 中潜热通量、净辐射以及总热通量均有所增加，而地表潜热在 RG_R10_L1 中全年平均增加约 1W/m^2，在 RG_R10_L2 中全年平均减少 13W/m^2。从总热通量的平均收支变化可以看到，RG_R10_L1 和 RG_R10_L2 较 RG_R10 分别增加了 0.2W/m^2 和 0.4W/m^2，表明库区年内总热通量收支变化十分微弱，但从年内变化来看，各月份总热通量收支变化波动很大（-98.7 ~ 87.7W/m^2），表明水面与周围陆地之间进行了大量的能量交换，对区域年内能量收支起到了调节的作用。在秋季（9 ~ 11 月）和冬季（12 月 ~ 次年 2 月），RG_R10_L1 和 RG_R10_L2 中水面 ΔQ 减少，表明水面充当热源对外释放热量；而在 3 ~ 8 月 ΔQ 增加，大量热通量被水面水体吸收，尤其在水面面积更大的 RG_R10_L2 中春季 ΔQ 大量增加（约 74W/m^2），在此期间水面充当冷却器。

表 8-7　有湖泊方案（RG_R10_L1、RG_R10_L2）与无湖泊方案（RG_R10）间各月能量通量收支差异　　（单位：W/m^2）

月份	ΔLHF		ΔSHF		ΔR_n		ΔQ	
	RG_L1	RG_L2	RG_L1	RG_L2	RG_L1	RG_L2	RG_L1	RG_L2
1	8.8	58.2	4.3	10.4	44.1	39.6	-14.0	-74.0
2	4.4	32.5	-1.6	-15.6	73.9	81.3	-0.2	-7.0
3	-2.3	4.0	-4.6	-33.8	111.5	127.4	10.8	49.6
4	-8.3	-19.4	-3.5	-39.2	146.3	170.0	17.2	87.7
5	-10.9	-35.8	0.0	-23.5	166.2	186.9	15.2	84.3
6	-10.8	-36.6	1.9	-13.0	183.0	203.3	13.1	74.1
7	-8.0	-4.1	3.5	-14.9	190.0	212.8	8.1	45.3
8	-4.1	28.8	3.5	-22.2	170.7	194.9	4.3	21.3
9	6.0	61.4	2.2	-14.6	123.5	135.5	-6.0	-32.7
10	11.5	69.8	0.9	-3.4	76.1	77.6	-12.2	-64.6
11	13.6	78.5	1.4	0.5	49.7	48.7	-15.4	-80.4
12	12.3	76.4	4.5	13.0	32.8	25.8	-19.1	-98.7
年平均	1.0	26.1	1.0	-13.0	114.0	125.3	0.2	0.4

图 8-18 给出了 Q 和 SHF 年内收支变化与气温变化的散点关系图。如图 8-18（a）所示，气温（T_{2m}）的变化与水面热通量（Q）的变化具有很强的负相关关系，R^2 在 RG_R10_L1 和 RG_R10_L2 中分别为 0.72 和 0.81，表明 Q 减少（增加）对气温升高（降低）起着重要作用。图 8-18（b）给出了气温 T_{2m} 与 SHF 变化的散点关系图，从图中可以看出，作为 Q 组分之一的 SHF 与气温 T_{2m} 存在极强的正相关关系，R^2 在 RG_R10_L1 和 RG_R10_L2 分别为 0.91 和 0.95。这是由于气温加热主要通过大气与下垫面之间的湍流传热，即显热通量的变化，显热通量计算式如下：

$$SHF=-\rho_{atm}C_p\frac{(\theta_{atm}-T_g)}{\gamma_{ah}} \tag{8-6}$$

式中，γ_{ah} 为显热输送的空气动力学阻力；ρ_{atm} 为湿空气密度；C_p 为空气比热容；T_g 为湖面温度；θ_{atm} 为大气位温，计算式如下：

$$\theta_{atm}=T_{atm}+\Gamma_d z_{atm,h} \tag{8-7}$$

式中，T_{atm} 为高度 $z_{atm,h}$ 处的气温；Γ_d 为干绝热递减率负值，值为 $0.01km^{-1}$。

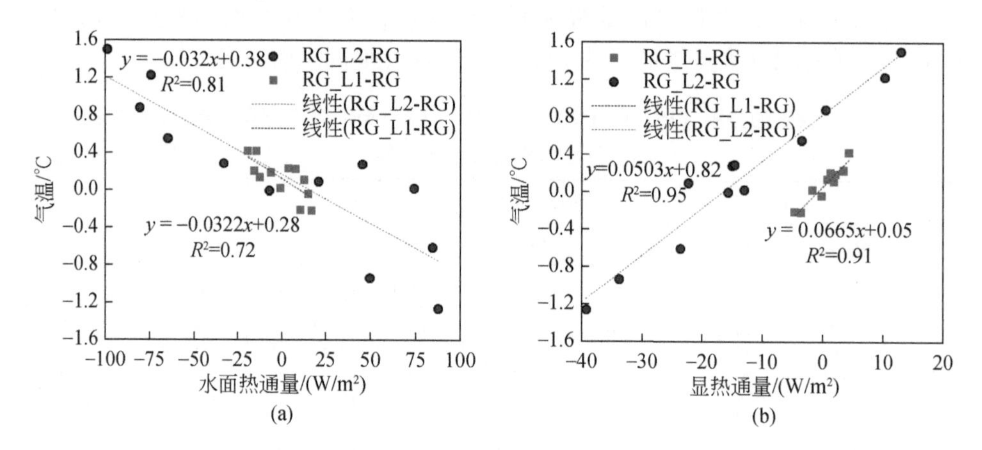

图 8-18 能量通量与气温年内收支变化散点关系图

（a）RG_R10_L1（红色）、RG_R10_L2（蓝色）与 RG_R10 之间 ΔT_{2m} 和 ΔQ 散点关系；（b）RG_R10_L1（红色）、RG_R10_L2（蓝色）与 RG_R10 之间 ΔT_{2m} 和 ΔSHF 散点关系

与植被覆盖的下垫面相比，水面粗糙度较低，增加了空气动力学阻力 γ_{ah}，从而减缓了地表到大气的湍流传热。而在秋季和冬季，水温通常高于气温，进而使 $\theta_{atm}-T_g<0$，感热的增加使得作为热源的水面可以更有效地对大气传热，促使秋季和冬季气温增加。类似这样的能量收支调节功能在夜间增温和白天降温过程中发挥着重要作用，并且这种能量收支的调节功能受到水面面积的影响。

图 8-19 给出了湖泊方案（RG_R10_L1 和 RG_R10_L2）与无湖泊方案（RG_

R10）之间在不同季节的白天和夜间能量组分收支差异。RG_R10_L1（左列）与RG_R10_L2（右列）在不同季节的能量组分收支的变化特征相似，RG_R10_L2的变化幅度大于RG_R10_L1。从季节变化来看，春季和夏季具有相似的能量收支变化特征，而秋季和冬季具有相似的能量收支变化特征。在净短波辐射、净长波辐射、潜热通量以及感热通量等能量组分中，潜热通量在不同季节的收支差异变化幅度最大，其次为感热通量。潜热通量在春季和夏季的白天和夜间呈现相反的变化模式，即白天减少，夜间增大；而在秋季和冬季的白天和夜间均大幅度增加，且夜间增加幅度很大。感热通量在白天减少较多，尤其在春季和夏季，夜间则有所增加，但是整体变幅小于白天，仅冬季夜间增加量大于白天。地表净短波辐射通量在全年均有所增加，这与降水量减少和云层厚度的减少有关。由图8-18（b）感热通量与气温变化的关系可以看出，正是夜间与白天能量通量的收支差异，尤其是感热通量，才使得水面对夜间气温具有增温作用，而对白天气温具有冷却作用。由于RG_R10_L1水面面积较小，其SHF变化程度远小于RG_R10_L2，这同样也反映在温度的变化幅度上。

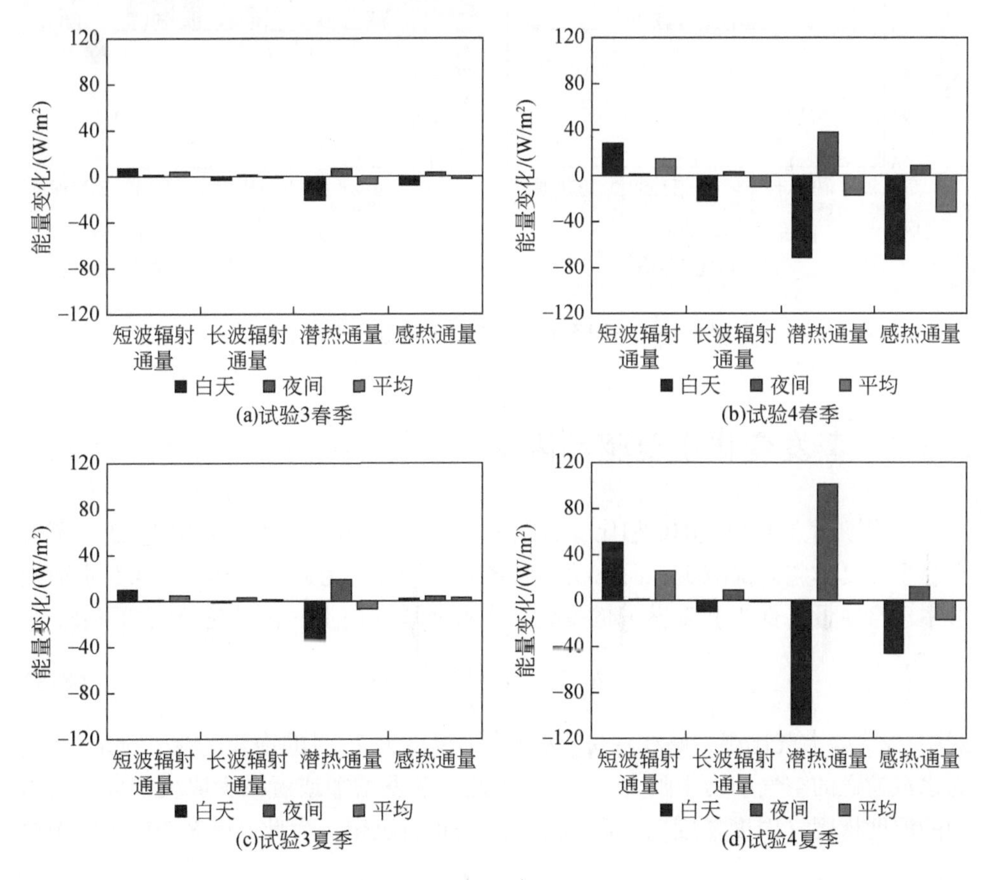

(a)试验3春季 (b)试验4春季

(c)试验3夏季 (d)试验4夏季

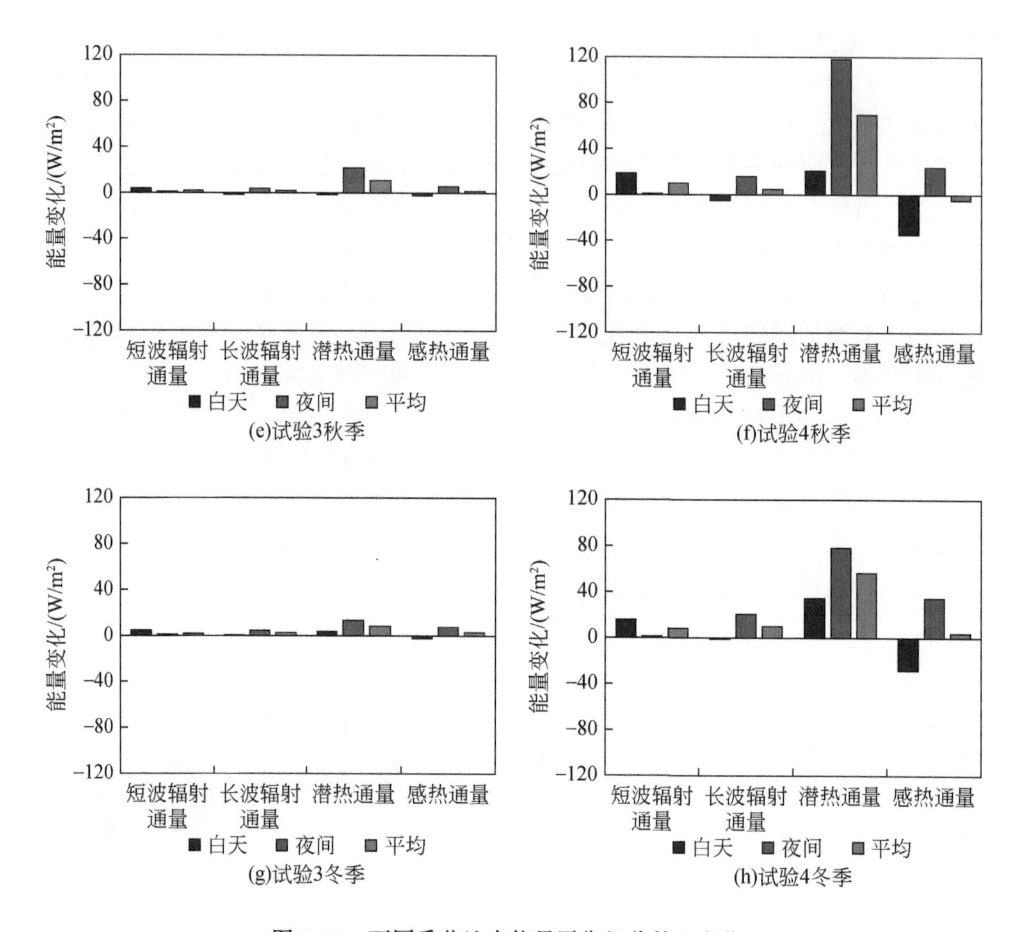

图 8-19　不同季节地表能量平衡组分的日变化

8.3.3　蒸发变化主要驱动因素

与无湖泊方案 RG_R10 相比，有湖泊方案 RG_R10_L1 和 RG_R10_L2 下蒸发在春季和夏季整体都减少，而在秋季和冬季均增加。为此，根据 CLM4.5 水面模型中水汽通量（向上）对蒸发的变化。水汽通量（向上）的计算公式如下：

$$E_g = -\frac{\rho_{atm}(q_{atm} - q_{sat}^{T_g})}{\gamma_{aw}} \tag{8-8}$$

式中，q_{atm}为大气比湿，kg/kg；$q_{sat}^{T_g}$为在水面温度为 T_g 时的饱和比湿，kg/kg；γ_{aw}为水汽输送的空气动力学阻力，s/m。因此，蒸发增加或者减少取决于大气与水面的湿度梯度（温度梯度），即由 $q_{atm} - q_{sat}^{T_g}$的正负决定。为此，图 8-20（a）中给出了湖面2m高度多年月平均气温与湖面0.05m处水温的温差 ΔT。由图8-20可知，在春季（3~5月）和夏季（6~8月）湖面0.05m处的平均水温低于2m高度处平均气温，此时湿度梯度不利于水面蒸发，同时，由于水面对春季和夏季白天气温具有明显的冷却作用，尤其在春季，致使水面大气更加稳定。水面大气稳定以及湿度梯度差异共同导致蒸发减少。而在秋季（9~11月）和冬季（12月~次年2月），湖面0.05m处的平均水温高于2m高度处平均气温，湿度梯度逐渐发生逆转，此时湿度梯度促进水面蒸发的产生。同时，虽然水体在整个秋季和冬季冷却，但空气冷却和干燥速度更快，导致水面和上覆空气之间的湿度梯度更大，并且这种较强湿度梯度差异在9~12月达到峰值，伴随着冬季大气边界层的稳定状态的改变，干燥的冬季蒸发显著增加。图8-20（b）为 $\Delta T(T_{2m}-T_{sw})$ 与 ΔE 关系散点图，ΔE 的变化与 ΔT 的变化具有明显的线性关系，RG_R10_L1 和

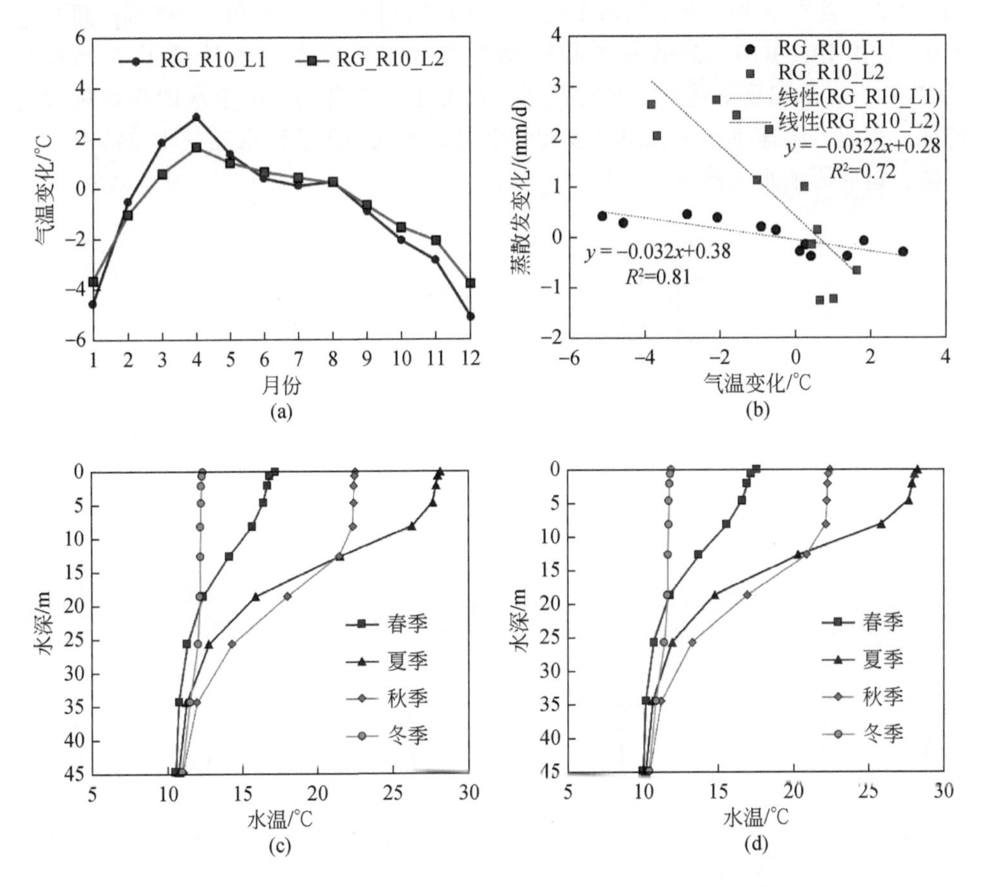

图8-20　T_{2m} 和 T_{sw} 之间的年内温度差异（a）；温度差异与蒸发变化的散点关系（b）；春季、夏季、秋季和冬季的垂直剖面 T_{sw} [（c）L1；（d）L2]

RG_R10_L2 的 R^2 分别为 0.81 和 0.72，进一步表明了蒸发的变化受到水温和气温之间梯度关系的影响。与造成季节性的蒸发增减原因类似，与无水面前相比，有水面以后的库区水面蒸发通常在白天减少，尤其在春季和夏季 14：00 ~ 17：00，此时也正是水面气温冷却效应最大的时段；而在夜间蒸发则有较大程度增加。不同季节蒸发的昼夜变化特征与潜热通量的昼夜变化特征一致。

另外，气温的季节性变化会引起水面水温的剧烈变化，甚至导致水面低温层与高温层混合。图 8-20（c）和（d）分别为 RG_R10_L1 和 RG_R10_L2 方案在不同季节的库区水温垂直廓线图。由图 8-20（c）和（d）可知，除冬季外，CLM4.5 模拟的库区水温在春季、夏季以及秋季都存在分层现象。可以看到，除了冬季的水温垂直分布较均匀外，其他季节湖底和湖面间存在较大的水温梯度。其中，RG_R10_L1 和 RG_R10_L2 的冬季最大垂直水温梯度最小，分别为 1.5℃ 和 1.4℃；夏季最大垂直水温梯度最大，分别达到了 18.16℃ 和 17.45℃；而 RG_R10_L1 和 RG_R10_L2 的春季和秋季垂直水温梯度平均也达到了 7.15℃ 和 11.77℃。春季和夏季随着气温的升高，水温也逐渐升高。由于水体热容量大的特性，水温升温速率小于气温，较大的水温梯度进一步使得水温变化整体滞后于气温，进而影响水面蒸发。

9　三峡库区未来水循环演变趋势预测

9.1　研究方法与数据

9.1.1　数据来源

本研究采用的气候变化情景数据是由国家气候中心提供的4种IPCC第六次气候变化评估的全球气候模式数据，该数据采用双线性法进行插值，并基于概率分布的统计偏差进行了订正。数据的详细属性信息见表9-1。

表9-1　气候模式数据属性

模式	情景	要素	模拟时段	空间分辨率
BCC-CSM2-MR	Historical	平均气温	Historical：	0.25°×0.25°
CCCma-CanESM5	SSP126	最高气温	1961～2014年	
	SSP245			
CNRM-ESM2-1	SSP370	最低气温	SSP：	
CNRM-CM6-1	SSP585	降水量	2015～2100年	

与CMIP5相比，CMIP6使用共享社会经济途径（SSP）和典型浓度路径（RCP）的矩阵框架。新的情景不仅包括人口、经济发展、生态系统、资源、制度和社会因素等未来的社会和经济变化，还包括未来减缓、适应和应对气候变化的努力措施，并通常具有更高的分辨率。SSP描述了在没有气候变化或者气候政策影响下，未来社会的可能发展，SSP1、SSP2、SSP3、SSP4和SSP5分别代表了可持续发展、中度发展、局部发展、不均衡发展和常规发展5种路径。ScenarioMIP基于不同SSP可能发生的能源结构所产生的人为排放及土地利用变化，采用IAM生成定量的温室气体排放、大气成分和土地利用变化，即生成基于SSP的预估情景。其中，SSP126是更新后的RCP2.6情景，该试验中多模式集合平均的温度可能在2100年显著低于2℃，因此可以支持2℃温升目标研究。SSP1包含了显著的土地利用变化（特别是全球森林面积显著增加），可用于土地

利用模式比较计划（LUMIP）关心的科学研究。该情景代表了低脆弱性、低减缓压力和低辐射强迫的综合影响。SSP245 是更新后的 RCP4.5 情景，由于 SSP2 的土地利用和气溶胶路径不如其他 SSP 极端，是检测归因模式比较计划（DAMIP）和年代际气候预测计划（DCPP）研究关心的重点，代表了中等社会脆弱性与中等辐射强迫的组合。SSP370 是新辐射强迫情景，选择 SSP3 的原因在于 SSP3 代表了可持续发展的土地利用变化和高 NTFC 排放（特别是 SO_2）的情景，将用于 LUMIP 与气溶胶和化学模式比较计划（AerChemMIP）相关研究，强调局地气候变化对土地利用和气溶胶强迫的敏感性。SSP370 代表了高社会脆弱性与相对高的人为辐射强迫的组合，对 IAM 及气候变化影响、减缓和适应（IAV）研究亦非常重要，因此被选为 Tier-2 初始场扰动集合试验的情景。SSP585 是更新后的 RCP8.5 情景，选择 SSP5 的原因在于 SSP5 是唯一可以实现 2100 年人为辐射强迫达到 $8.5W/m^2$ 的共享社会经济路径。

为验证未来气候变化数据的精度，利用中国气象局发展的 CN05.1 气象观测数据集作为观测值进行对比，该数据集利用中国气象局 2416 个气象台站的观测资料，采用距平逼近法插值形成了一套空间分辨率为 0.25°×0.25°的网格化观测数据，以满足高分辨率气候模式验证需要，观测时段为 1961 ~ 2014 年，观测要素包括降水、平均气温、最高气温、最低气温、风速与相对湿度等。该数据集精度较高，目前已广泛应用于各类气候模式的验证中。

9.1.2 研究方法

(1) 气候模式模拟性能评价指标

为验证气候模式对各气象要素的模拟性能，选择相对误差、纳什效率系数及相关系数作为指标来进行评价。其中，相对误差和纳什效率系数见式（7-1）和式（7-2），相关系数则反映了模拟值与实测值之间的相似程度。具体可用公式表示如下：

$$r=\frac{\sum_{i=1}^{N}(\text{sim}_i-\overline{\text{sim}})(\text{obs}_i-\overline{\text{obs}})}{\sqrt{\sum_{i=1}^{N}(\text{sim}_i-\overline{\text{sim}})^2}\sqrt{\sum_{i=1}^{N}(\text{obs}_i-\overline{\text{obs}})^2}} \tag{9-1}$$

式中，r 为相关系数；i 为气象要素的时间序列；N 为序列长度；sim 为模拟值；obs 为观测值。

(2) 多模式集合平均法

为了尽可能消除不同气候模式模拟结果之间的不确定性，利用多模式集合平均结果作为大气驱动进行后续的陆面水文模拟。贝叶斯模型平均法是用于多模式集合预报的统计方法，该方法利用贝叶斯公式，将各模式序列的先验分布与似然函数结合，获得某一模式的后验分布，从而得到其权重，然后通过加权平均得出多模式集合平均值。

假设 Q 为模式模拟的要素，$f=[f_1, f_2, f_3, \cdots, f_T]$ 为 T 个模式模拟的集合，A 为实测要素，贝叶斯概率预报可表示如下：

$$p(Q \mid A) = \sum_{i=1}^{T} p(f_i \mid A) \cdot p_i(Q \mid f_i, A) \tag{9-2}$$

式中，i 为模式序列；T 为模式个数；$p(f_i \mid A)$ 为实测要素为 A 的情况下，第 i 个模式模拟要素 f_i 的后验概率，即贝叶斯权重，表示模式模拟值与实际观测值之间的匹配程度，权重越大的模式模拟值越接近实测值；$p_i(Q \mid f_i, A)$ 为实测要素为 A 且模式模拟 f_i 的情况下模拟值为 Q 的后验分布。

假设每个模式的模拟值与实测值均服从正态分布，则贝叶斯平均值可通过将每个模式模拟值进行加权平均求得：

$$E(Q \mid A) = \sum_{i=1}^{T} p(f_i \mid A) \cdot E[g(Q \mid f_i, \sigma_i^2)] = \sum_{i=1}^{T} w_i \cdot f_i \tag{9-3}$$

式中，E 为贝叶斯平均值；g 为均值为 f、方差为 σ^2 的正态分布；w 为权重。

本研究利用期望最大化法来估算贝叶斯权重，该方法假设各模式序列均服从正态分布，并通过引入潜在变量来计算模拟变量的概率分布参数。该算法主要通过两个环节进行循环计算，首先是计算期望值，在这一环节，潜在变量是贝叶斯模型平均分布参数的假设估计值；然后令期望值最大化，在这一环节，贝叶斯模型平均分布参数又是潜在变量的当前估计值。这两个环节交替进行，反复迭代直至满足预设的计算精度阈值。

以 $\theta=\{w_i, \sigma_i^2, i=1, 2, 3, \cdots, T\}$ 表示待求的贝叶斯参数，则关于 θ 的似然函数 $l(\theta)$ 可表示成对数形式：

$$l(\theta) = \lg(p(Q \mid D)) = \lg\left(\sum_{i=1}^{T} w_i \cdot g(Q \mid f_i, \sigma_i^2)\right) \tag{9-4}$$

对本研究而言，计算步骤如下：

1）初始化各项参数。首先令迭代次数 iter=0，则权重与方差可表示如下：

$$w_i^{(0)} = \frac{1}{T} \tag{9-5}$$

$$\sigma_i^{2(0)} = \frac{\sum_{i=1}^{T} \sum_{t=1}^{N} (\mathrm{obs}^t - \mathrm{sim}_i^t)^2}{T \cdot N} \tag{9-6}$$

式中，t 为时间序列；N 为时间长度；obs 为观测要素值；sim 为模拟要素值。

2）计算初始似然值：

$$l(\theta)^{(0)} = \sum_{t=1}^{N} \lg \left(\sum_{i=1}^{T} \left(w_i^{(0)} \cdot g(Q \mid f_i^t, \sigma_i^{2(0)}) \right) \right) \tag{9-7}$$

3）计算中间变量 z。令迭代次数 iter=iter+1，则

$$z_i^{t(\text{iter})} = \frac{g(Q \mid f_i^t, \sigma_i^{2(\text{iter}-1)})}{\sum_{i=1}^{T} g(Q \mid f_i^t, \sigma_i^{2(\text{iter}-1)})} \tag{9-8}$$

4）计算权重 w：

$$w_i^{(\text{iter})} = \frac{1}{N} \left(\sum_{t=1}^{N} z_i^{t(\text{iter})} \right) \tag{9-9}$$

5）计算模式模拟误差 σ^2：

$$\sigma_i^{2(\text{iter})} = \frac{\sum_{t=1}^{N} z_i^{t(\text{iter})} (A^t - f_i^t)^2}{\sum_{t=1}^{N} z_i^{t(\text{iter})}} \tag{9-10}$$

6）计算似然函数值：

$$l(\theta)^{(\text{iter})} = \sum_{t=1}^{N} \lg \left(\sum_{i=1}^{T} \left(w_i^{(\text{iter})} \cdot g(Q \mid f_i^t, \sigma_i^{2(\text{iter})}) \right) \right) \tag{9-11}$$

7）收敛性检查。如果相邻两次迭代的似然函数值之差小于预设的阈值，则停止迭代，否则返回至步骤3）重新计算。在本研究中设定阈值为0.01。

（3）泰勒图

泰勒图是由Taylor提出的一个用于检验模式模拟性能的可视化图形，它可以比较一个或多个模式数据集与一个或多个参考数据集之间的归一化标准差、相关系数、均方根误差等，广泛应用于气候气象领域。本研究利用泰勒图来评估各气候模式对空间气候态分布的模拟性能。

9.2 气候模式模拟性能评估

9.2.1 对降水的模拟性能评估

图9-1为三峡库区1961～2014年观测与4种气候模式模拟的降水多年平均空间分布图。图9-1（a）为CN05.1观测降水的多年平均空间分布图，由图9-1（a）可知三峡库区多年平均降水为3.28mm/d，整体呈库腹高、库首库尾低的空间分布，其中，库腹日平均降水均在3.5mm/d左右。图9-1（b）～（e）分别为4

种气候模式模拟的多年平均降水空间分布情况，总体来看，4 种模式均能较好地反映三峡库区降水库腹高、库首库尾低的空间分布特征，其中 BCC-CSM2-MR 模式模拟结果整体偏高，其余 3 个模式模拟结果与观测结果十分接近。从流域多年平均降水来看，BCC-CSM2-MR 模式模拟降水偏高 12.5%，CNRM-ESM2-1 和 CNRM-CM6-1 模式模拟降水分别偏低 1.5% 和 0.9%。

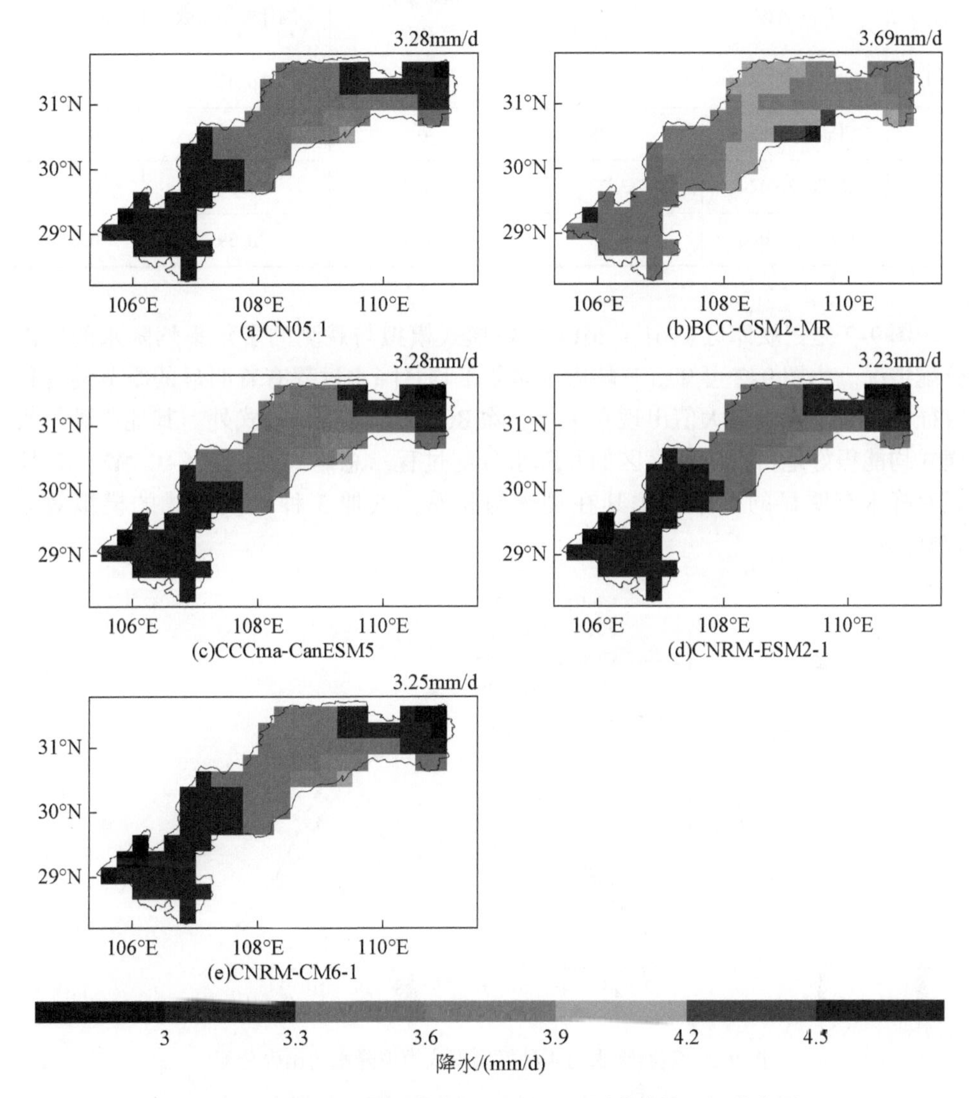

图 9-1　气候模式模拟降水与 CN05.1 观测降水的空间分布图

表 9-2 列出了整个库区降水模拟的评价结果，由表 9-2 可知，4 种模式模拟结果较为接近。从相对误差来看，BCC-CSM2-MR 模式相对误差最大，为

12.9%；从纳什效率系数来看，CCCma-CanESM5 模式最低，为 0.23，模式 BCC-CSM2-MR 模拟效果最好，其纳什效率系数为 0.42。4 种模式模拟的降水与观测值均有着较好的相关性，相关系数均在 0.65 以上。

表 9-2　气候模式模拟的降水评价结果

序号	模式名称	模拟值/（mm/d）	相对误差/%	纳什效率系数	相关系数
1	BCC-CSM2-MR	3.69	12.5	0.42	0.75
2	CCCma-CanESM5	3.28	0	0.23	0.67
3	CNRM-ESM2-1	3.23	−1.5	0.32	0.68
4	CNRM-CM6-1	3.25	−0.9	0.39	0.71

图 9-2 是三峡库区 1961 ~ 2014 年各模式模拟与观测的多年平均降水的年内分配情况。由图 9-2 可知，三峡库区多年平均月降水过程有着明显的季节性变化特征，月平均降水最大值出现在 7 月。除 BCC-CSM2-MR 模式外，其他 3 种气候模式均能很好地再现三峡库区的月降水分配过程。总体来看，BCC-CSM2-MR 模式对降水有明显的高估，尤其在夏季与秋季，其他 3 种气候模式的模拟效果较好。

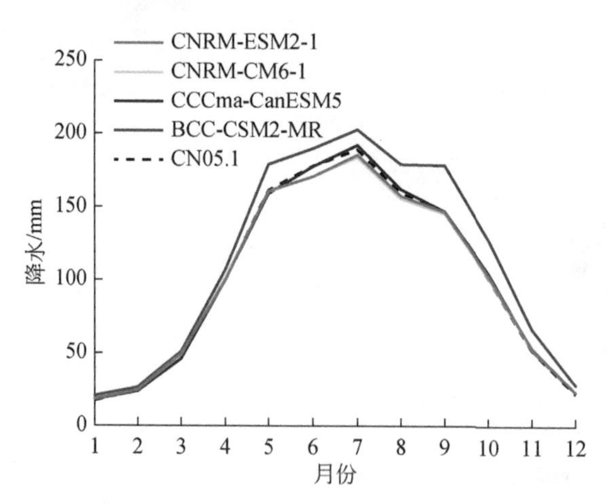

图 9-2　观测降水与 4 种气候模式模拟降水的年内分配

图 9-3 给出了三峡库区 1961 ~ 2014 年各模式模拟与观测降水的年际变化趋势。三峡库区年平均降水为 1203mm，1961 ~ 2014 年降水以 16.7mm/10a 的趋势减少。从年尺度看，4 种模式对降水过程的模拟效果不是很好，其中，CCCma-

CanESM5 和 CNRM-ESM2-1 模式模拟的降水分别以 4.0mm/10a 和 10.5mm/10a 的趋势增加，而 BCC-CSM2-MR 和 CNRM-CM6-1 模式模拟的降水分别以 6.0mm/10a 和 7.4mm/10a 的趋势减少。

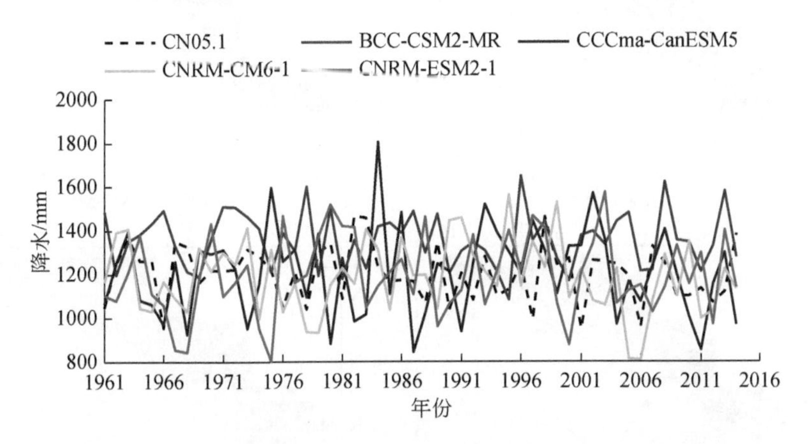

图 9-3　三峡库区 1961 ~ 2014 年模拟与观测降水的年际变化趋势

9.2.2　对平均气温的模拟性能评估

图 9-4 为三峡库区 1961 ~ 2014 年观测与 4 种气候模式模拟的多年平均气温的空间分布图。图 9-4（a）为 CN05.1 观测气温的多年平均空间分布图，由图 9-4（a）可知三峡库区多年平均气温为 15.19℃，整体呈由西南库尾向东北库首递减的趋势。其中，库尾气温最高，年平均气温在 17℃以上，库首气温最低，年平均气温在 12℃以下。图 9-4（b）~（e）分别为 4 种气候模式模拟的多年平均气温空间分布情况，总体来看，4 种模式均能很好地反映三峡库区平均气温的空间分布特征，其中，CCCma-CanESM5 模式低估了三峡库区的平均气温，而模式 CNRM-ESM2-1 和 CNRM-CM6-1 高估了三峡库区的平均气温，但相对误差最大不超过 0.5%。

表 9-3 列出了整个库区平均气温模拟的评价结果，由表 9-3 可知，4 种模式模拟结果非常接近，与观测值相比，相对误差最大不超过 0.5%。4 种模式的纳什效率系数与相关系数都非常高，表明 4 种模式模拟的三峡库区平均气温变化过程均能很好地吻合观测序列。

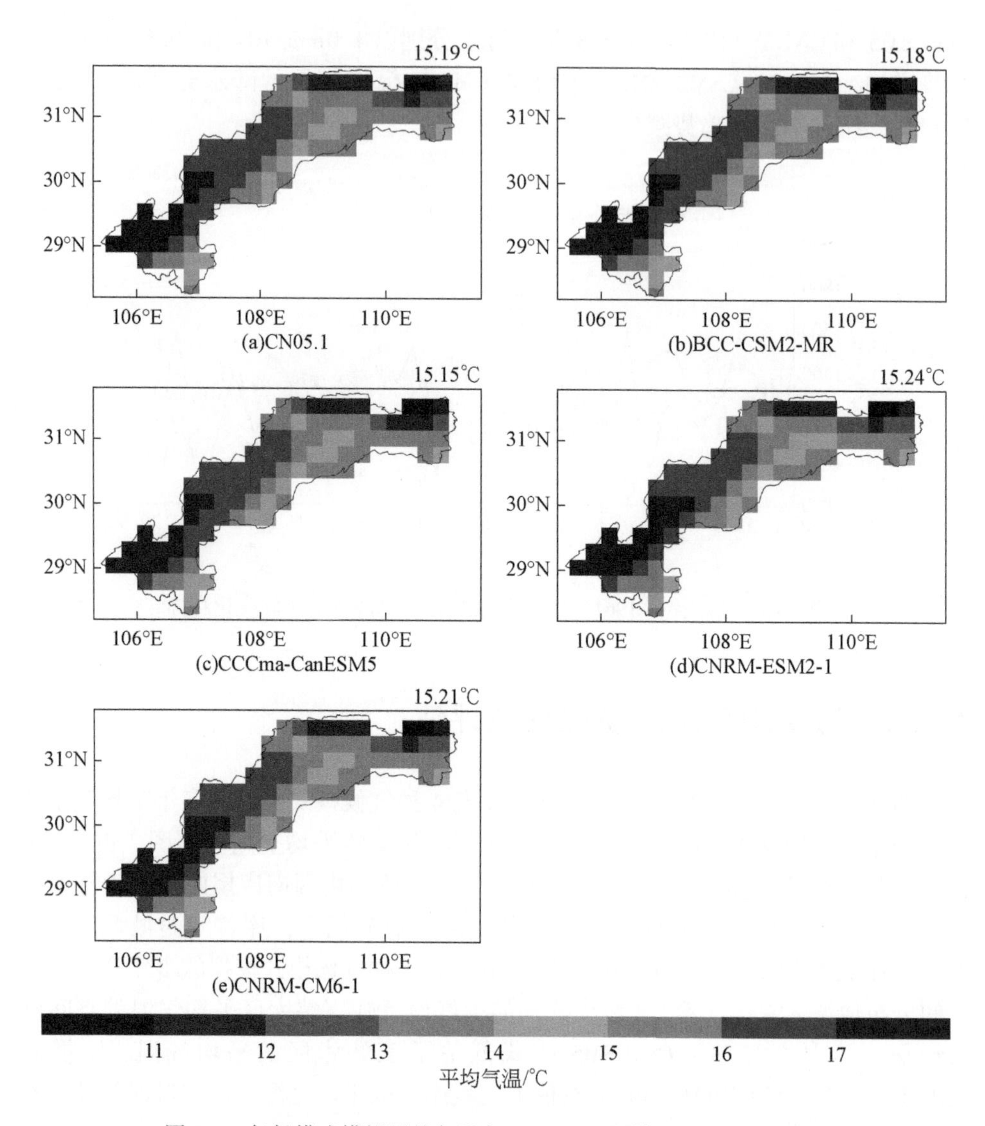

图 9-4 气候模式模拟平均气温与 CN05.1 观测气温的空间分布图

表 9-3 气候模式模拟的平均气温评价结果

序号	模式名称	模拟值/℃	相对误差/%	纳什效率系数	相关系数
1	BCC-CSM2-MR	15.18	-0.07	0.96	0.98
2	CCCma-CanESM5	15.15	-0.26	0.95	0.98
3	CNRM-ESM2-1	15.24	0.33	0.96	0.98
4	CNRM-CM6-1	15.21	0.13	0.96	0.98

图 9-5 是三峡库区 1961 ~ 2014 年各模式模拟与观测的多年平均气温的年内变化过程。由图 9-5 可知，三峡库区多年平均月气温过程有着明显的季节性变化特征，库区内四季分明，月平均气温最高值出现在 7 ~ 8 月，最低值出现在 1 月。4 种气候模式均能很好地反映三峡库区的月气温变化过程，且 4 种模式的模拟结果高度相似。总体来看，4 种模式对三峡库区气温的模拟效果均很好。

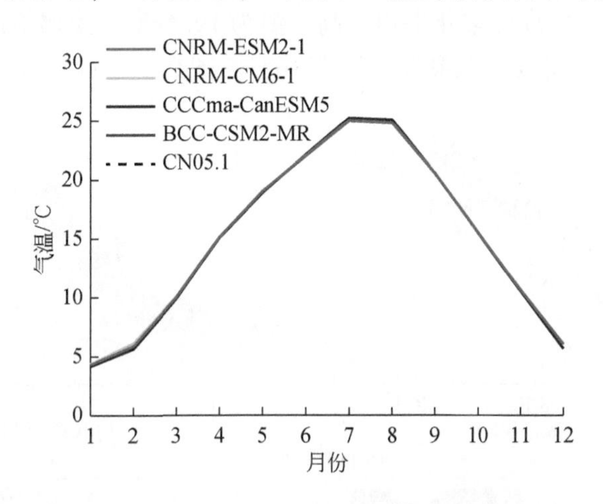

图 9-5　观测气温与 4 种气候模式模拟平均气温的年内变化过程

图 9-6 给出了三峡库区 1961 ~ 2014 年各模式模拟与观测的平均气温年际变化趋势。三峡库区年平均气温为 15.19℃，1961 ~ 2014 年平均气温以 0.05℃/10a 的趋势微弱上升。从年尺度看，4 种模式对平均气温过程的模拟同样不是很好，但总体趋势均是上升的，其中，CCCma-CanESM5 模式模拟的平均气温上升趋势最大，为 0.27℃/10a。

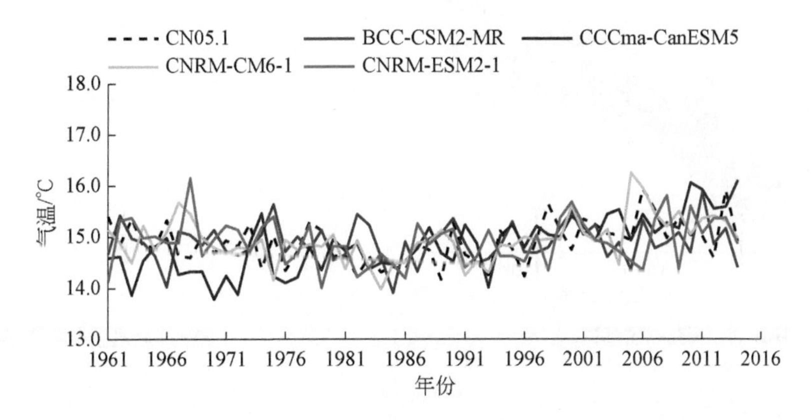

图 9-6　三峡库区 1961 ~ 2014 年模拟与观测平均气温的年际变化趋势

9.2.3 对最高气温的模拟性能评估

图9-7为三峡库区1961～2014年观测与气候模式模拟的最高气温多年平均空间分布图。图9-7（a）为CN05.1观测最高气温的多年平均空间分布图，由图9-7（a）可知，三峡库区多年平均最高气温为19.44℃，库尾最高气温最高，可达21℃以上；库首最高气温最低，低于16℃。图9-7（b）～（e）分别为4种气

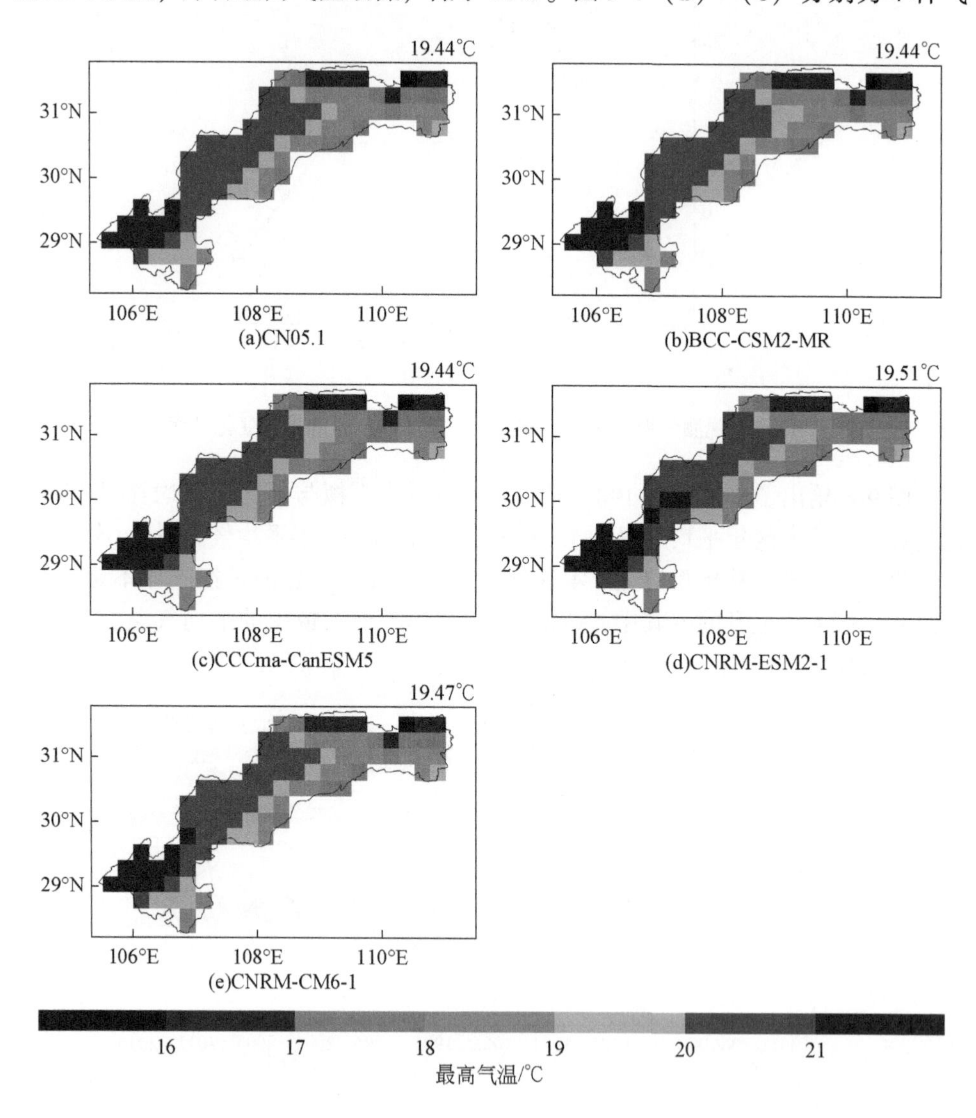

图9-7　气候模式模拟最高气温与CN05.1观测最高气温的空间分布图

候模式模拟的多年平均最高气温空间分布情况，总体来看，4 种模式模拟的最高气温空间分布非常相似，且与观测值在空间上有良好的一致性。从流域多年平均最高气温来看，CNRM-ESM2-1 和 CNRM-CM6-1 模式模拟的最高气温略有高估，但相对误差均不超过 0.5%。

表 9-4 列出了整个库区最高气温模拟的评价结果，由表 9-4 可知，各模式模拟结果非常接近，与观测值相比，CNRM-ESM2-1 和 CNRM-CM6-1 模式高估了三峡库区的最高气温，但相对误差均不超过 0.5%。同时，4 种模式的纳什效率系数和相关系数均超过 0.9，表明 4 种模式模拟的三峡库区最高气温变化过程均能很好地吻合观测序列。

表 9-4　气候模式模拟的最高气温评价结果

序号	模式名称	模拟值/℃	相对误差/%	纳什效率系数	相关系数
1	BCC-CSM2-MR	19.44	0	0.93	0.96
2	CCCma-CanESM5	19.44	0	0.92	0.96
3	CNRM-ESM2-1	19.51	0.36	0.93	0.97
4	CNRM-CM6-1	19.47	0.15	0.93	0.97

图 9-8 是三峡库区 1961 ~ 2014 年各模式模拟与观测的多年最高气温的年内变化过程。由图 9-8 可知，三峡库区多年平均最高气温在 7 ~ 8 月最大，超过 30℃，在 1 月最小，低于 8℃。4 种气候模式的模拟结果与观测过程非常相似，总体来看，模式模拟结果可以很好地刻画出最高气温的年内变化过程。

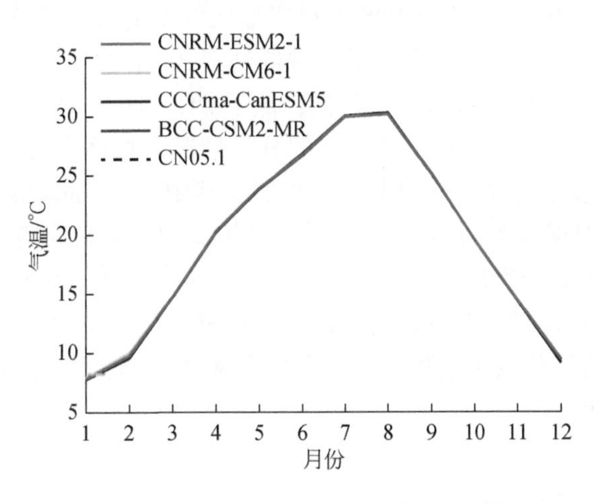

图 9-8　观测最高气温与 4 种气候模式模拟最高气温的年内变化过程

图 9-9 给出了三峡库区 1961 ~2014 年各模式模拟与观测的最高气温年际变化趋势。三峡库区年平均最高气温为 19.44℃，1961 ~ 2014 年最高气温以 0.11℃/10a 的趋势上升。从年尺度看，CCCma-CanESM5 和 CNRM-ESM2-1 模式均能模拟出最高气温的上升趋势，而 BCC-CSM2-MR 和 CNRM-CM6-1 模式模拟的最高气温则分别以-0.02℃/10a 和-0.01℃/10a 的趋势微弱下降。

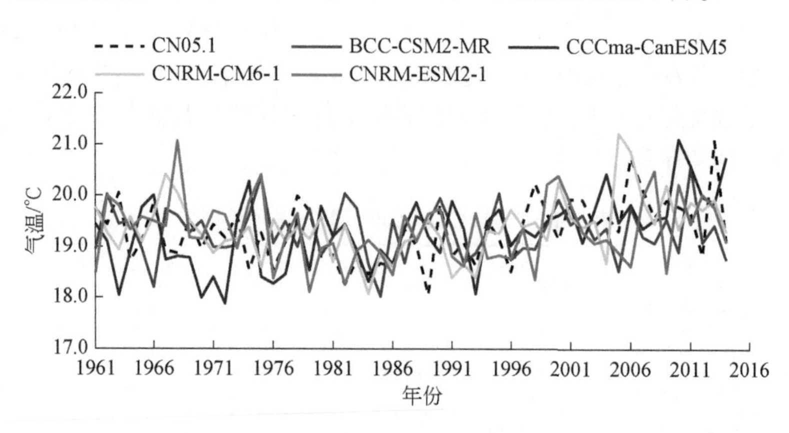

图 9-9 三峡库区 1961 ~2014 年模拟与观测最高气温的年际变化趋势

9.2.4 对最低气温的模拟性能评估

图 9-10 为三峡库区 1961 ~2014 年观测与气候模式模拟的最低气温多年平均空间分布图。图 9-10（a）为 CN05.1 观测最低气温的多年平均空间分布图，由图 9-10（a）可知，三峡库区多年平均最低气温为 12.21℃，其中，库尾最低气温最高，超过 14℃，库首最低气温最低，低于 7℃。图 9-10（b）~（e）分别为 4 种气候模式模拟的多年平均最低气温空间分布情况，总体来看，4 种模式模拟的最低气温空间分布与观测值空间上非常相似。其中，CCCma-CanESM5 模式模拟值略有低估，相对误差为-1.15%，其他 3 种模式模拟值与观测值较为接近。

表 9-5 列出了整个库区最低气温模拟的评价结果，由表 9-5 可知，除 CCCma-CanESM5 模式相对误差超过 1% 外，其余 3 种模式模拟结果与观测值较为接近。此外，4 种模式的纳什效率系数和相关系数均超过 0.95，可以很好地刻画最低气温的实际变化过程。

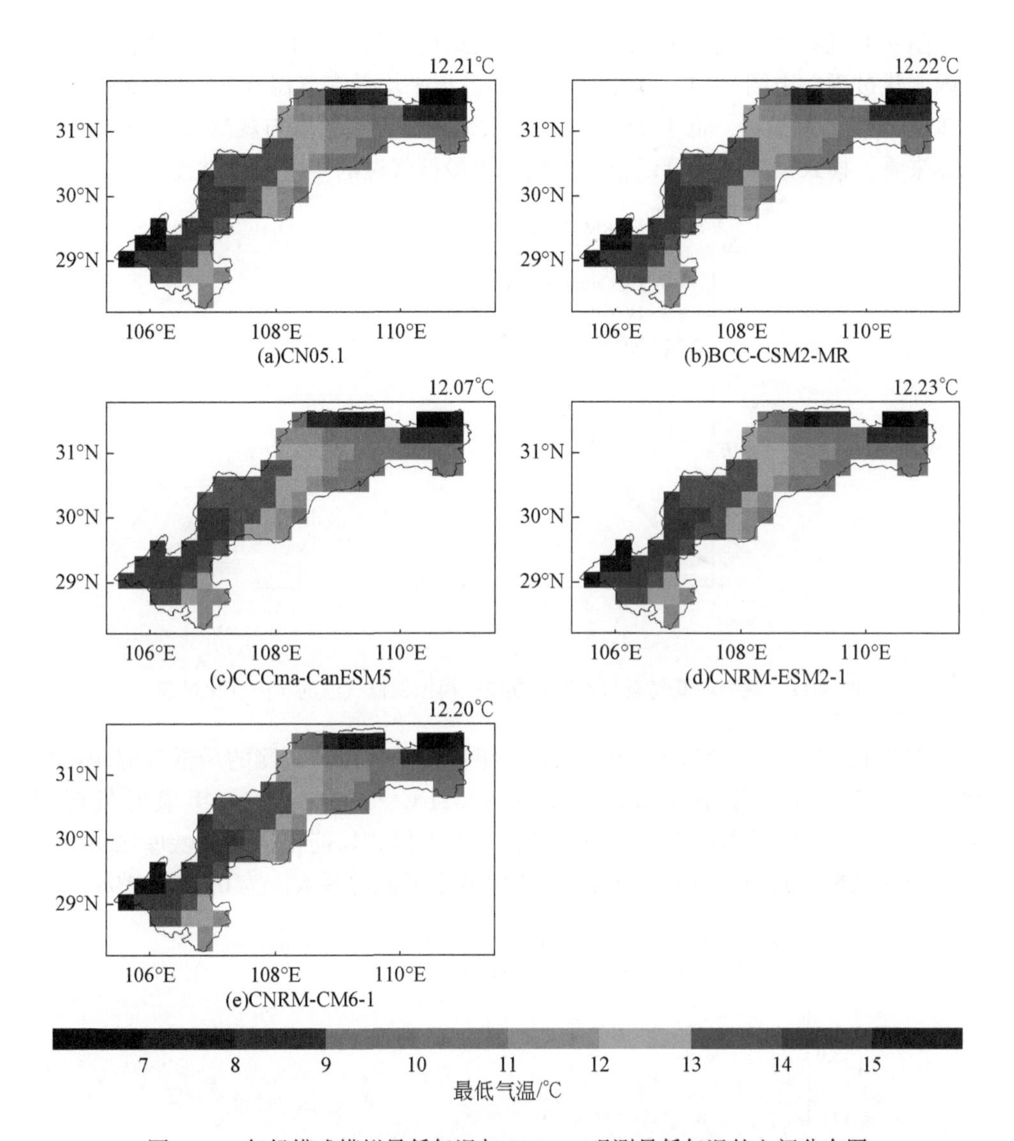

图 9-10　气候模式模拟最低气温与 CN05.1 观测最低气温的空间分布图

表 9-5　气候模式模拟的最低气温评价结果

序号	模式名称	模拟值/℃	相对误差/%	纳什效率系数	相关系数
1	BCC-CSM2-MR	12.22	0.08	0.97	0.98
2	CCCma-CanESM5	12.07	-1.15	0.96	0.98
3	CNRM-ESM2-1	12.23	0.16	0.97	0.98
4	CNRM-CM6-1	12.20	-0.08	0.97	0.98

图9-11是三峡库区1961～2014年各模式模拟与观测的多年平均最低气温的年内变化过程。由图9-11可知，三峡库区多年平均最高气温在7～8月最大，超过20℃，在1月最小，低于2℃。4种气候模式的模拟结果与观测过程非常相似，总体来看，模式模拟结果可以很好地刻画出最低气温的年内变化过程。

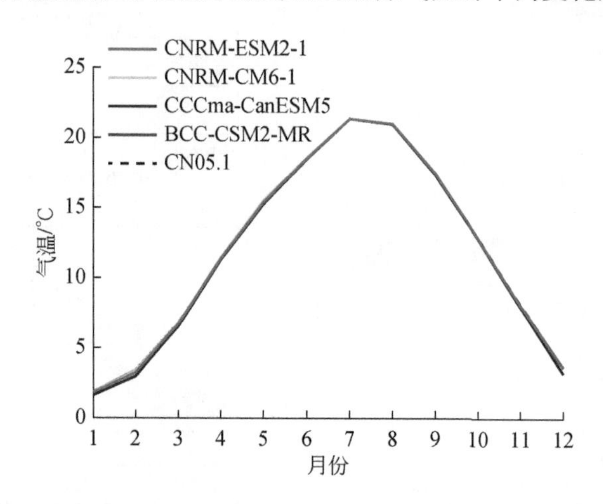

图9-11　观测最低气温与4种气候模式模拟最低气温的年内变化过程

图9-12给出了三峡库区1961～2014年各模式模拟与观测的最低气温年际变化趋势。三峡库区年平均最低气温为12.21℃，1961～2014年最低气温以0.11℃/10a的趋势微弱上升。从年尺度看，4种模式均能模拟出三峡库区最低气温的上升趋势，其中，CCCma-CanESM5模式上升趋势最大，为0.26℃/10a。

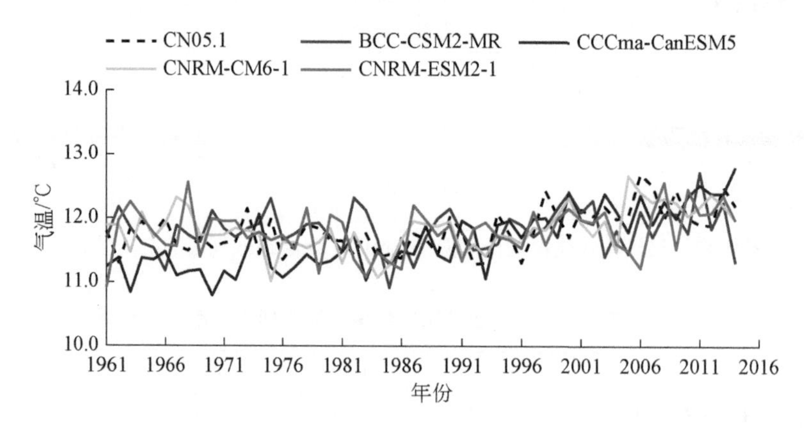

图9-12　三峡库区1961～2014年模拟与观测最低气温的年际变化趋势

9.2.5 对多模式集合平均结果的性能评估

利用期望最大化算法，通过若干次迭代计算，得到4种模式模拟的各气象要素的权重，权重的空间分布情况如图9-13～图9-16所示。由图9-13可知，降水在BCC-CSM2-MR模式下的权重高于平均值，而在CCCma-CanESM5模式下的权重低于平均值，其他2种模式权重接近平均值，表明这2种模式对降水的模拟效果相对较好。图9-14表明，BCC-CSM2-MR模式的气温权重低于平均值，而其他3个模式的气温权重高于平均值，但总体来看，各模式权重相差不大，与平均值较为接近。图9-15显示，4种模式对最高气温的模拟效果相当，权重均接近平均值。从图9-16可知，BCC-CSM2-MR和CNRM-ESM2-1模式对最低气温的模拟效果较差，其他2种模式的权重与平均值非常接近。

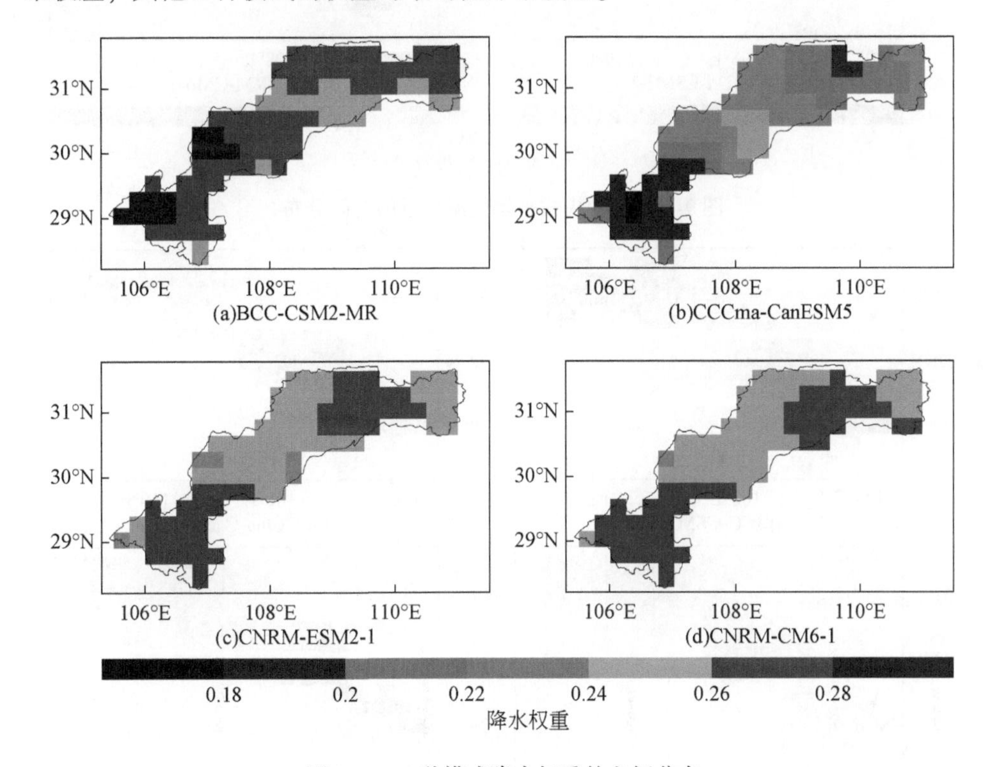

图9-13　4种模式降水权重的空间分布

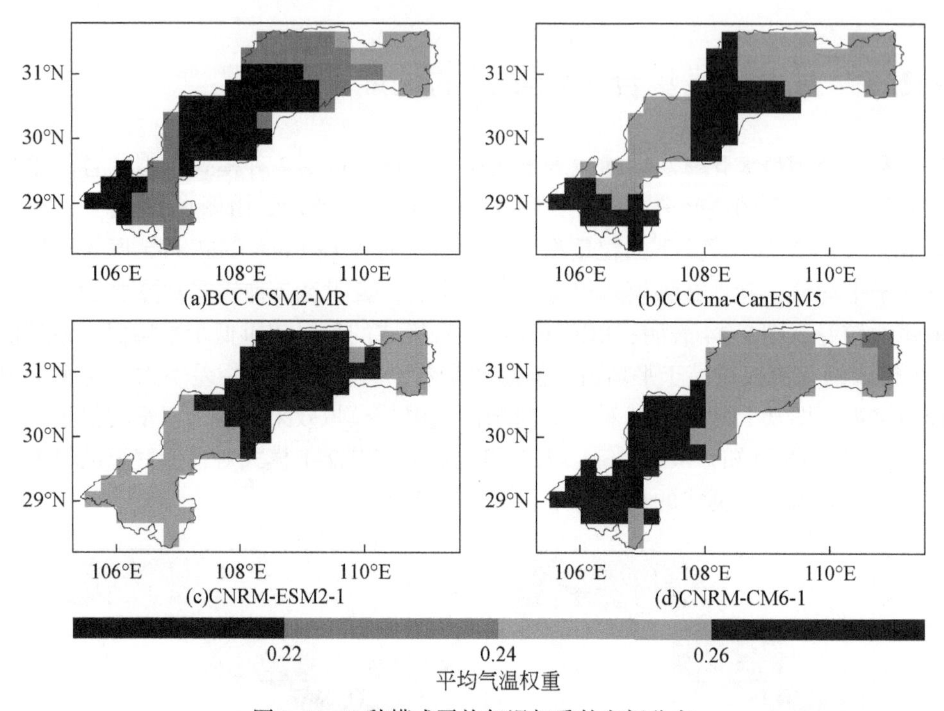

图 9-14　4 种模式平均气温权重的空间分布

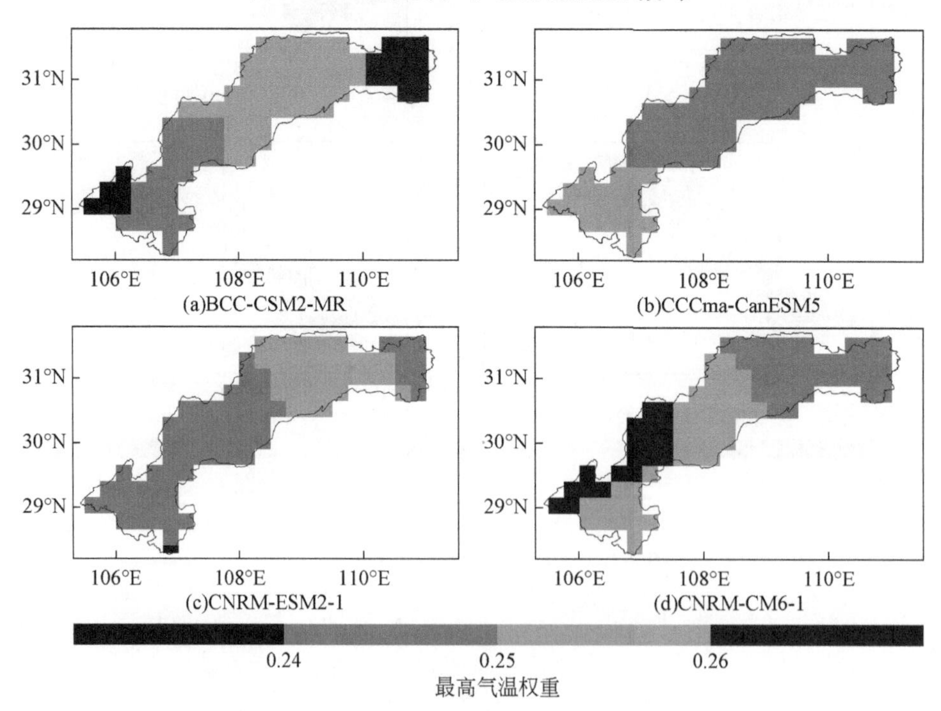

图 9-15　4 种模式最高气温权重的空间分布

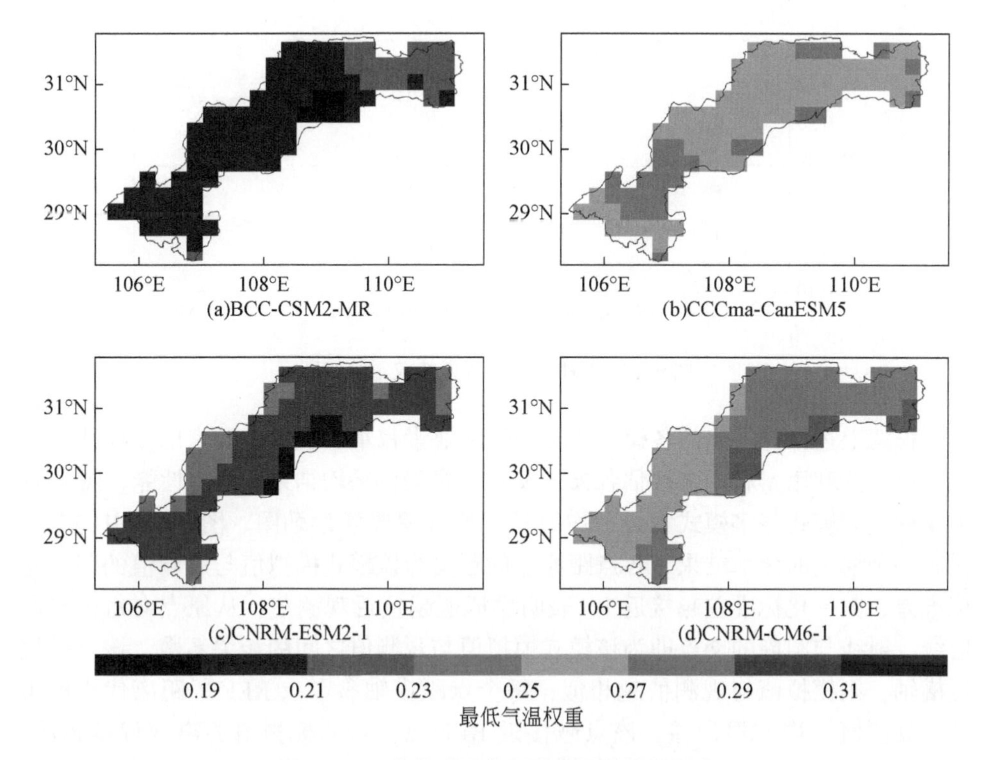

图 9-16　4 种模式最低气温权重的空间分布

为了验证整个库区各模式对每个要素模拟情况的好坏，图 9-17 画出了各模式下各要素权重的箱线图。对降水而言，BCC-CSM2-MR、CNRM-ESM2-1 和 CNRM-CM6-1 模式的下四分位数均在 0.25 以上，且箱子高度相对较低，表明数据波动小、模拟效果好，CCCma-CanESM5 模式中所有网格权重均低于 0.25，模拟效果较差。对平均气温而言，CCCma-CanESM5 和 CNRM-ESM2-1 模式的网格权重均高于 0.25，表示这两个模式可以很好地反映流域平均气温的空间分布，其中 CCCma-CanESM5 模式的箱子高度低于 CNRM-ESM2-1 模式，表示 CCCma-CanESM5 模式对平均气温模拟的空间差异性小于 CNRM-ESM2-1 模式，而 BCC-CSM2-MR 模式尽管箱子高度较低，但除异常高值外，其他所有网格权重均低于 0.25，表明该模式在整个库区对平均气温均有低估。对于最高气温，4 种模式下箱子高度均较低，且箱子均在 0.25 上下，表明 4 种模式均能很好地刻画库区最高气温的空间分布特征。对于最低气温，4 种模式的模拟效果有着较大差异，其中 CCCma-CanESM5 和 CNRM-CM6-1 模式模拟结果的波动小、空间差异性较小，整体模拟效果较好，CNRM-ESM2-1 模式模拟结果偏高，而 BCC-CSM2-MR 模式模拟结果偏低。

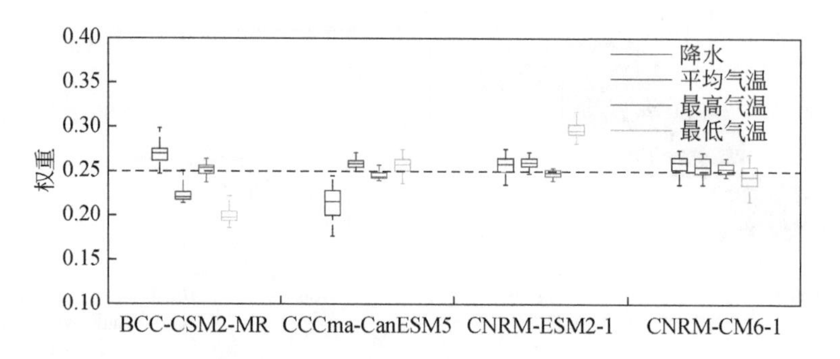

图 9-17　4 种模式各要素的权重箱线图

根据上述计算得出的各模式模拟的气象要素权重，求得各要素的多模式集合平均值，并利用泰勒图来评估各模式及多模式集合平均结果的模拟性能。图 9-18 为 4 种气候模式与多模式集合平均的月平均气象要素泰勒图。图 9-18 中每个点代表一个模式的评估结果，各点距原点的距离为该模式模拟值与观测值的归一化标准差，归一化标准差越接近 1，表明模拟值越接近观测值；从原点向每个点画射线，射线与圆周的交点即为该模式模拟值与观测值之间的相关系数，该点越接近横轴，则模拟值与观测值越相似；每个点距横轴参考点 REF 的距离代表模拟值与观测值的均方根误差，该点越接近 REF 点，表明模拟值的离散程度越小。泰勒图可以直观地刻画出模拟值与观测值之间的相对振幅、相关性以及偏离程度，总体而言，模拟点越接近 REF 点，模拟精度越高。

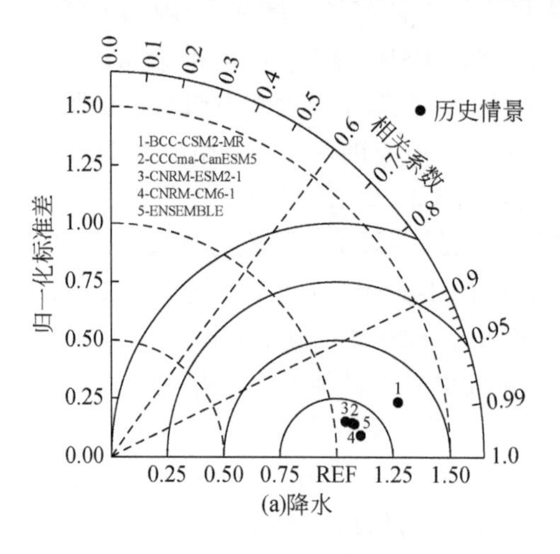

(a)降水

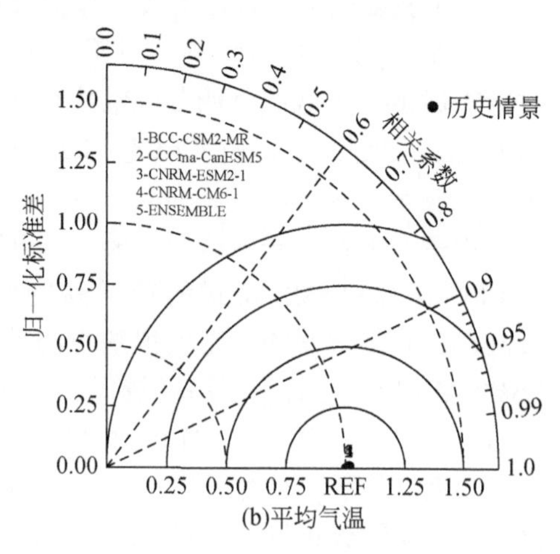

(b)平均气温

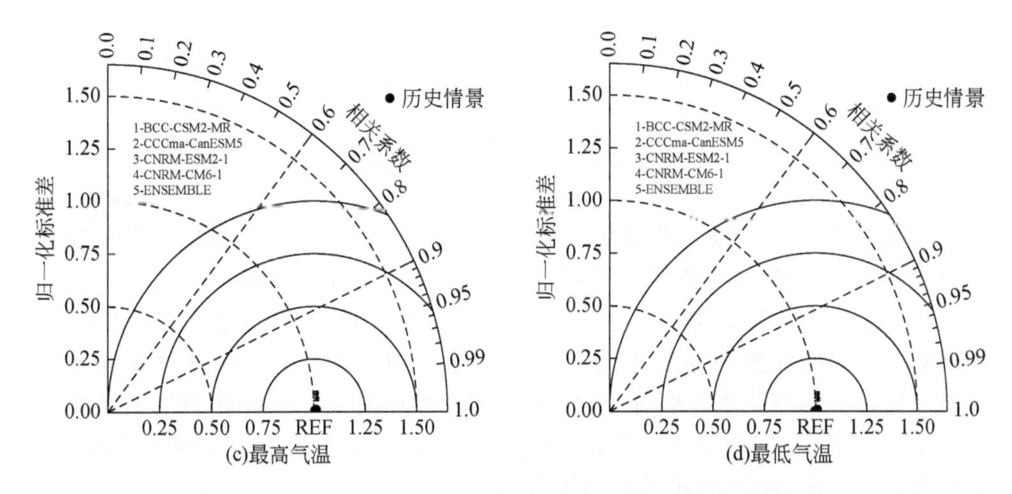

图 9-18　各模式下降水、平均气温、最高气温、最低气温泰勒图

由图 9-18（a）可知，多模式集合平均降水在一定程度上提升了降水的模拟性能，4 种模式模拟的降水在经过多模式集合平均后，降水的归一化标准差约为 1.1，相关系数接近 0.99，均方根误差也有明显减小。由图 9-18（b）~（d）可知，4 种模式与多模式集合平均后的平均气温、最高气温和最低气温的归一化标准差均接近 1.0，相关系数均大于 0.99，均方根误差均趋于 0，表明 4 种模式与多模式集合平均结果非常接近，均能很好地反映三峡库区平均气温、最高气温和最低气温的空间分布特征及变化趋势。

9.3　未来情景下水循环要素变化趋势

9.3.1　试验设计

为了揭示未来气候变化对三峡库区水循环及水资源的影响，设计了 5 组试验来进行对照分析，试验设计见表 9-6。

表 9-6　未来气候变化情景下陆面水文模拟试验设计

试验编号	模拟时段	气候情景
1	1981 ~ 2010 年	历史情景
2	2021 ~ 2050 年	SSP126
3	2021 ~ 2050 年	SSP245

续表

试验编号	模拟时段	气候情景
4	2021～2050年	SSP370
5	2021～2050年	SSP585

试验1是对照试验，模拟基准期设为1981～2010年，其模拟结果反映了1981～2010年陆面水文各要素的状态。为了便于对比，试验2～试验5设定2021～2050年为未来期，模拟情景分别选取SSP126、SSP245、SSP370和SSP585。为了确保模型在未来期能有一个稳定的初始状态，将各气候情景下2021～2030年多模式集合平均气象驱动数据均循环模拟5遍共50年以使模型在各情景下各项初始条件达到一个相对稳定的状态，然后分别将4组模型预热时段末状态保存，作为各自模拟的初始状态。

9.3.2 未来情景下降水变化趋势

未来期不同情景下三峡库区多年平均降水量的空间分布及其相较于基准期的变化量如图9-19所示。4种未来情景与基准期下三峡库区降水均呈库腹降水多，库首库尾降水少的分布，空间分布特征较为一致。与基准期相比，在SSP370排放情景下，降水有减少的趋势，尤其在库腹和库尾，降水最多减少260mm。在

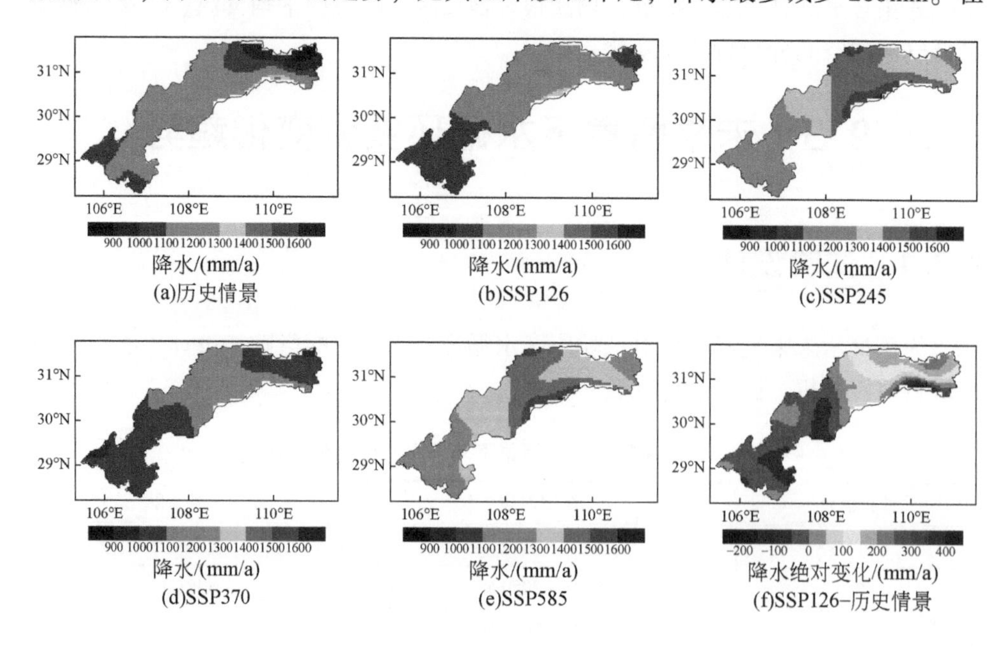

(a)历史情景
(b)SSP126
(c)SSP245
(d)SSP370
(e)SSP585
(f)SSP126–历史情景

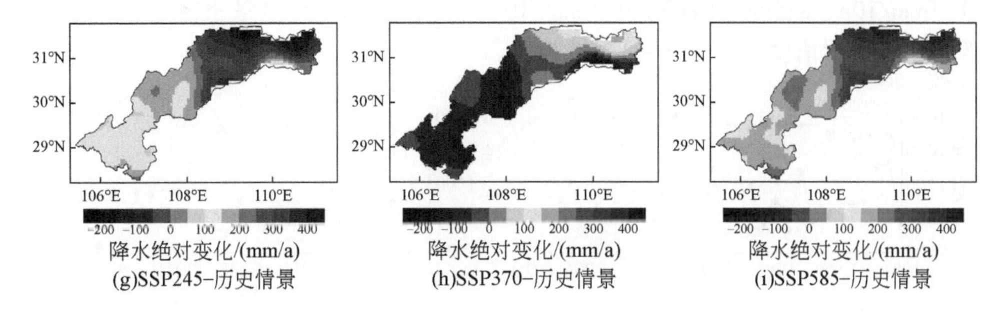

图 9-19 未来期各组试验年平均降水量及其相较于基准期绝对变化的空间分布

SSP126、SSP245 和 SSP585 排放情景下，降水整体呈增加趋势，分别增加 33mm、235mm 和 236mm，SSP370 排放情景下降水减少 25mm。

图 9-20 给出了未来期 4 种情景下多年平均月降水相较基准期的绝对变化，春季和秋季未来期降水高于基准期，尤其在 SSP245 和 SSP585 情景下，月降水最多增加 65mm；在夏季，SSP126 和 SSP370 两种情景下未来期降水少于基准期，其中 SSP370 情景下 7 月降水减少 38mm。冬季由于降水较少，4 种情景下降水的月变幅均小于 10mm。整体来看，在 SSP245 和 SSP585 情景下，未来期降水大部分有所增加，在 SSP370 情景下，未来期降水在夏季减少，在其他季节增加，而在 SSP126 情景下，未来期降水在夏季减少，在冬季基本保持不变，其余两季增加。

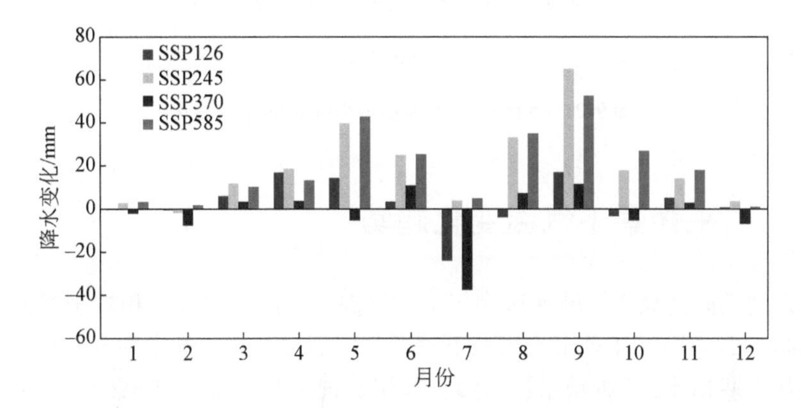

图 9-20 4 种情景下多年平均月降水相较基准期的变化

图 9-21 是基准期与未来期多年平均降水的年际变化序列图。由图 9-21 可知，SSP126 和 SSP245 情景下年降水量分别以 43.6mm/10a 和 13.6mm/10a 的趋势增加，在基准期、SSP370 和 SSP585 情景下降水均呈减少趋势，减少趋势分别为

21.7mm/10a、3.5mm/10a 和 58.9mm/10a，其中，SSP585 情景下降水的变化显著，通过了置信度为 0.05 的显著性检验。

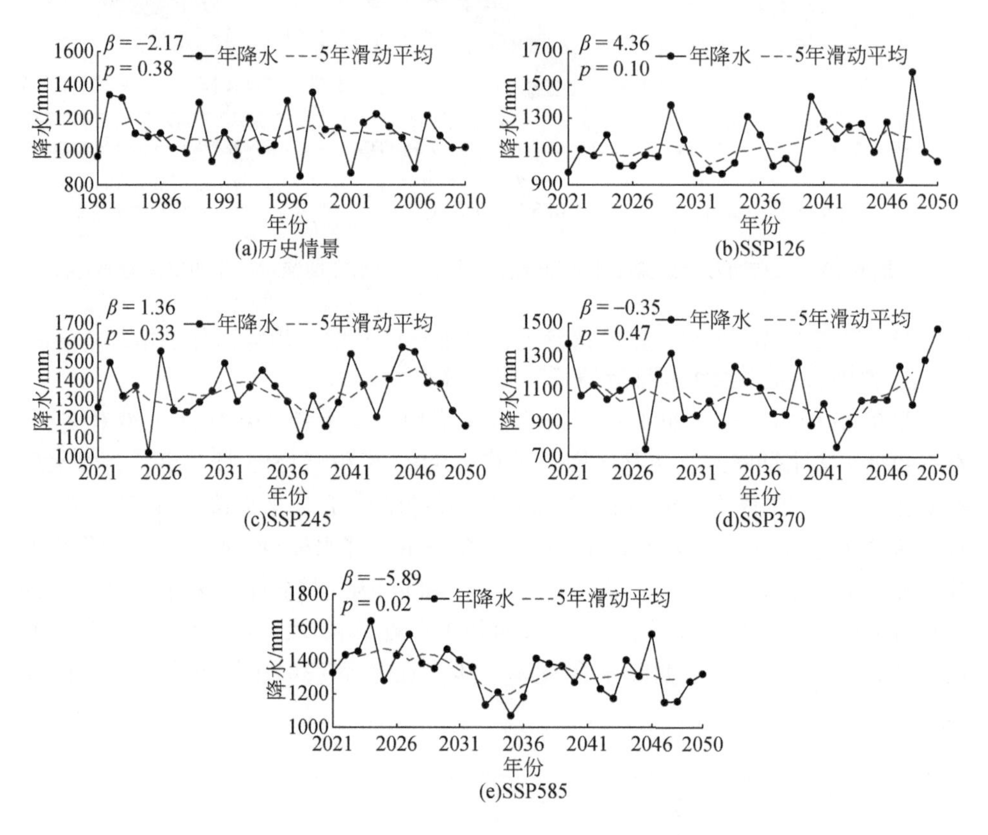

图 9-21　5 组试验下多年平均降水的年际变化

9.3.3　未来情景下气温变化趋势

未来期不同情景下三峡库区多年平均气温的空间分布及其相较于基准期的变化量如图 9-22 所示。4 种未来情景下气温的空间分布与基准期均有着良好的一致性，与基准期相比，4 种情景下气温在库尾及河道均呈降低现象，在其余区域呈升高趋势，最高增幅可达 7.1℃。从整个库区来看，4 种情景下，年平均气温均有升高，其中 SSP585 情景下升温最高，达 1.30℃，而 SSP126 情景下升温最低，达 0.49℃。

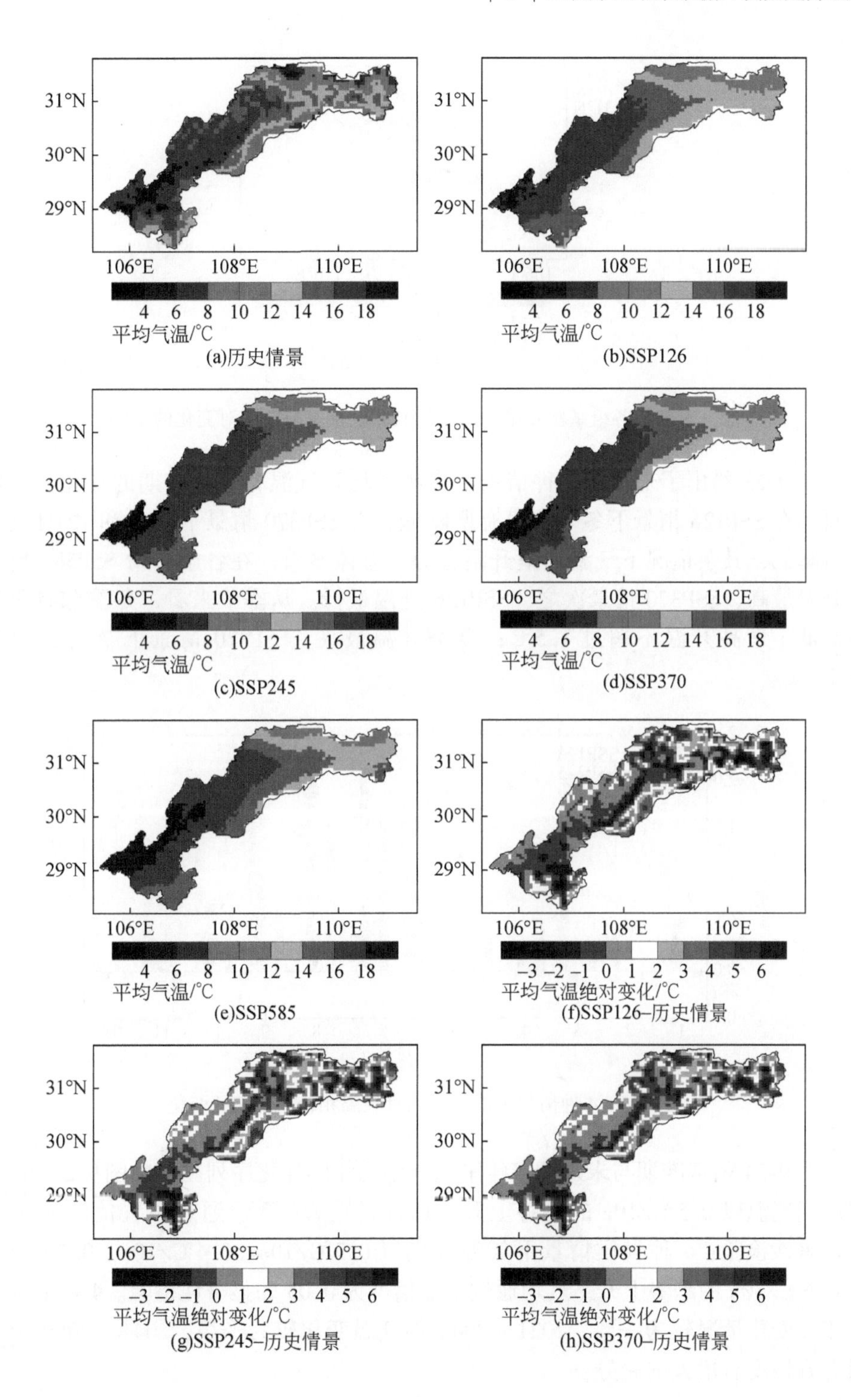

(a)历史情景

(b)SSP126

(c)SSP245

(d)SSP370

(e)SSP585

(f)SSP126–历史情景

(g)SSP245–历史情景

(h)SSP370–历史情景

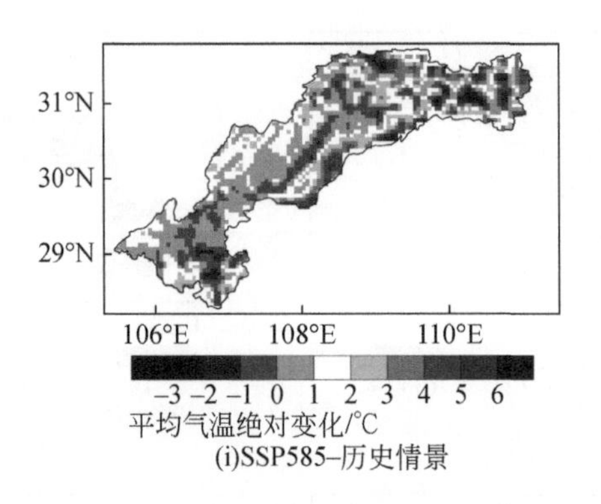

图 9-22 未来期各组试验年平均气温及其相较于基准期绝对变化的空间分布

图 9-23 给出了未来期 4 种情景下多年平均月气温相较基准期的变化。整体来看，在 SSP126 情景下冬季气温有所降低，在 SSP370 情景下 3 月和 12 月气温有所降低，其余情况下气温均呈升温态势，总体来看，在各个月份 SSP585 情景下升温最高，SSP370 情景次之，SSP126 升温最低。从季节来看，冬季和春季升温最低，最高升温不超过 1.5℃；夏季升温最高，SSP370 情景下 7 月升温超过 2.2℃。

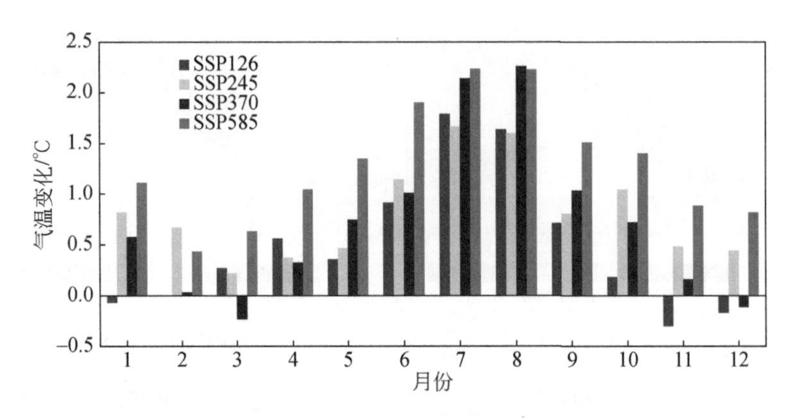

图 9-23 4 种情景下多年平均月气温相较基准期的变化

图 9-24 是基准期与未来期多年平均气温的年际变化序列图。由图 9-24 可知，基准期气温以 0.5℃/10a 的趋势上升，且升温较为显著，通过了置信度为 0.05 的显著性检验；4 种气候情景下气温分别以 0.2℃/10a、0.4℃/10a、0.5℃/10a 和 0.6℃/10a 的趋势上升，且均通过了置信度为 0.05 的显著性检验。4 种情景下的年际变化情况较为一致，2021 ~ 2040 年气温变化较为平稳，2041 ~ 2050 年气温上升幅度有增大的趋势。

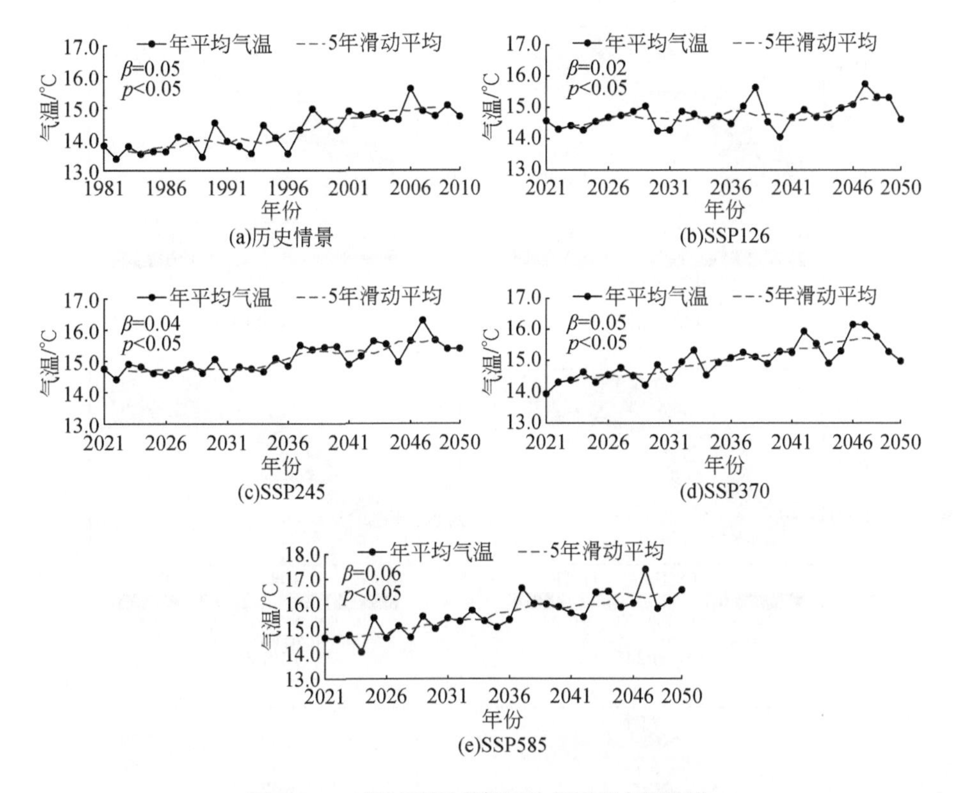

图 9-24　5 组试验下多年平均气温的年际变化

9.3.4　未来情景下径流变化趋势

本研究利用 4 种气候模式的多模式集合平均值驱动 CLM-DWC 模型，分析 4 种情景下径流的变化趋势。未来期 4 种情景下三峡库区多年平均径流深的空间分布及其相较于基准期的变化如图 9-25 所示。SSP126 和 SSP370 情景下径流深的空间分布与基准期均有着良好的一致性，且与降水也有着较好的对应。与基准期相比，SSP126 和 SSP370 情景下径流深在库腹和库尾有所减少，SSP370 情景下减少较多。SSP245 和 SSP585 情景下径流深有明显的增加，降水的明显增加是其主要原因。

图 9-26 显示了未来期 4 种情景下多年平均月径流深相较基准期的变化。4 种情景下，SSP585 情景下径流深增加最多，整个库区年平均径流深增加 133mm；SSP126 和 SSP370 情景下径流深分别减少 12mm 和 64mm，其中 7 月减少最多，分别减少 25mm 和 34mm。

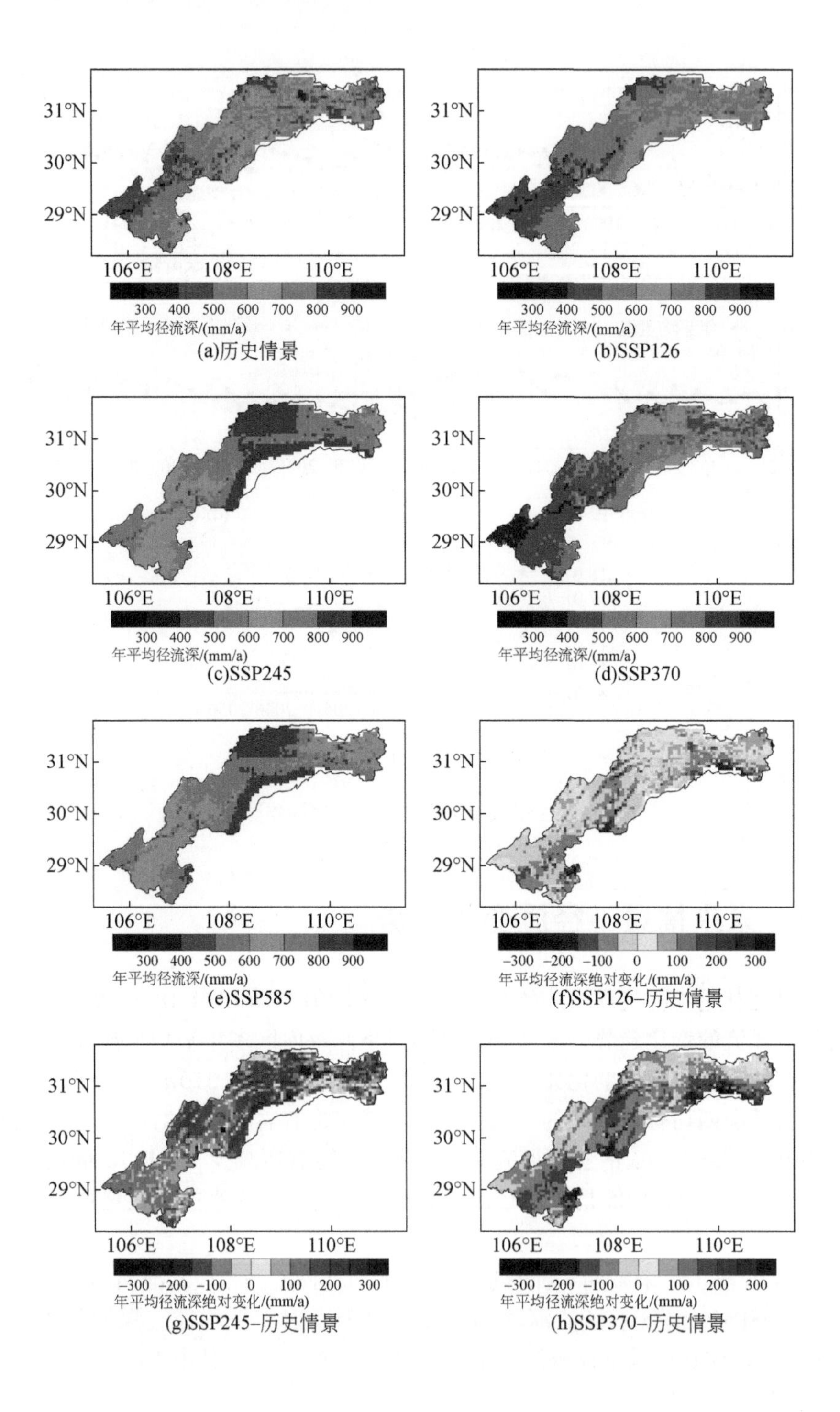
31°N
30°N
29°N
106°E
108°E
110°E
300 400 500 600 700 800 900
年平均径流深/(mm/a)
(a)历史情景
(b)SSP126
(c)SSP245
(d)SSP370
(e)SSP585
−300 −200 −100 0 100 200 300
年平均径流深绝对变化/(mm/a)
(f)SSP126–历史情景
(g)SSP245–历史情景
(h)SSP370–历史情景

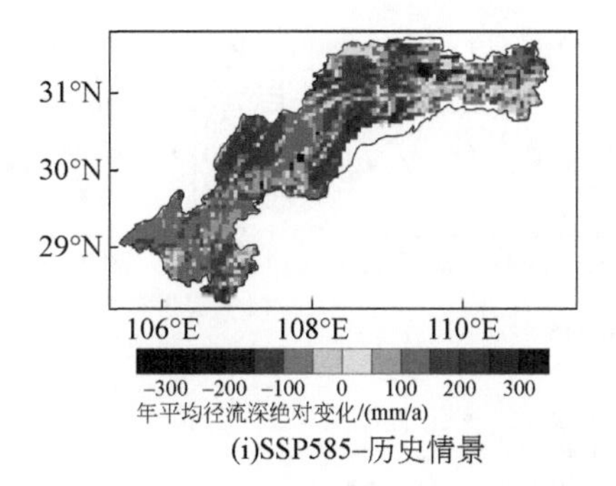

(i)SSP585-历史情景

图 9-25　未来期各组试验年平均径流深及其相较于基准期绝对变化的空间分布

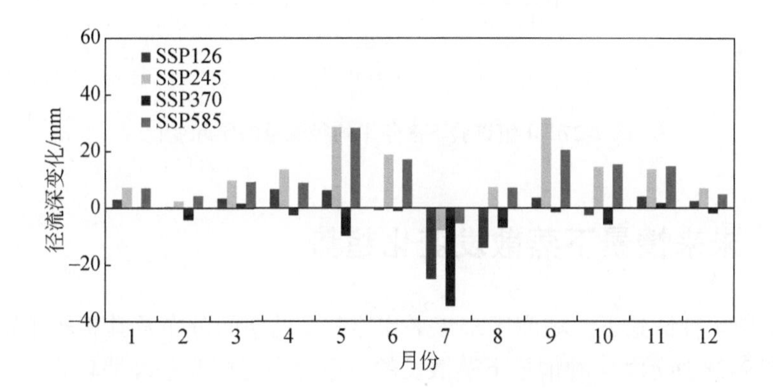

图 9-26　4 种情景下多年平均月径流深相较基准期的变化

图 9-27 是基准期与未来期多年平均径流深的年际变化序列图。基准期年平均径流深为 597mm，30 年来以 8.5mm/10a 的趋势增加，但并不显著。SSP585 情景下径流深以 19.7mm/10a 的趋势不显著减少，另外 3 种气候情景下径流深均呈增加趋势，分别以 62mm/10a、50.5mm/10a 和 0.1mm/10a 的趋势增加，其中 SSP126 和 SSP245 情景下径流深增加显著，通过了置信度为 0.05 的显著性检验。

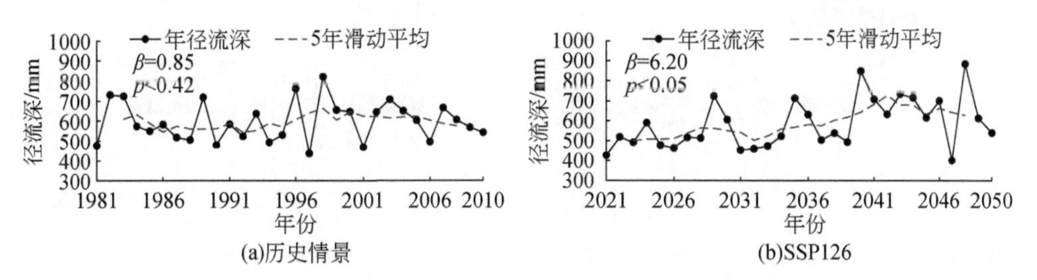

(a)历史情景　　(b)SSP126

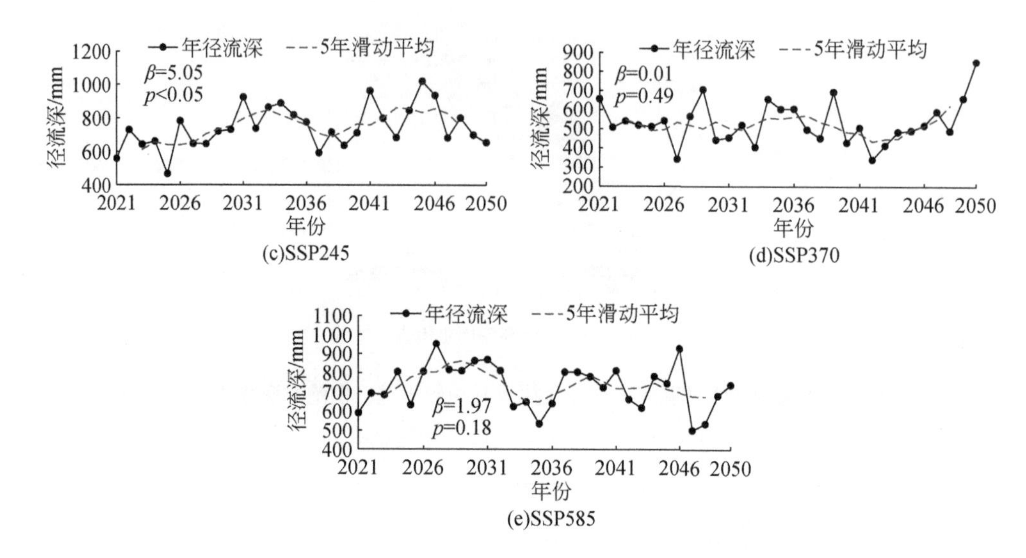

图 9-27　4 组试验下多年平均径流量的年际变化

9.3.5　未来情景下蒸散发变化趋势

未来期 4 种情景下三峡库区多年平均蒸散发的空间分布及其相较于基准期的变化如图 9-28 所示。4 种情景下蒸散发的时空分布特征与基准期较为一致，库腹和库尾区域年平均蒸散发为 550～600mm。相对于基准期，未来期 4 种情景下库腹和库尾有所减少，而库首有所增加。从整个库区来看，4 种情景下蒸散发均有所增加，其中 SSP585 情景下蒸散发增加最多，达到 75mm，SSP370 情景下蒸散发增加最少，为 20mm。

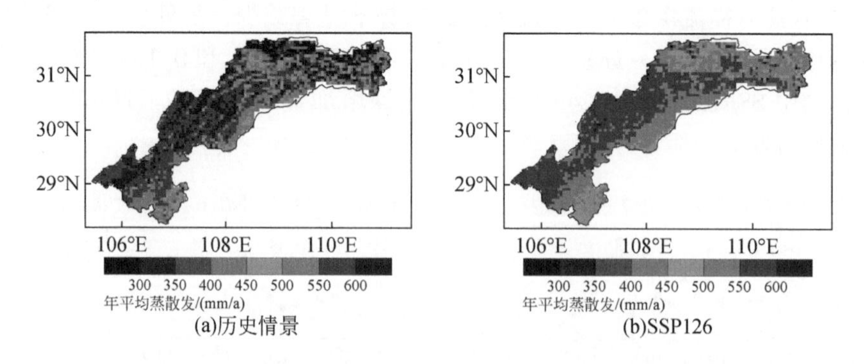

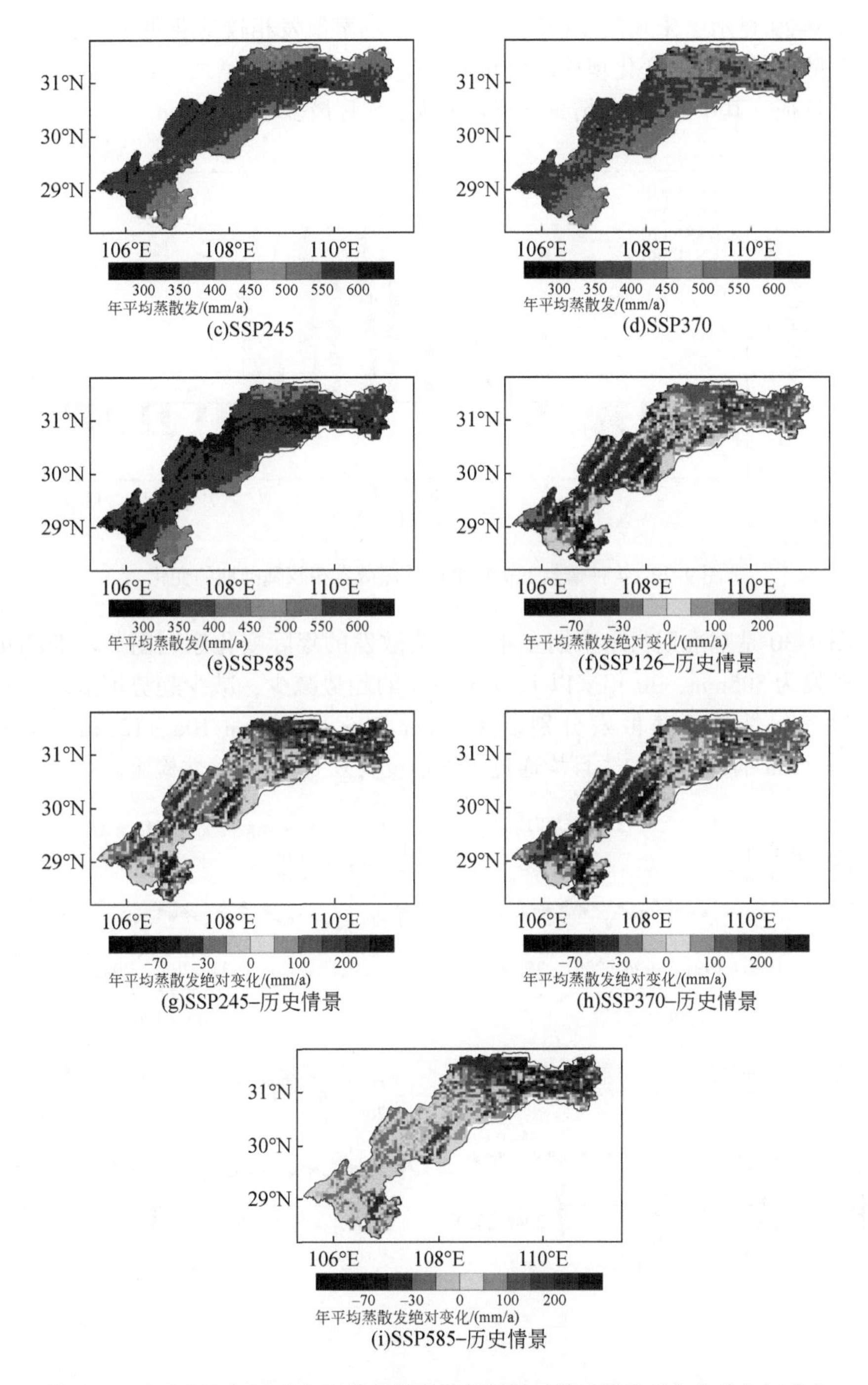

图 9-28　未来期各组试验年平均蒸散发及其相较于基准期绝对变化的空间分布

图 9-29 显示了未来期 4 种情景下多年平均蒸散发相较基准期的变化。4 种情景下蒸散发在各月的变化规律高度相似，呈现出 5 ~ 9 月增加、10 月 ~ 次年 4 月减少的特征。其中 SSP585 情景下增幅最大，8 月最多增加 28mm。

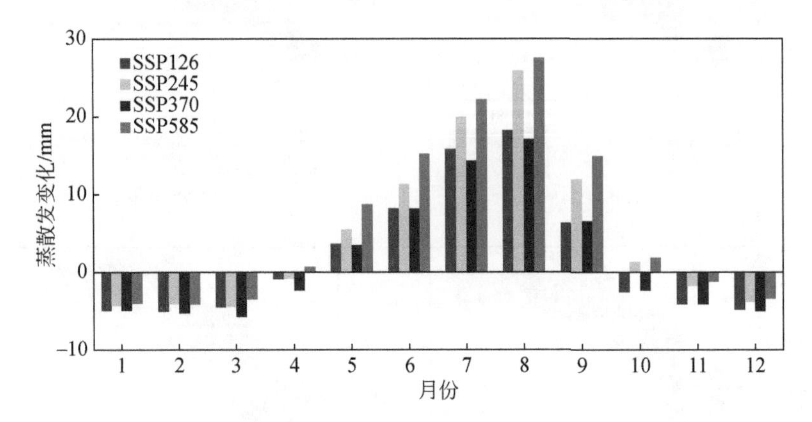

图 9-29　4 种情景下多年平均月蒸散发相较基准期的变化

图 9-30 是基准期与未来期多年平均蒸散发的年际变化序列图。基准期年平均蒸散发为 505mm，30 年来以 1.4mm/10a 的趋势减少，减少趋势不显著；未来期 4 种气候情景下蒸散发分别以 16.6mm/10a、16.2mm/10a、12.5mm/10a 和 26.8mm/10a 的趋势增加，且均通过了置信度为 0.05 的显著性检验。

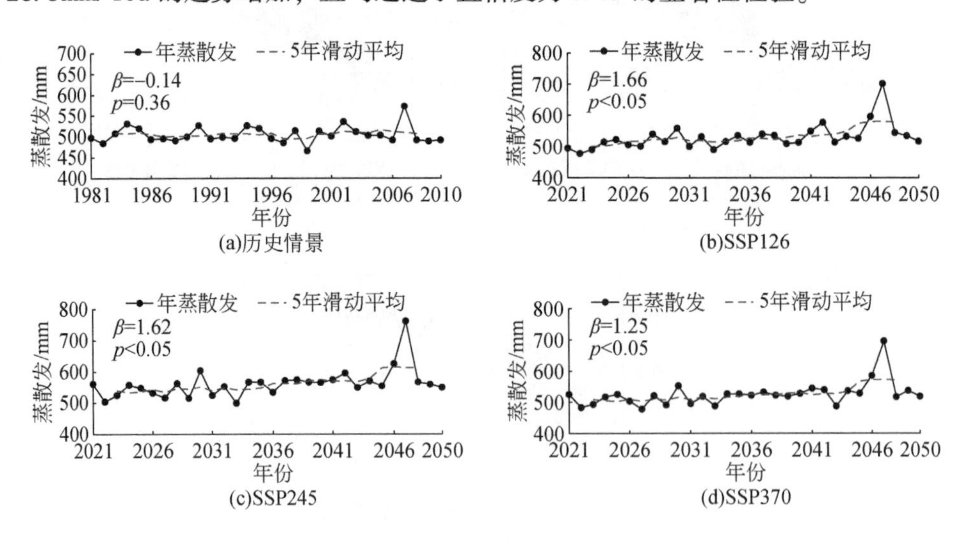

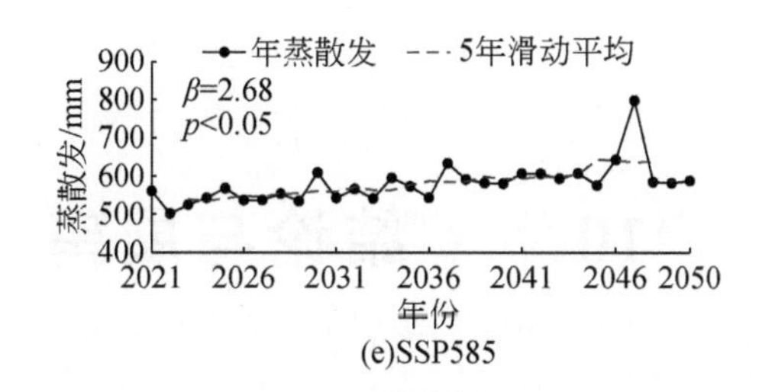

(e)SSP585

图 9-30　5 组试验下多年平均蒸散发的年际变化

10 结论与展望

10.1 主要结论

本研究围绕变化环境下三峡库区水循环演变规律与驱动机制这一主线，分析三峡库区水循环要素时空分布特征与变化规律。在此基础上，有针对性地开发三峡库区陆面水文耦合模型 CLM-DWC，并耦合区域气候模式，形成“大气-陆面-水文”全耦合模型，量化人工取用水对水循环要素的影响，揭示三峡库区的区域气候效应，预测三峡库区未来水循环的变化趋势。本书取得以下主要结论。

本研究基于 CMFD 气象数据集、中国陆地实际蒸散发数据集及水文站点观测数据，采用 Mann-Kendall 趋势检验法等方法，在对 CMFD 气象数据进行精度分析的基础上，分析三峡库区水循环要素时空分布特征与变化规律，主要结论如下。

1）基于长江上游范围内的 101 个气象站点的观测数据评估 CMFD 在长江上游的精度，结果表明，与观测值相比，无论是站点尺度还是流域面平均尺度，CMFD 的降水、气温、相对湿度相对误差均较小，相关性较高，可以满足水循环要素特征分析及陆面水文过程模拟的精度要求。

2）三峡库区多年平均年降水总体呈库腹多，库尾、库首少的分布特征，建库后多年平均降水减少 4mm，但库首长江北岸和库尾忠州、丰都、梁平、垫江、大竹、邻水、长寿等地降水明显增多。从季节来看，夏季和冬季降水分别减少 51mm 和 5mm，春季和秋季降水分别增加 29mm 和 23mm。1979～2018 年，三峡库区降水在库首长江北岸及库尾的忠州、丰都、梁平、垫江、大竹、邻水、长寿等地呈增加趋势，其余区域降水呈减少趋势。

3）三峡库区多年平均年蒸散发总体呈由库尾向库首递减的分布特征。建库后多年平均蒸散发增加 24mm，但库首近大坝区域有着 20～50mm 的减少。从季节来看，蒸散发在四季均有所增加，春季、夏季、秋季和冬季蒸散发分别增加 11mm、5mm、3mm 和 5mm。1982～2017 年，三峡库区蒸散发在库首及库腹呈减少趋势，且库首蒸散发减少显著，其余区域蒸散发呈增加趋势。

4）三峡库区内朱沱、寸滩、万县和宜昌站多年平均径流分别为 8304m^3/s、10 628m^3/s、12 601m^3/s 和 13 358m^3/s，径流集中在 7～9 月，约占年径流的

50%。建库后4站丰水期径流相比建库前有所减少，而枯水期径流则有所增加。1979～2018年，4站年径流分别以37.9m^3/(s·10a)、141.8m^3/(s·10a)、583.3m^3/(s·10a)和350.4m^3/(s·10a)的趋势减少，其中万县和宜昌站减少显著。

本研究基于陆气耦合模拟与机理实验验证，阐释库区流域坡面降水–产流–氮磷流失复杂机理，构建陆气耦合视角下的库区水循环理论方法，主要结论如下。

1）暴雨强度、坡度、径流组分与泥沙是影响紫色土坡面氮磷流失的主要因子，从地表产流的地形特征分析，紫色土坡耕地，15°的坡度是其地表产流变化的临界坡度，壤中流对总径流的贡献率最大；从暴雨强度角度分析，60mm/h的雨强是地表产流发生变化的临界雨强；同一雨强条件下，地表径流量与TN浓度的变化趋势一致，坡度为10°样地地表径流中TN浓度最大；同一雨强条件下，地表径流中TP浓度随时间增加呈减小趋势，初始地表径流径流中TP的浓度随坡度的增大而增加，说明该雨强条件下坡度越大，初期降水冲刷进入地表径流的TP浓度较高。

2）坡度和暴雨强度共同决定不同径流组分对应氮磷营养盐流失规律，对于地表径流中NH_4^+-N与PO_4^--P浓度的变化，一般情况下，随着地表产流的进行，NH_4^+-N、PO_4^--P浓度逐渐降低或者趋于稳定，由于暴雨作用加上坡面粗糙程度及紫色土的易侵蚀性，在较大坡度上，降水溅蚀及重力作用使某些残留物质随径流进入水体，会出现某些时段NH_4^+-N、PO_4^--P浓度的突然升高；地表产流中NO_2^--N、NO_3^--N浓度基本是同增同减的变化趋势，雨强越大，NO_2^--N、NO_3^--N浓度随地表径流的波动越大，反之则其波动较为稳定。对于壤中流中NH_4^+-N与PO_4^--P浓度，当雨强大于100mm/h时，坡度越大（大于15°），NH_4^+-N、PO_4^--P浓度变化趋势一致，整体上随着产流的进行浓度逐渐减小并趋于稳定，当雨强小于60mm/h时，NH_4^+-N、PO_4^--P浓度随产流的波动较大；壤中流中NO_3^--N浓度在各雨强条件下均先波动降低至最低点，然后升高至最大值，这是由于先进入水体的是土壤中的NO_3^--N，后NO_3^--N浓度升高是因为地表入渗挟带进入的物质随壤中流进入水体；当坡度大于15°时，雨强越大，NO_2^--N浓度随壤中流浓度增加的趋势越显著，但是当坡度小于5°时，除100mm/h雨强外，其浓度呈显著减小趋势。

本研究开发汇流和取用水模块，并与陆面模式CLM4.5耦合，研发具有统一物理机制的陆面–水文耦合模型CLM-DWC，提出了地球系统模式下陆地水循环全过程模拟技术，并在三峡库区进行应用，主要结论如下。

1）相比传统陆面模式，本研究研发的CLM-DWC耦合模型构建汇流模块，打通陆面模式下水循环过程“最后一公里”，实现了水平汇流过程的计算，可满足高分辨率流域尺度陆地水循环全过程模拟的要求。并构建取用水模块，实现对取用水过程的参数化表达。此外，将 CLM-DWC 模型嵌入区域气候模式 RegCM4，实现“大气-陆面-水文”全过程耦合，进一步丰富全球气候变化与水资源领域的研究手段。

2）以三峡库区为例开展模型验证工作，整个长江上游 10 个站点的月径流过程的平均纳什效率系数为 0.86，平均相对误差为-2.27%，耦合模型总体模拟效果良好，能够满足三峡库区水循环要素模拟与预测的精度要求。

3）通过设置对照试验，揭示取用水过程对陆地水循环过程关键要素的影响。结果表明，农业灌溉用水导致大多数区域土壤湿度增加 0～0.008mm^3/mm^3，但只有在农业用水量大于 20mm/a 的区域，农业灌溉的增湿效果才能显现出来。取用水同样导致大多数区域蒸散发增加 0～3mm，然而在总用水量小于 40mm/a 的区域，取用水对蒸散发的影响几乎可以忽略。三峡库区 3 个水文站点的年径流均呈减少趋势，气候变化和土地利用变化是径流变化的主要因素。

本研究将 CLM-DWC 与 RegCM4 进一步耦合，设置有无水面两种对照试验，开展三峡库区长期气候的高分辨率模拟，通过对比两种情景下的气候差异，揭示水库对库区及周边区域气候的潜在影响，并分析引起库区降水、气温以及蒸发变化的主要驱动因素，主要结论如下。

1）水库对区域气候的影响具有明显的季节性和昼夜变化差异。湖泊方案 L1 情景下，除春季外，其他季节库区气温均有所上升，年平均气温升温达到 0.12℃；年平均降水减少 0.28mm/d，其中春季和夏季的减少程度最大；蒸发在秋季和冬季增加，在春季和夏季减少，全年平均增加 0.04mm/d。从不同季节的日尺度过程的变化来看，气温在白天降低，夜间升高，而降水除在夏季夜间轻微增加外，在其余时段均有所减少；蒸发在夜间和秋冬季的白天均有所增加，而在春夏季白天减少。库区内水汽含量变化不明显，但水汽通量散度在白天有显著变化。水库区域气候效应集中在库区内的近地表层，对库区以外的周边地区几乎没有。

2）在 RegCM4 模拟的湖泊方案 L1 情景下，库区降水减少主要是由于水库水面降温导致湖面对流抑制，进而导致模拟的对流降水减少；气温的变化主要是由于水库与周围陆地之间进行了大量的能量交换，对区域年内能量收支起到了调节的作用；蒸发变化主要受 CLM4.5 水面模型中湖面 0.05m 处的水温与 2m 高度气温之间的温度梯度大小及方向的季节性变化的影响，同时还受浅层水温与深层水温的温度梯度大小的影响。

本研究收集 4 种 CMIP6 气候模式数据，在分析各气象要素的模拟性能的基础上，计算了 4 种气候模式的多模式集合平均结果，分析 4 种 SSP 未来气候变化情景下三峡库区降水、气温等气象要素的变化趋势，并利用多模式集合平均结果驱动耦合模型 CLM-DWC，预测了未来期三峡库区的径流、蒸散发等水循环要素的变化趋势，主要结论如下。

1）4 种气候模式模拟的降水、平均气温、最高气温和最低气温与观测值在空间分布上均有着较好的一致性。利用贝叶斯加权平均求得 4 种气候模式的多模式集合平均值，与 4 种气候模式模拟值相比，多模式集合平均值与观测值之间的归一化标准差、相关系数、均方根误差 3 个指标的评价结果均是最优的，表明多模式集合平均在一定程度上可以提升模式的模拟效果。

2）三峡库区未来期 4 种情景下降水、径流深、蒸散发等水循环要素多年平均空间分布与基准期均有良好的相关性，气候变化未明显改变各项要素的空间分布格局。相比于基准期，未来期降水在 SSP126、SSP245 和 SSP585 排放情景下分别增加 33mm、235mm 和 236mm，在 SSP370 排放情景下减少 25mm；气温在 4 种排放情景下均呈库尾及河道降低，其余区域升高的分布特征；径流深在 SSP126 和 SSP370 情景下在库腹和库尾有所减少，在 SSP245 和 SSP585 情景下有明显的增加。蒸散发在 4 种排放情景下均在库腹和库尾有所减少，在库首有所增加。从年际变化来看，降水在 SSP126 和 SSP245 情景下分别以 43. 6mm/10a 和 13. 6mm/10a 的趋势增加，在 SSP370 和 SSP585 情景下分别以 3. 5mm/10a 和 58. 9mm/10a 的趋势减少；气温在 4 种情景下分别以 0. 2℃/10a、0. 4℃/10a、0. 5℃/10a 和 0. 6℃/10a 的趋势显著上升；径流深在 SSP585 情景下以 19. 7mm/10a 的趋势不显著减少，在另外 3 种情景下分别以 62mm/10a、50. 5mm/10a 和 0. 1mm/10a 的趋势增加；蒸散发在 4 种情景下分别以 16. 6mm/10a、16. 2mm/10a、12. 5mm/10a 和 26. 8mm/10a 的趋势显著增加。

从年内分配来看，降水在 SSP245 和 SSP585 情景下有所增加，其中 9 月增加最多，而在 SSP126 和 SSP370 情景下，7 月则明显减少；气温在冬季和春季升温最低，最高升温不超过 1. 5℃，夏季升温最高，SSP370 情景下 7 月升温超过 2. 2℃；径流深在 4 种情景下 7 月均有所减少，除 7 月外，在 SSP245 和 SSP585 情景下，径流深在其余月份均有所增加，而在 SSP126 和 SSP370 情景下，径流深在全年分别减少 12mm 和 64mm；蒸散发在 4 种情景下在各月的变化规律高度相似，呈现出 5 ~ 9 月增加、10 月 ~ 次年 4 月减少的特征，其中在 SSP585 情景下增加得最多，8 月最多增加 28mm。

10. 2 未来展望

变化环境下库区流域水循环过程是一个复杂巨系统，本研究主要针对三峡库区当前在水循环方面面临的突出问题开展相关研究，在三峡库区陆面水文耦合模型、库区区域气候效应等方面取得了一些成果，但大型库区流域水循环演变规律与驱动机制研究任重道远，仍存在很多理论、方法、模型等方面的问题亟待研究，突出表现在以下几方面。

1）在陆面水文耦合模型构建方面，本研究所构建的三峡库区陆面水文耦合模型中河道汇流相关参数并未进行验证，导致模型在部分区域的模拟效果不佳。今后需收集多源数据资料修正汇流参数，并开展验证。此外，本研究未针对耦合模型及未来情景下气候模式模拟结果进行不确定性分析。后续可尝试调整耦合模型参数，分析参数的敏感性，同时利用各气候模式分别驱动耦合模型，计算未来情景下水循环变化的不确定性区间。

2）在三峡库区区域气候模拟方面，本研究在静力动力框架下，利用 RegCM4 仅开展了最高 10km 分辨率的数值模拟，该分辨率在捕捉库区 1 ~ 2km 范围内细微的空间变化特征方面略显不足，且在数值模拟中放大了水库区域气候效应。在今后的研究中，将尝试采用具有更高分辨率的中尺度数值模式或非静力动力框架下的 RegCM4 模式进行更高分辨率的模拟分析。

3）在变化环境下三峡库区水安全研究方面，未来气候变化有可能对包括三峡工程在内的我国水资源宏观配置体系产生显著影响，增加水旱灾害发生的频率与强度，降低三峡工程的防洪安全标准和水安全体系，加大水资源脆弱性，进而影响我国经济社会的可持续发展和水安全。今后需拓展研究思路，在当前耦合模型的基础上，考虑三峡工程调度运行对水循环过程的影响，尝试设计水库调度参数化方案及模块，实现“大气-陆面-水文-工程”精细化模拟，分析未来气候变化情景下三峡工程运行可能的风险，并提出应对气候变化影响的适应性管理与对策体系。

参考文献

陈兵．2014. 基于SWAT模型的沿渡河流域气候及土地利用变化的水文响应研究［D］．武汉：华中师范大学．

陈成龙．2017. 三峡库区小流域氮磷流失规律与模型模拟研究［D］．重庆：西南大学．

陈祥义．2015. 三峡库区龙河流域非点源污染模拟研究［D］．北京：中国林业科学研究院．

崔超．2016. 三峡库区香溪河流域氮磷入库负荷及迁移特征研究［D］．北京：中国农业科学研究院．

丁相毅，周怀东，王宇晖，等．2011. 变化环境下三峡库区水循环要素演变规律研究［C］．兰州：第九届中国水论坛．

丁相毅，周怀东，王宇晖，等．2011. 三峡库区水循环要素现状评价及预测［J］．水利水电技术，42（11）：1-5.

傅涛，倪九派，魏朝富，等．2003. 条件下紫色土养分流失规律研究［J］．植物营养与肥料学报，9（1）：71-74，101.

高琦，徐明，李波，等．2018. 近40年三峡库区面雨量时空分布特征［J］．气象科技进展，8（4）：76-81.

郭靖．2010. 气候变化对流域水循环和水资源影响的研究［D］．武汉：武汉大学．

侯伟，廖晓勇，张岩，等．2015. 三峡库区典型小流域SWAT模型基础数据库构建［J］．西藏大学学报（自然科学版），30（2）：118-124.

胡玉梅，介玉娥，陈兴周，等．2009. 小浪底水库蓄水对库区及周边降水的影响［J］．气象与环境科学（s1）：185-188.

焦阳，雷慧闽，杨大文，等．2017. 基于生态水文模型的无定河流域径流变化归因［J］．水力发电学报，36（7）：34-44.

焦阳．2017. 黄土高原无定河流域生态水文模型开发与应用［D］．北京：清华大学．

李博，唐世浩．2014. 基于TRMM卫星资料分析三峡蓄水前后的局地降水变化［J］．长江流域资源与环境，23（5）：617-625.

李蔚，陈晓宏，何艳虎，等．2018. 改进SWAT模型水库模块及其在水库控制流域径流模拟中的应用［J］．热带地理，38（2）：226-235.

林朝晖，刘辉志，谢正辉，等．2008. 陆面水文过程研究进展［J］．大气科学，32（4）：935-949.

刘伟，安伟，杨敏，等．2016. 基于SWAT模型的三峡库区大宁河流域产流产沙模拟及土壤侵蚀研究［J］．水土保持学报，30（4）：49-56.

罗翔宇，贾仰文，王浩，等．2003. 包含拓扑信息的流域编码方法及其应用［J］．水科学进展，

14：89-93.

莫兴国，刘苏峡，林忠辉．2009. 植被界面过程（VIP）生态水文动力学模式研究进展［J］．资源科学，31（2）：180-181.

石荧原．2017. 三峡区间流域非点源污染的精细化模拟研究［D］．武汉：武汉大学．

宋林旭，刘德富，肖尚斌．2011. 三峡库区香溪河流域非点源营养盐输出变化的试验研究［J］．长江流域资源与环境，20（8）：91-97.

王晓青．2012. 三峡库区澎溪河（小江）富营养化及水动力水质耦合模型研究［D］．重庆：重庆大学．

吴佳，高学杰．2013. 一套格点化的中国区域逐日观测资料及与其它资料的对比［J］．地球物理学报，56（4）：1102-1111.

吴磊．2012. 三峡库区典型区域氮、磷和农药非点源污染物随水文过程的迁移转化及其归趋研究［D］．重庆：重庆大学．

谢萍，张双喜，汪海洪，等．2019. 利用交叉小波技术分析三峡水库蓄排水过程对库区降雨量的影响［J］．武汉大学学报（信息科学版），44（6）：821-829.

谢正辉，刘谦，袁飞，等．2004. 基于全国50km×50km网格的大尺度陆面水文模型框架［J］．水利学报，5：76-82.

徐宗学，刘晓婉，刘浏．2016. 气候变化影响下的流域水循环：回顾与展望［J］．北京师范大学学报（自然科学版），52（6）：722-730，839.

杨传国．2009. 区域陆面-水文耦合模拟研究与应用［D］．南京：河海大学．

雍斌，张万昌，刘传胜．2006. 水文模型与陆面模式耦合研究进展［J］．冰川冻土，28（6）：961-970.

雍斌．2007. 陆面水文过程模拟TOPX构建及其与区域气候模式RIEMS的耦合应用［D］．南京：南京大学．

张祎，刘杨，张释今．2018. 三峡水库近20年水面蒸发量分布特征及趋势分析［J］．水文，38（3）：90-96.

Appels W M, Bogaart P W, van der Zee, et al. 2016. Surface runoff in flat terrain: How field topography and runoff generating processes control hydrological connectivity [J]. Journal of Hydrology, 534: 493-504.

Benoit R, Pellerin P, Kouwen N, et al. 2000. Toward the use of coupled atmospheric and hydrologic models at regional scale [J]. Monthly Weather Review, 128: 1681-1706.

Beven K J, Kirkby M J. 1979. A physically based variable contributing area model of basin hydrology [J]. Hydrological Sciences Bulletin, 24 (1): 43-69.

Beven K. 1997. TOPMODEL: A critique [J]. Hydrological Processes, 11 (9): 1069-1085.

Bouraima A K, He B, Tian T. 2016. Runoff, nitrogen (N) and phosphorus (P) losses from purple slope cropland soil under rating fertilization in Three Gorges Region [J]. Environmental Science & Pollution Research, 23 (5): 4541-4550.

Carpenter S R, Booth E G, Kucharik C J. 2017. Extreme precipitation and phosphorus loads from two agricultural watersheds [J]. Limnology & Oceanography, 63 (3): 1221-1233.

Chai Y, Li Y, Yang Y, et al. 2019. Influence of climate variability and reservoir operation on streamflow in the Yangtze River [J]. Scientific Reports, 9 (1): 1-10.

Chen F, Xie Z H. 2010. Effects of interbasin water transfer on regional climate: A case study of the Middle Route of South-to-North Water Transfer Project in China [J]. Journal of Geophysical Research, 115: D11112.

Chow V T. 1959. Open-channel hydraulics [M]. New York: McGraw-Hill.

Clapp R B, Hornberger G M. 1978. Empirical equations for some soil hydraulic properties [J]. Water Resources Research, 14 (4): 601-604.

Decharme B, Alkama R, Papa F, et al. 2012. Global off-line evaluation of the ISBA-TRIP flood model [J]. Climate Dynamics, 38: 1389-1412.

Degu A M, Hossain F, Niyogi D, et al. 2011. The influence of large dams on surrounding climate and precipitation patterns [J]. Geophysical Research Letters, 38 (4): L04405.

Deng L, Fei K, Sun T, et al. 2019. Characteristics of runoff processes and nitrogen loss via surface flow and interflow from weathered granite slopes of Southeast China [J]. Journal of Mountain Science, 16: 1048-1064.

Ding X, Xue Y, Lin M, et al. 2017. Effects of precipitation and topography on total phosphorus loss from purple soil [J]. Water, 9 (5): 315.

Fei K, Deng L, Sun T, et al. 2019. Runoff processes and lateral transport of soil total carbon induced by water erosion in the hilly region of southern China under rainstorm conditions [J]. Geomorphology, 340: 143-152.

Gao J Q, Xie Z H, Wang A W, et al. 2019. A new frozen soil parameterization including frost and thaw fronts in the Community Land Model [J]. Journal of Advances in Modeling Earth Systems, 2019, 11: 126509976.

Gao X, Shi Y, Han Z, et al. 2017. Performance of RegCM4 over Major River Basins in China [J]. Advances in Atmospheric Sciences, 34 (4): 441-455.

Getirana A C V, Boone A, Yamazaki D, et al. 2012. The hydrological modeling and analysis platform (HyMAP) evaluation in the Amazon Basin [J]. Journal of Hydrometeorology, 13: 1641-1665.

Helfer F, Lemckert C, Zhang H. 2012. Impacts of climate change on temperature and evaporation from a large reservoir in Australia [J]. Journal of Hydrology, 475 (1): 365-378.

Jia Y W, Wang H, Wang J H, et al. 2004. Distributed hydrological modeling and river flow forecast for water allocation in a large-scaled inland basin of northwest China [C]. Singapore: Proc of 2nd AHPW Conference.

Jia Y W. 1997. Integrated analysis of water and heat balances in Tokyo metropolis with a distributed model [D]. Tokyo: University of Tokyo.

Li H Y, Huang M Y, Tesfa T, et al. 2013. A subbasin-based framework to represent land surface processes in an earth system model [J]. Geoscientific Model Development, 6: 2699-2730.

Li H Y, Wigmosta M S, Wu H, et al. 2013. A physically based runoff routing model for land surface and earth system models [J]. Journal of Hydrometeorology, 14: 808-828.

Liang X, Lettenmaier D P. 1994. A simple hydrologically based model of land surface water and energy fluxes for general circulation models [J]. Journal of Geophysical Research, 99 (D7): 14415-14428.

Liang X, Xie Z H. 2001. A new surface runoff parameterization with subgrid-scale soil heterogeneity for land surface models [J]. Advances in Water Resources, 24 (9-10): 1173-1193.

Liang X, Xie Z H. 2003. Important factors in land-atmosphere interactions: Surface runoff generations and interactions between surface and groundwater [J]. Global and Planetary Change, 38: 101-114.

Lowe L D, Webb J A, Nathan R J, et al. 2009. Evaporation from water supply reservoirs: An assessment of uncertainty [J]. Journal of Hydrology, 376 (1-2): 261-274.

Lv M, Chen J L, Mirza Z A, et al. 2016. Spatial distribution and temporal variation of reference evapotranspiration in the Three Gorges Reservoir area during 1960 - 2013 [J]. International Journal of Climatology, 36 (14): 4497-4511.

Ma X, Li Y, Li B, et al. 2016. Nitrogen and phosphorus losses by runoff erosion: Field data monitored under natural rainfall in Three Gorges Reservoir Area, China [J]. Catena: An Interdisciplinary Journal of Soil Science Hydrology-Geomorphology Focusing on Geoecology and Landscape Evolution, 147: 797-808.

Ma Z, Ray R L, He Y. 2018. Assessing the spatiotemporal distributions of evapotranspiration in the Three Gorges Reservoir Region of China using remote sensing data [J]. Journal of Mountain Science, 15 (12): 2676-2692.

Mo X G, Liu S X, Chen X J, et al. 2018. Variability, tendencies, and climate controls of terrestrial evapotranspiration and gross primary productivity in the recent decade over China [J]. Ecohydrology, 11 (4): e1951.

Mo X G, Liu S X, Lin Z H, et al. 2009. Regional crop yield, water consumption and water use efficiency and their responses to climate change in the North China Plain [J]. Agriculture Ecosystems and Environment, 134: 67-78.

Mullane J M, Flury M, Iqbal H, et al. 2015. Intermittent rainstorms cause pulses of nitrogen, phosphorus, and copper in leachate from compost in bioretention systems [J]. Science of the Total Environment, 537: 294-303.

Neilen A D, Chen C R, Parker B M, et al. 2017. Differences in nitrate and phosphorus export between wooded and grassed riparian zones from farmland to receiving waterways under varying rainfall conditions [J]. Science of the Total Environment, 598: 188-197.

Niu G Y, Yang Z L, Dickinson R E, et al. 2007. Development of a simple groundwater model for use in climate models and evaluation with Gravity Recovery and Climate Experiment data [J]. Journal of Geophysical Research, 112: D07103.

Niu G Y, Yang Z L, Dickinson R E. 2005. A simple TOPMODEL-based runoff parameterization (SIMTOP) for use in global climate models [J]. Journal of Geophysical Research, 110: D21106.

Oleson K W, Lawrence D, Bonan G B, et al. 2013. Technical description of version 4.5 of the community land model (CLM) . NCAR Technical Note NCAR/TN-503+STR [R] . Boulder: National Center for Atmospheric Research.

Remo J W F, Ickes B S, Ryherd J K, et al. 2018. Assessing the impacts of dams and levees on the hydrologic record of the Middle and Lower Mississippi River, USA [J] . Geomorphology, 313: 88-100.

Shen Z, Qiu J, Hong Q, et al. 2014. Simulation of spatial and temporal distributions of non-point source pollution load in the Three Gorges Reservoir Region [J] . Science of the Total Environment, 493: 138-146.

Shi Y, Xu G, Wang Y, et al. 2017. Modelling hydrology and water quality processes in the Pengxi River basin of the Three Gorges Reservoir using the soil and water assessment tool [J] . Agricultural Water Management, 182: 24-38.

Su F G, Xie Z H. 2003. A model for assessing effects of climate change on runoff in China [J] . Progress in Natural Science, 13 (9): 701-707.

Tanny J, Cohen S, Berger D, et al. 2011. Evaporation from a reservoir with fluctuating water level: Correcting for limited fetch [J] . Journal of Hydrology, 404 (3-4): 146-156.

Tomer M D, Moorman T B, Kovar J L, et al. 2016. Eleven years of runoff and phosphorus losses from two fields with and without manure application, Iowa, USA [J] . Agricultural Water Management, 168: 104-111.

Toride K, Cawthorne D L, Ishida K, et al. 2018. Long-term trend analysis on total and extreme precipitation over Shasta Dam watershed [J] . Science of the Total Environment, 626: 244-254.

Wang C, Fang F, Yuan Z, et al. 2020. Spatial variations of soil phosphorus forms and the risks of phosphorus release in the water-level fluctuation zone in a tributary of the Three Gorges Reservoir [J] . Science of the Total Environment, 699 (7): 134124.

Wang L, Toshio Koike, Yang K, et al. 2009. Development of a distributed biosphere hydrological model and its evaluation with the Southern Great Plains Experiments (SGP97 and SGP99) [J] . Journal of Geophysical Research, 114: D08107.

Wood E F, Lettenmaier D P, Zartarian V G. 1992. A land-surface hydrology parameterization with subgrid variability for general circulation models [J] . Journal of Geophysical Research, 97 (D3): 2717-2728.

Wu H, Kimball J S, Mantua N, et al. 2011. Automated upscaling of river networks for macroscale hydrological modeling [J] . Water Resources Research, 47: W03517.

Wu J, Liu Z, Yao H, et al. 2018. Impacts of reservoir operations on multi-scale correlations between hydrological drought and meteorological drought [J] . Journal of Hydrology, 563 (4): 726-736.

Wu L, Long T Y, Liu X, et al. 2012. Impacts of climate and land-use changes on the migration of non-point source nitrogen and phosphorus during rainfall-runoff in the Jialing River Watershed, China [J] . Journal of Hydrology, 475: 26-41.

Wurbs R A, Ayala R A. 2014. Reservoir evaporation in Texas, USA [J] . Journal of Hydrology, 510: 1-9.

Xia J, Xu G, Guo P, et al. 2018. Tempo-spatial analysis of water quality in the three gorges reservoir, China, after its 175- m experimental impoundment [J] . Water Resources Management, 32: 2937-2954.

Xie Z H, Su F G, Liang X, et al. 2003. Application of a surface runoff model with Horton and Dunne runoff for VIC [J] . Advances in Atmospheric Sciences, 20 (2): 165-172.

Xie Z H, Yuan F, Duan Q Y, et al. 2007. Regional parameter estimation of the VIC land surface model: Methodology and application to river basins in China [J] . Journal of Hydrometeorology, 8 (3): 447-468.

Xing W, Yang P, Ren S, et al. 2016. Slope length effects on processes of total nitrogen loss under simulated rainfall [J] . Catena: An Interdisciplinary Journal of Soil Science Hydrology-Geomorphology Focusing on Geoecology and Landscape Evolution, 139: 73-81.

Yan T, Bai J, Toloza A, et al. 2019. Future climate change impacts on streamflow and nitrogen exports based on CMIP5 projection in the Miyun Reservoir Basin, China [J] . Ecohydrology and Hydrobiology, 19 (2): 266-278.

Yang C G, Lin Z H, Yu Z B, et al. 2010. Analysis and simulation of human activity impact on streamflow in the Huaihe River basin with a large-scale hydrologic model [J] . Journal of Hydrometeorology, 11 (3): 810-821.

Yu Z B, Pollard D, Cheng L. 2006. On continental- scale hydrologic simulations with a coupled hydrologic model [J] . Journal of Hydrology, 331 (1-2): 110-124.

Yuan F, Xie Z H, Liu Q, et al. 2004. An application of the VIC-3L land surface model and remote sensing data in simulating streamflow for the Hanjiang River Basin [J] . Canadian Journal of Remote Sensing, 30 (5): 680-690.

Zeng X B, Decker M. 2009. Improving the numerical solution of soil moisture-based Richards Equation for land models with a deep or shallow water table [J] . Journal of Hydrometeorology, 10 (1): 308-319.

Zeng X B, Dickinson R E. 1998. Effect of surface sublayer on surface skin temperature and fluxes [J] . Journal of Climate, 1998, 11: 537-550.

Zeng X B, Shaikh M, Dai Y J, et al. 2002. Coupling of the Common Land Model to the NCAR Community Climate Model [J] . Journal of Climate, 18: 1832-1854.

Zeng Y J, Xie Z H, Yu Y, et al. 2016. Ecohydrological effects of stream-aquifer water interaction: A case study of the Heihe River basin, northwestern China [J] . Hydrology & Earth System Sciences, 20: 2333-2352.

Zeng Y J, Xie Z H, Yu Y, et al. 2016. Effects of anthropogenic water regulation and groundwater lateral flow on land processes [J] . Journal of Advances in Modeling Earth Systems, 8 (3): 1106-1131.

Zhang S, Hou X, Wu C, et al. 2020. Impacts of climate and planting structure changes on watershed runoff and nitrogen and phosphorus loss [J] . Science of The Total Environment, 706: 134489.

Zhao G, Gao H. 2019. Estimating reservoir evaporation losses for the United States: Fusing remote sensing and modeling approaches [J]. Remote Sensing of Environment, 226: 109-124.

Zou J, Xie Z H, Yu Y, et al. 2014. Climatic responses to anthropogenic groundwater exploitation: A case study of the Haihe River Basin, Northern China [J]. Climate Dynamics, 42 (7-8): 2125-2145.

Zou J, Xie Z H, Zhan C S, et al. 2015. Effects of anthropogenic groundwater exploitation on land surface processes: A case study of the Haihe River Basin, northern China [J]. Journal of Hydrology, 524: 625-641.